JN269869

サーバ構築の
実際がわかる

Apache
[実践]
運用／管理

鶴長鎮一
[著]

技術評論社

本書に記載された内容は、情報の提供のみを目的としています。したがって、本書を用いた運用は、必ずお客様自身の責任と判断によって行ってください。これらの情報の運用の結果について、技術評論社および著者はいかなる責任も負いません。

　本書記載の情報は、第1刷発行時のものを掲載していますので、ご利用時には、変更されている場合もあります。ソフトウェアはバージョンアップされる場合があり、本書での説明とは機能内容や画面図などが異なってしまう場合もあり得ます。また、ご利用環境（ハードウェアやOS）などによって、本書の説明とは機能内容や画面図などが異なってしまう場合があります。

　以上の注意事項をご承諾いただいた上で、本書をご利用願います。これらの注意事項をお読みいただかずに、お問い合わせいただいても、技術評論社および著者は対処しかねます。あらかじめご承知おきください。

◆Microsoft Windowsの各バージョンは米国Microsoft Corporationの登録商標です。
◆その他、本文中に記載されている製品名、会社名等は、関係各社の商標または登録商標です。

はじめに

本書について

　本書を手に取っていただきありがとうございます。本書はWebサーバの泰斗である「Apache HTTP Server」について、インストールや設定例、応用事例を取りまとめ、すぐに使えるよう、そのしくみや作業手順を解説したものです。システム管理者として活躍されている方や、これからシステム管理者になろうとしている方の手助けになるよう、具体的な設定例をより多く掲載するよう努めました。そのため全設定を網羅するようなリファレンスとしては十分ではありませんが、Apacheの幅広い用途にあわせ、様々な活用方法を取り上げています。もしリファレンスが必要なら、本書と同・技術評論社が発行している「Apacheポケットリファレンス（WINGSプロジェクト 高江 賢（著）、山田 祥寛（監修））」をお手元用意していただき、併読いただけるとより理解が深められます。

対象読者

　本書は、サーバ管理や運用に従事している方や、そうした職業に就くことを目標に日々励まれている方を対象にしています。ApacheはLinuxやWindowsをはじめ様々なプラットフォームで動作可能ですが、本書ではLinuxを主なプラットフォームに使用しています。読み進める上で、最低限Linuxの操作に通じている必要があります。本書では操作の多くを、ターミナル（または、端末）上で実行しています。基本的なコマンドの入力やエディタを使った設定ファイルの編集などを習得している必要があります。

謝辞

　Apache HTTP Serverを開発し提供して下さっているApacheソフトウェア財団をはじめ、オープンソースを支えている世界中の開発者やコミュニティーの皆様に心より感謝申し上げます。また出版にあたり、随所でご尽力いたくとともに、筆者に執筆の機会を与えてくれたSoftware Design誌の金田氏に心よりお礼申し上げます。それから最後まで執筆を支えてくれた妻の美紀子と長男の韻には感謝しています。帰宅後の時間や土日のほとんどを執筆に費やしたため、満足な家族サービスもできず、不満も大きかったと思いますが、それを口にせず、出版を一緒に喜んでくれたこと、本当にありがとう。

2012年3月 鶴長鎮一

目次 / CONTENTS

第1章 Apache の概要 ... 11

1-1 Apache とは ... 12
- 1-1-1 Web サーバのしくみ ... 12
- 1-1-2 Apache 誕生の経緯 ... 14
- 1-1-3 Apache の特徴 ... 14
- 1-1-4 Apache の多種多様な用途 ... 16

1-2 Apache の構造 ... 18
- 1-2-1 マルチプロセッシングモジュール（MPM） ... 18
- 1-2-2 機能拡張モジュール ... 20

1-3 Apache の変遷 ... 21
- 1-3-1 Apache 1.0 以前 ... 21
- 1-3-2 Apache 1.0 ... 21
- 1-3-3 Apache 1.1 ... 21
- 1-3-4 Apache 1.2 ... 22
- 1-3-5 Apache 1.3 ... 22
- 1-3-6 Apache 2.0 ... 22
- 1-3-7 Apache 2.1 ... 23
- 1-3-8 Apache 2.2 ... 23
- 1-3-9 Apache 2.3 ... 24
- 1-3-10 Apache 2.4 ... 24

1-4 2.2 での主な変更点 ... 25
- 1-4-1 認証モジュールの見直し ... 25
- 1-4-2 ドキュメントキャッシュ機能の見直し ... 25
- 1-4-3 プロキシ機能においてロードバランシングを実現 ... 26
- 1-4-4 プロキシ機能において AJP1.3 をサポートするモジュールの追加 ... 26
- 1-4-5 32bit システムにおいても 2G バイトを越すファイルやコンテンツの取り扱いが可能に ... 26
- 1-4-6 mod_filter を使ったフィルタ機能の強化 ... 26
- 1-4-7 RDBMS との連携を可能にする mod_dbd モジュールを追加 ... 27
- 1-4-8 終了処理のためのコマンド、graceful / graceful-stop の採用 ... 27
- 1-4-9 Perl 互換正規表現ライブラリ 5.0 に対応 ... 27
- 1-4-10 新しい MPM「event」の追加 ... 27
- 1-4-11 ThreadStackSize ディレクティブの追加 ... 28
- 1-4-12 ロードされているモジュールの一覧表示が DSO モジュールを含めて可能に ... 28
- 1-4-13 httxt2dbm コマンドの採用 ... 28
- 1-4-14 mod_imagemap への名称変更 ... 28
- 1-4-15 mod_ssl モジュールの RFC 2817 対応 ... 28

第2章 Apache の導入 ... 31

2-1 Apache 導入方法 ... 32
- 2-1-1 バイナリパッケージのメリット ... 32

	2-1-2	ソースファイルからのインストールが必要なケース ... 33
	2-1-3	Apache Killer 対策 ... 34

2-2　OS ごとの Apache 対応状況　36

	2-2-1	Linux ／ Windows ／ Mac OS X ... 36
	2-2-2	本章で解説するインストール方法 ... 36

2-3　Apache のインストール Linux 編（CentOS ／ Red Hat ／ Fedora）　38

	2-3-1	Apache の導入　バイナリパッケージ（オンライン）を使用した場合 ... 38
	2-3-2	Apache の導入　バイナリパッケージ（オフライン）を使用した場合 ... 40
	2-3-3	Apache の導入　ソースファイルを使用した場合 ... 41
	2-3-4	設定ファイルの編集 ... 42
	2-3-5	起動（停止・再起動） ... 43
	2-3-6	自動起動の設定 ... 44

2-4　Apache のインストール Linux 編（Debian ／ Ubuntu）　46

	2-4-1	Apache の導入　バイナリパッケージ（オンライン）を使用した場合 ... 46
	2-4-2	設定ファイルの編集 ... 48
	2-4-3	起動（停止・再起動） ... 49

2-5　Apache のインストール XAMPP 編　50

	2-5-1	XAMPP の導入 ... 51
	2-5-2	XAMPP の起動（停止・再起動） ... 51
	2-5-3	XAMPP for Linux のインストールパス ... 52
	2-5-4	XAMPP for Linux のセキュア化 ... 53

2-6　Apache のインストール Windows 編　55

	2-6-1	Apache ソフトウェア財団のパッケージを使った方法 ... 55
	2-6-2	XAMPP for Windows を使った方法 ... 60

2-7　Apache のインストール Mac OS X 編　63

	2-7-1	Mac OS X 標準の Apache を利用する方法 ... 65
	2-7-2	XAMPP for Mac OS X を使った方法 ... 65
	2-7-3	MAMP を使った方法 ... 68

第3章　Apache の基本設定　71

3-1　Apache の設定ファイル　72

	3-1-1	設定ファイルの種類 ... 72
	3-1-2	httpd.conf ... 73
	3-1-3	.htaccess ... 76
	3-1-4	その他のファイル ... 78

3-2　httpd.conf の構文　80

	3-2-1	「どこ」に「どんな」 ... 80
	3-2-2	ディレクティブ（Directive） ... 81
	3-2-3	コンテナ指示子 ... 84
	3-2-4	コンテキスト ... 87

3-3　httpd.conf の便利な構文　89

	3-3-1	コメント文 ... 89
	3-3-2	1 つのディレクティブを複数行に分割する ... 89
	3-3-3	外部設定ファイルの読み込み ... 90
	3-3-4	拡張モジュールの有無で設定を有効（または無効）にする ... 91
	3-3-5	.htaccess の制限 ... 92

3-4　特殊な引数　94

	3-4-1	ワイルドカード ... 94
	3-4-2	正規表現 ... 94

3-4-3	環境変数	96

3-5 httpd.conf のテスト　　100

3-5-1	httpd.conf のテスト	100

第4章　拡張モジュール　　101

4-1 拡張モジュールの基本　　102

4-1-1	拡張モジュールとは	102
4-1-2	Apache のモジュールが動作するタイミング	103
4-1-3	組込み済み拡張モジュールを一覧表示する	104
4-1-4	静的モジュールと DSO モジュール	105
4-1-5	拡張モジュールとディレクティブ／コンテキスト	107
4-1-6	どんな拡張モジュールが利用できるかを知る	109

4-2 拡張モジュールをパッケージでインストールする　　111

4-2-1	Red Hat ／ Fedora ／ CentOS の場合	111
4-2-2	Debian ／ Ubuntu の場合	112

4-3 拡張モジュールをソースからインストールする　　114

4-3-1	開発環境の準備	114
4-3-2	DSO モジュールのソースインストール	115
4-3-3	静的モジュールのソースインストール	119

第5章　ロギング／パフォーマンスチェック／パフォーマンスチューニング　　121

5-1 Web サーバの性能評価　　122

5-1-1	Web サーバの要件	122
5-1-2	テストの種類	122

5-2 現状の把握　　123

5-2-1	サーバのリソースを調べる	123
5-2-2	プロセスが消費するメモリ量とプロセス数の限界	124
5-2-3	mod_status の利用	125
5-2-4	ログの設定	127

5-3 ベンチマーク　　133

5-3-1	ApacheBench による手軽なベンチマーク	133
5-3-2	JMeter による高度なベンチマーク	136

5-4 設定によるパフォーマンスチューニング　　142

5-4-1	KeepAlive の設定	142
5-4-2	mod_deflate	143
5-4-3	不要なモジュールの削除	143
5-4-4	シンボリックリンク先の参照を許可する	144
5-4-5	.htaccess を無効にする	145
5-4-6	Timeout の設定	145
5-4-7	DNS 問い合わせを無効にする	145
5-4-8	prefork MPM のチューニング	146
5-4-9	woker MPM のチューニング	148

5-5 MPM の選択　　150

5-5-1	Linux で選択可能な MPM	150
5-5-2	MPM を変更するには（ソースインストールの場合）	151
5-5-3	MPM を変更するには（パッケージインストールの場合）	151

第6章 Apache のセキュリティ対策 153

6-1 セキュリティに対する留意事項　154
- 6-1-1　Apache のセキュリティ対策 154

6-2 httpd.conf でセキュリティ対策　155
- 6-2-1　サーバ情報の隠蔽 155
- 6-2-2　URL エンコードで「/（スラッシュ）」を許可する.................................. 157
- 6-2-3　デフォルトコンテンツの置換... 157
- 6-2-4　.htaccess を無効にする 158
- 6-2-5　ユーザホームの公開を特定ユーザに限定する 159
- 6-2-6　ドキュメントルートの変更 159
- 6-2-7　画像の直リンクを禁止する 160

6-3 HTTP over SSL/TLS の利用　162
- 6-3-1　SSL 暗号化通信のしくみ 162
- 6-3-2　mod_ssl のインストール 163
- 6-3-3　公開鍵／秘密鍵／サーバ証明書の用意.. 164
- 6-3-4　Apache の設定 166
- 6-3-5　Apache 起動時にパスフレーズの入力を省略する 169

6-4 サービス停止を狙った攻撃に対する防御　170
- 6-4-1　サービス停止を狙った攻撃 170
- 6-4-2　TCP タイムアウト時間を短くする 170
- 6-4-3　Apache のプロセス数／スレッド数を制限する................................... 171
- 6-4-4　クライアント単位でトラフィック量を制限する「mod_bw」 172
- 6-4-5　Linux の iptables を使ったパケットフィルタ 173
- 6-4-6　DoS ／ DDoS ／ brute force 攻撃に有効な「mod_evasive」........... 175

6-5 WAF（Web アプリケーションファイアウォール）を実装する　180
- 6-5-1　WAF の必要性 180
- 6-5-2　mod_security で WAF を実装する.. 181

第7章 Apache の大規模運用 189

7-1 Apache の負荷分散　190
- 7-1-1　負荷分散と冗長性.. 190
- 7-1-2　Apache の Proxy 機能と負荷分散機能 191
- 7-1-3　「mod_proxy_balancer」による負荷分散 193
- 7-1-4　負荷分散機能のインストール... 194
- 7-1-5　負荷分散機能の設定 1（リクエスト URL でバックエンドサーバを割り振る）...................... 195
- 7-1-6　負荷分散機能の設定 2（リクエスト回数を基に決められた割合でバックエンドサーバに割り振る）... 198
- 7-1-7　負荷分散機能の設定 3（トラフィック量を基に決められた割合でバックエンドサーバに割り振る）... 200
- 7-1-8　負荷分散機能の設定 4（冗長性の確保）.. 200
- 7-1-9　負荷分散機能の設定 5（セッション情報の維持）................................. 201
- 7-1-10　負荷分散機能の設定 6（Load Balancer Manager の使用）............. 202
- 7-1-11　負荷分散機能の設定 7（ログにクライアントアドレスを記録する）...... 205

7-2 キャッシュ機能の利用　206
- 7-2-1　クライアントサイドキャッシングとサーバサイドキャッシング 206
- 7-2-2　クライアントサイドキャッシングを制御する 1（HTTP レスポンスヘッダを使ったキャッシュ制御）... 207
- 7-2-3　クライアントサイドキャッシングを制御する 2（<meta> タグを使ったキャッシュ制御）........... 211
- 7-2-4　サーバサイドキャッシングを制御する 1（メモリキャッシュとディスクキャッシュ）............. 211
- 7-2-5　サーバサイドキャッシングを制御する 2（ディスクキャッシュ）........... 213
- 7-2-6　サーバサイドキャッシングを制御する 3（メモリキャッシュ）............... 214
- 7-2-7　サーバサイドキャッシングを制御する 4（リバース Proxy を使ったサーバサイドキャッシング）... 216

第8章 Apache の WebDAV 機能 219

8-1 WebDAV とは　220
- 8-1-1　WebDAV の特徴 220
- 8-1-2　本章で解説する WebDAV の構成 220

8-2 WebDAV の基本インストール　221
- 8-2-1　WebDAV のインストールと基本設定（Basic 認証）................. 221
- 8-2-2　WebDAV のインストールと基本設定（Digest 認証）............... 224
- 8-2-3　匿名アクセスとホスト認証 225
- 8-2-4　WebDAV over SSL/TLS の利用 225
- 8-2-5　ソースインストール 226
- 8-2-6　文字化け対策（mod_encoding の利用）..................................... 227

8-3 WebDAV サーバにアクセスする　229
- 8-3-1　Linux（GNOME デスクトップ環境）からアクセスする 229
- 8-3-2　Windows 7 からアクセスする 230
- 8-3-3　Windows XP からアクセスする 233
- 8-3-4　Mac OS X からアクセスする 235

8-4 WebDAV のユーザ認証に LDAP を利用する　237
- 8-4-1　LDAP サーバの準備 237
- 8-4-2　WebDAV + LDAP 認証 243
- 8-4-3　LDAP の属性情報でアクセス制御 244
- 8-4-4　LDAP キャッシュのステータスを表示 246

第9章 Apache でコンテンツフィルタリング 249

9-1 Apache のコンテンツフィルタリング　250
- 9-1-1　シンプルフィルタ 250
- 9-1-2　スマートフィルタ 251

9-2 コンテンツの圧縮転送を可能にする「mod_deflate」の導入（シンプルフィルタ方式）　253
- 9-2-1　mod_deflate の概要 253
- 9-2-2　mod_deflate のインストール 253
- 9-2-3　mod_deflate の動作確認 255
- 9-2-4　mod_deflate の応用 257

9-3 スマートフィルタの利用　261
- 9-3-1　スマートフィルタを実現する「mod_filter」............................ 261
- 9-3-2　mod_filter のインストール 261
- 9-3-3　mod_filter の設定 262
- 9-3-4　mod_deflate の再設定 263
- 9-3-5　mod_deflate の動作確認 265
- 9-3-6　スマートフィルタの応用 265

9-4 ヘッダ／フッタを自動で挿入する「mod_layout」の導入　266
- 9-4-1　mod_layout の概要 266
- 9-4-2　mod_layout のインストール 267
- 9-4-3　mod_layout の設定 267
- 9-4-4　mod_layout の動作確認 269
- 9-4-5　mod_layout の応用 269
- 9-4-6　mod_layout と mod_deflate を併用する 271

9-5 コンテンツの書き換えが可能な「mod_pgheader」の導入　273
- 9-5-1　mod_pgheader の概要 273
- 9-5-2　mod_pgheader のインストール 273

| | 9-5-3 | mod_pgheader の設定 | 273 |
| | 9-5-4 | mod_pgheader の動作確認 | 275 |

第10章 Apache でトラフィックやコネクションを制御する … 277

10-1 Apache でトラフィックやコネクション数を制御する　278
| | 10-1-1 | トラフィックやコネクション数を制御するサードパーティ製モジュール | 278 |

10-2 「mod_bwshare」の利用　280
| | 10-2-1 | mod_bwshare の特徴 | 280 |
| | 10-2-2 | mod_bwshare のインストール | 281 |

10-3 mod_limitipconn の利用　286
| | 10-3-1 | mod_limitipconn の特徴 | 286 |
| | 10-3-2 | mod_limitipconn のインストール | 286 |

10-4 mod_bw の利用　291
| | 10-4-1 | mod_bw の特徴 | 291 |
| | 10-4-2 | mod_bw のインストール | 292 |

第11章 Apache でユーザホスト認証 … 297

11-1 Apache 認証機構　298
	11-1-1	大幅に改修された Apache の認証機構	298
	11-1-2	認証／承認／アクセス制御	299
	11-1-3	Apache の認証系モジュール	299
	11-1-4	ホスト認証とパスワード認証	301

11-2 Apache のパスワード認証　302
	11-2-1	Basic 認証と Digest 認証	302
	11-2-2	Basic 認証の設定（mod_auth_basic の利用）	304
	11-2-3	Digest 認証の設定（mod_auth_digest の利用）	306
	11-2-4	Basic 認証の問題点、Digest 認証の利点	308
	11-2-5	組み合わせ可能な認証系拡張モジュール	311

11-3 ホスト認証　314
	11-3-1	ホスト認証の利用	314
	11-3-2	ホスト認証の設定（mod_authz_host の利用）	314
	11-3-3	ホスト認証とパスワード認証を併用する	318

11-4 サードパーティ製認証系モジュール　319
	11-4-1	豊富なサードパーティ製モジュール	319
	11-4-2	ユーザ認証でタイムアウトを発生させる「mod_auth_timeout」	322
	11-4-3	ユーザ認証に OS アカウントを利用する「mod_auth_shadow」	325

11-5 OpenID 認証　328
	11-5-1	OpenID とは	328
	11-5-2	OpenID 認証を試す	329
	11-5-3	OpenID のしくみ	332
	11-5-4	Apache で OpenID を可能にする「mod_auth_openid」	333
	11-5-5	mod_auth_openid のインストール	333

本書の使い方

動作検証環境について

用例の検証には、次の Linux ディストリビューションを使用しました。ディストリビューション標準の Apahce HTTP Server の動作と併せ、表中の Apache をソースからインストールしました。

表　動作検証環境

Apache	2.0.64 ／ 2.2.21 ／ 2.3.12-beta (2.4 の開発バージョン) ／ 2.4.1
Linux	Fedora 15 ／ CentOS 6.0 ／ openSUSE 11.3 ／ Ubuntu 11.10 ／ Debian 6.0

対象プラットフォームについて

本書では rsyslog を稼働させるプラットフォームとして Linux を取り上げています。Linux には「ディストリビューション」と呼ばれる多くのプロダクトがあります。解説している作業手順では、Fedora ／ CentOS ／ openSUSE ／ Debian ／ Ubuntu といったディストリビューションで動作を確認しています。

ディストリビューションによっては、iptables や SELinux でセキュリティ対策が施されています。本書ではそうしたツールを考慮していないため、無効化が必要になるケースがあります。無効化する際は、外部から不正アクセスされないよう、ネットワークを切り離すなど別途対策を実施してください。

解説中の用例について

コマンドラインで実行するコマンドの入力例やその出力例には、次のような表記を使っています。「$」プロンプトは一般ユーザによるもの、「#」プロンプトは管理者権限で実行するものを表しています。

(一般ユーザ権限で実行する場合)
```
$ tar xvfz jakarta-jmeter-2.5.1.tgz
$ cd jakarta-jmeter-2.5.1/bin/
$ ./jmeter
```

(管理者権限で実行する場合)
```
# tar xvfz modsecurity-apache_2.6.2.tar.gz
# cd modsecurity-apache_2.6.2/
# ./configure
# make
# make test
```

httpd.conf をはじめとする設定ファイルの記述例には次のような表記を使っています。冒頭「#」で始まる行や「←」で付け加えられたコメントは、設定に対する補足です。

```
# 参照元 URL として許されるドメインを設定    ←コメント文
SetEnvIf Referer example¥.com authoritative_site
SetEnvIf Referer example¥.jp authoritative_site

# 環境変数「authoritative_site」が設定されていれば、GIF ファイルに対するアクセスを許可
↑コメント文
<Files *.gif>
    order deny,allow
    Deny from all
    Allow from env=authoritative_site
</Files>
```

第1章

Apache の概要

SNS、ブログ、動画配信、オンラインショッピングと、Webを使ったサービスがインターネットで広く利用されています。こうしたWebサイトを支えているのがHTTPサーバです。数あるHTTPサーバの中で、最も利用されているのがApache HTTP Serverです。

1-1 Apache とは

　SNS、ブログ、動画配信、オンラインショッピングなど、さまざまな種類のWebサイトが、我々の生活を支えています。こうしたWebサイトの配信に欠かせないのが、Webサーバです。Webサーバはクライアントからのリクエストに応じて、HTTP（ハイパーテキスト転送プロトコル）でコンテンツを配信します。Webサーバに必要なサーバソフトウェアとして、最も使われているのが「Apache HTTP Server（以降、単にApache）」です。Netcraft社（http://news.netcraft.com/）の2011年7月の調査によると、WebサーバにおけるApacheのシェアは、65％におよんでいます。LinuxやFreeBSDに代表されるUNIX系OSのほか、WindowsやMac OSのようなPC系OSでも動作するなど、幅広いプラットフォームに対応し、しかも無料で利用できます。

　Apacheを開発し、無料配布しているのが、アメリカ合衆国に拠点を構える非営利団体の「Apacheソフトウェア財団（Apache Software Foundation）」です。同社はHTTP Server以外にも、多くの優れたソフトウェアを開発し、今日のWebサービスを支えています。配布されるソフトウェアには、「**Apacheライセンス**」が適用され、一定の条件を満たせば、改変や再配布ができます。そのためApacheを基にした派生ソフトウェアが多数存在しています。

1-1-1　Webサーバのしくみ

　Webサービスで使用する「HTTP（Hypertext Transfer Protocol）」は、Webコンテンツを配信する「**サーバ**」と、それをリクエストする「**クライアント**」との間でやりとりされる、サーバクライアント方式のネットワークプロトコル（通信手順）です。HTTPはトランスポートプロトコルとして「**TCP**」を、サービスポート80番をデフォルトで使用します（**図1-1-1**）。

図 1-1-1 Web サーバのしくみ

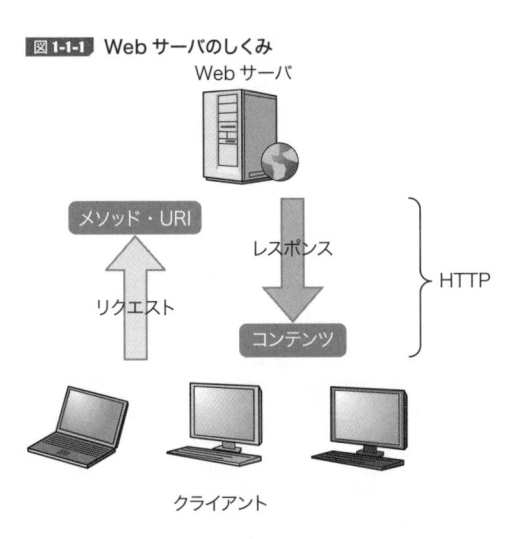

従来 HTTP は、HTML（HyperText Markup Language）によって記述されたハイパーテキストやサムネイル画像といった、比較的容量の少ないデータを転送するのに利用されていましたが、Web サービスが高度になるにつれ、より複雑で大容量のコンテンツを扱うようになっています。音声や動画のようなマルチメディアデータをはじめ、XML（Extensible Markup Language）のようなものまで、多種多様なコンテンツを扱うようになっています。またサーバ内にあらかじめ用意された「**静的コンテンツ**」と呼ばれるデータの配信とともに、個々のリクエストに応じて、その都度コンテンツを生成する、「**動的コンテンツ**」と呼ばれるデータの作成と配信も担っています。

HTTP はクライアントからのリクエストに対し、処理単位で通信を切断する「**ステートレスプロトコル**」です。リクエストが発生し、サーバがレスポンスを返すと処理が完結し、TCP 接続を切断します。あるクライアントに最初の Web ページを送信した後、同じクライアントが再度 Web ページをリクエストしても、別の通信として処理し、前回どんなページをリクエストしたか感知しません。そのためサーバ側でクライアントのセッション（状態）を保持できないため、このままではオンラインバンキングやネットショップのように、ユーザ ID を使ってログインするようなページで、ログイン状態を管理できません。そこで、「Cookie」と呼ばれる機構を使って、セッション（状態）を管理します。クライアント側で、ユーザ情報や最後にサイトを訪れた日時、そのサイトの訪問回数やショッピングサイトで購入したアイテムの情報などを記録しておくことで、一連の通信に関連性を持たせ、セッション情報の維持を可能にしています。

Web ページのリクエストには、「http://www.example.jp/index.html」のような URL（Uniform Resource Locator）を使用します。HTTP/1.0 が登場する以前は、

URLを使ったファイル転送にしか対応していませんでしたが、HTTP/1.0でヘッダ情報を扱うことができるようになり、Cookieをはじめ、より多くの機能をサポートできるようになりました（**図1-1-2**）。さらに現在使用されているHTTP/1.1では、複数データを効率よく転送するための「キープアライブ（Keep-Alive）」やプロキシ、仮想ホストなど、より高度な機能を備えるようになっています。ただし、HTTP/1.0しかサポートしていないサーバやクライアントもあるため、互換性に注意する必要があります。

図1-1-2　HTTP/1.1でサーバに接続

```
$ telnet サーバのアドレス 80
... 省略 ...
GET / HTTP/1.1              <--"/"を入手
Host: サーバのアドレス        <-- サーバのアドレス指定
                            <-- 改行入力

... 省略 ...
HTTP/1.1 200 OK             <-- サーバからのレスポンス
```

1-1-2　Apache誕生の経緯

　Webサービスが一般にも利用されるようになった1995年当時、Webサーバソフトウェアには「CERN（欧州原子核研究機構）」が開発した「CERN httpd」と、「NCSA（米国立スーパーコンピュータ応用研究所）」が開発した「NCSA HTTPd」がおもに使用されていました。とりわけNCSAが開発したものは、CGI（Common Gateway Interface）やSSI（Server Side Include）といった動的コンテンツのための機能を備え、より多くのユーザを獲得していました。ただしバグが発見されても改修が遅々として進まない状況がしばしば発生し、ユーザ自ら修正パッチを作成し、コミュニティで配布することが常套化していました。そうしたユーザの1人だったBrian Behlendorfが発起人となり、1999年に立ち上げたメーリングリストが、現在のApacheソフトウェア財団の起源となっています。

　最初にリリースされたApacheは、NCSA HTTPdに修正パッチを加えたものでしたが、後にフルスクラッチで作られたものに置き換わり、WindowsのようなPCにも対応するようになりました。その後も多くの機能が追加され、10年以上経過した現在でも開発が続けられています。

1-1-3　Apacheの特徴

　Apacheは、低コストで高パフォーマンスが得られることから、多くのWebサイトで採用されています。数あるWebサーバソフトウェアの中でApacheが支持

されている理由は次のとおりです。

● オープンソースソフトウェア

　Apache はオープンソースのもと、無償で利用できます。Apache ソフトウェア財団が定めたライセンス規定の「Apache ライセンス」に従えば、Apache の使用や頒布、修正、派生版の頒布が可能です[注1]。よく知られる、フリーソフトウェアライセンスの「**GPL**（General Public License）」では、再配布に関する厳格な制約がありますが、Apache ライセンスなら、Apache ライセンスのコードが使われていることを知らせる文言を入れれば、再配布を自由に行えます。そのため、Fedora をはじめとする Linux ディストリビューションが Apache HTTP サーバを付属したり、アプリケーションサーバにのベースに Apache を使用したものを配布したりといったことが、日常的に行われています。そのため Apache に触れる機会が多く、利用したい場合も簡単に手に入れることができます。

● モジュールによる豊富な機能

　Apache は Web サーバとして高いパフォーマンスを発揮するとともに、多くの機能も備えています。こうした機能はモジュールによって実現しています。モジュールとは、ある機能を実現するためのソフトウェアで、プログラム本体に組み込んだり、交換したりが可能な小さなプログラムのかたまりです。

　Apache は必要な機能のモジュールだけ選択し、組み込むことができます。そのため、高機能と引き替えにパフォーマンスを犠牲にすることがありません。こうしたモジュールは、Apache に同梱されているもの以外にも、サードパーティやコミュニティで開発され配布されているものもあり、ユーザが自由に選択できます。またモジュールのための規格も公開されているため、モジュールを自作することもできます。

● 多彩なプラットフォームに対応

　Apache は UNIX 系プラットフォームはもちろんのこと、Mac OS、Windows、NetWare、BeOS でも動作します。キャリアクラスの本格的なサーバ用途から、手近な検証環境まで、最適なプラットフォームを自由に選択できます。通常、多彩なプラットフォームに対応するには、プログラムもそれぞれのプラットフォームに合わせ用意する必要があります。そのためソースコードも多くなり、メンテナンスに膨大な手間が必要になりますが、Apache は「**マルチプロセッシングモジュール（MPM）**」と呼ばれる機構により、プラットフォームに依存するコードを最小限に

[注1] Apache ライセンスは、頒布される二次的著作物が同じライセンスで提供されたり、フリーソフトウェア、オープンソースソフトウェアとして頒布されることを要求しません。ただ、そのソフトウェアに Apache License のコードが使われていることを知らせる文言を入れることだけ求められます。

抑えています。

　MPMはApacheのプラットフォームに依存するコア機能をモジュール化したもので、Apacheビルド時に必要なMPMを選択し組み込むことができます。そのため、コア機能以外のコードは、全プラットフォームで共有できます。またMPMは、各プラットフォームに最適化されているため、パフォーマンスを最大限発揮できます。

● 信頼性が高い

　1995年に最初のApacheがリリースされて以来、何度もアップデートを重ね、パフォーマンスと信頼性の向上が図られてきました。セキュリティ上の欠陥が見つかった場合も、迅速に対応パッチが用意されるなど、サポートも行き届いています。何より多くのWebサイトで利用され、大きなシェアを獲得していることが、その信頼性の高さを裏付けています。また、オープンソースで配布され、世界中の開発者の眼に触れることで、ソースコードが吟味され、さらに信頼性の高いコードに磨き上げられています。

1-1-4　Apacheの多種多様な用途

　ApacheはHTTPでコンテンツを配信します。通信プロトコルのHTTPは、何度もバージョンアップされ、多種多様なコンテンツを配信できるようになっています。またApache 2.0からマルチプロトコルに対応し、Webサービス以外の用途にも利用できます。たとえば「**WebDAV**（Web-based Distributed Authoring and Versioning）」を使えば、ファイルサーバとしてApacheを利用できます。

　Apacheは、パフォーマンスや安定性の向上にとどまらず、積極的に機能を拡大しているのも、大きな魅力となっています。HTTPサーバのほか、次のような用途にApacheを活用できます。

● HTTPSサーバ

　コンテンツを平文のまま送受信するHTTPに対し、よりセキュアな転送に対応できるよう、コンテンツの暗号化やサーバクライアント認証に対応したのが**HTTPS**（Hypertext Transfer Protocol over Secure Socket Layer）です。データの盗聴やサーバの詐称・なりすましを防ぐことができます。

● ファイルサーバ

　通常HTTPでは、クライアントの要求に応じて、サーバがコンテンツを転送します。拡張プロトコルのWebDAVを使えば、クライアントからサーバにデータを転送できます。ユーザ認証と組み合わせ、ファイルサーバとして利用できます。

● Webアプリケーションサーバ

　クライアントの要求に応じて動的コンテンツを作成するには、Webアプリケーションを利用します。Apacheなら、CGIを利用しPerlやRubyスクリプトを起動したり、モジュールを使ってApacheのプロセスの中でPHPを実行したりできるため、Webアプリケーションを実行できます。またデータベースと連携したり、サーバサイドJavaのような本格的なアプリケーションサーバのフロントエンドにApacheを利用することもできます。

● HTTPプロキシサーバ

　企業内ネットワークのように、外部ネットワークへの接続が制限された環境下では、各クライアントが直接Webサーバへアクセスする代わりに、プロキシサーバが代理接続します。HTTPプロキシサーバとして、Apacheを利用できます。またクライアントの代理応答を行うフォワードプロキシとともに、複数のサーバを1台のプロキシサーバで代理応答するような、リバースプロキシにもApacheを利用できます。

1-2 Apacheの構造

　高機能と高パフォーマンスを同時に実現するため、Apacheはモジュール構造を採用しています(**図1-2-1**)。モジュールとは、ある機能を実現するためのソフトウェアで、プログラム本体に組み込んだり、交換したりが可能な小さなプログラムの塊です。また、コア機能にもMPMと呼ばれるモジュールが採用され、プラットフォームに応じて最適なものを使用します。Apacheのしくみを理解する上で重要な、2つのモジュールについて解説します。

　なお、2種類のモジュールを混同しないよう、本書ではマルチプロセッシングモジュールを「MPM」、一般的な機能拡張モジュールを「モジュール」と記載します。

図1-2-1 MPMと機能拡張モジュール

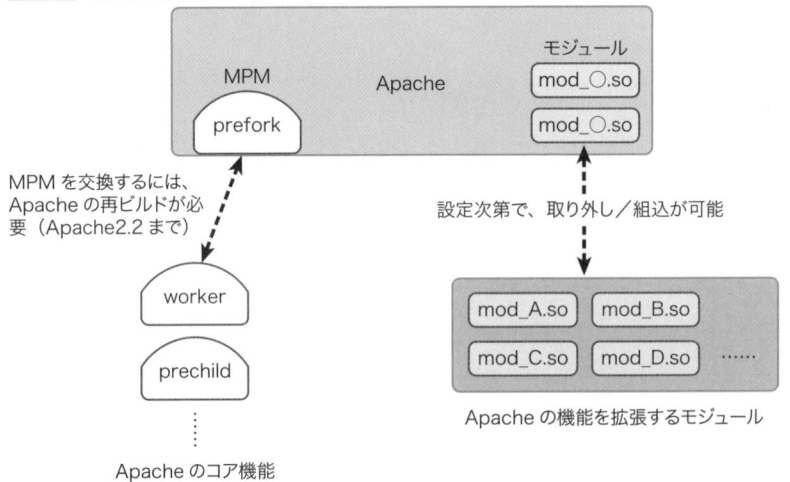

1-2-1 マルチプロセッシングモジュール(MPM)

　モジュールのメリットをサーバの基本機能にまで拡張したのが「**マルチプロセッシングモジュール(MPM)**」です。ネットワークポートをリスニングし、リクエストを受け付け、受け付けたリクエストを子プロセスやスレッドに割り当てるなどの役割は、コア機能が受け持ちます。マルチプロセッシングモジュールは、このコア機能をプラットフォームごとに切り出し、OSの特性やサーバ環境に合わせ交換可能にしたものです。

MPMを切り替えるには、Apacheの再インストールが必要になりますが（図1-2-2）、現在開発途上の2.4では、Apache実行時に切り替えることができるようになります。

図1-2-2 MPMを切り替えるには、再ビルドが必要になる

```
# ./configure --with-mpm=<MPMのタイプ>
```

（その他のインストール方法は2章を参照）

同一プラットフォームでも、複数のMPMが用意されています。安定性を重視したMPM、スケーラビリティを追求したMPMなど自由に選択できます。なおプラットフォームによってはマルチスレッド系MPMをサポートしないものがあります。
UNIX系プラットフォームで選択可能なMPMは次の4タイプになっています。

● worker

マルチプロセス、マルチスレッドに対応しており、各プロセスに対し決められた数のスレッドを用意します。スレッド動作はリソースあたりの処理能力がプロセス動作よりも高くなり、一般に性能を向上させます。

● prefork（デフォルト）

Apache 1.3と同様の動作を行い、あらかじめhttpd子プロセスをいくつか生成してクライアントからの要求を処理します。マルチスレッドではなく、マルチプロセスでのみ動作します。

● perchild

このタイプは、マルチプロセス、マルチスレッドに対応し、かつプロセスそれぞれに個別のユーザIDを割り当てることで可用性を高めることができます。開発途上でしたが、Apache 2.2で廃止されています。

● event（Apache 2.2より）

よりスケーラビリティに優れたMPMです。worker MPMのようなマルチスレッド処理に加え、Keep-Aliveリクエストの処理に、コネクションを処理するスレッドとは別のスレッドを割り当てることができます。そのため、より大規模な用途にも対応できます。Apache 2.2までのevent MPMは評価用とされ、安定して利用できませんでしたが、Apache 2.4で改善されています。

UNIX以外のプラットフォームでは、Windows向けに最適化された「**mpm_winnt**」、BeOS用の「**beos**」、NetWare用の「**mpm_netware**」、OS/2用の「**mpmt_os2**」があります。

1-2-2 機能拡張モジュール

Apacheの多くの機能は機能拡張モジュールによりもたらされています。モジュールは設定ファイルで簡単に有効／無効を切り替えることができます。そのため必要なモジュールだけ組み込むことで、Apacheの機能を柔軟に拡張しつつ、不要なモジュールを切り離すことで動作を軽量化できます。適材適所、それぞれの環境に合わせたApacheを用意できます。たとえば次のような機能がモジュールにより実現されています。

- ユーザ認証
- アクセス制限
- public_htmlなどユーザ専用ディレクトリの提供
- HTTPSプロトコルの実装
- サーバの活動状況などステータス情報の提供
- プロキシ機能
- 自由度の高いログ出力

通常Apacheを使用する上で、意図的にモジュール組み込まなくても、たいていの機能を利用できます。それはデフォルトでインストールされるモジュールが豊富なため、特殊な用途でもない限り、わざわざ組み込む必要がないからです。Apacheに組み込まれているモジュールを確認するにはhttpdコマンドに「-l」オプションを付加します（図1-2-3）。

図1-2-3 組み込まれているモジュールの確認

```
# /usr/local/apache2/bin/httpd -l
Compiled in modules:
  core.c
  mod_authn_file.c
  mod_authn_default.c
  mod_authz_host.c
... 省略 ...
  mod_alias.c
  mod_so.c
```

Apacheインストール時に組み込むモジュールを選択するには、configureで「--enable-- 機能名」「--disable-- 機能名」を使用します（Apacheのインストール方法は2章を参照）。

なおモジュールは、インストール時に静的に組み込む方法と、**DSO**（Dynamic Shared Object）を利用し、Apache起動時にに動的に組み込む方法があります。DSOならモジュールを組み込むのに、わざわざApacheを再インストールする必要はありませんが、静的組込みに比べ、起動コストが多少発生するため、パフォーマンス面で、若干劣ります。

1-3 Apacheの変遷

Apacheは、NCSA HTTPdをベースにパッチ当てたものを1995年にリリースして以来、現在にいたるまで、さまざまな機能を追加しながら開発が進められてきました。

1-3-1 Apache 1.0以前

NCSA HTTPd 1.3をベースに、パッチを当てたものをリリース。さまざまなOSで稼働できるよう、移植作業が実施されました。

1-3-2 Apache 1.0

Apache 0.8をベースに修正を加えたものを1.0としてリリースしました。実質的なApacheの初期バージョンです。NCSA HTTPdとの互換性を重視し、デフォルトディレクトリパスもNCSAと同じ、「/usr/local/etc/httpd」を使用していました。また、設定ファイルも統一されておらず、httpd.conf、srm.conf、access.conf、mime.typesの4つを使い分ける必要がありました。

1-3-3 Apache 1.1

Apache 1.0のソフトウェアと基本構造は変わりませんが、次のように非常に多くの機能強化が行われました。

- Keep-Aliveのサポート
- ホスト名ベース（IPアドレスを用いない）のバーチャルドメイン機能のサポート
- 複数のIPアドレスやポートでの待ち受け（接続要求待ち）のサポート
- サーバの稼働状況のリアルタイム表示を可能に（mod_status／mod_infoモジュールの追加）
- URLベースのアクセス制限をサポート
- ファイルタイプによるスクリプト起動（mod_actionsモジュールの追加）
- プロキシ機能の追加（mod_proxyモジュールの追加）
- ファイル拡張子やディレクトリ名のほか、MIMEタイプや文字セットなどで、割り付け処理（ハンドラ）を指定可能に（mod_mimeモジュールの拡張）

- CGI実行時に環境変数を利用可能に（mod_envモジュールの追加）
- アクセスファイル（.htaccess）に記述可能な指示子（ディレクティブ）が追加

1-3-4　Apache 1.2

　コア機能を改良し、多くのバグを修正するとともに、パフォーマンスも大きく改善しました。その他、次のような機能を新たに追加しています。

- HTTP/1.1のサポート
- 正規表現を利用したパスの記述が可能に
- ブラウザの名前やバージョンを条件に、環境変数の設定が可能に
- URIの高度な書き換え機能をサポート（mod_rewriteモジュールの追加）
- 拡張SSI（XSSI）をサポート
- CGIを任意のユーザ権限で実行するSetUID CGIをサポート
- CGIのリソース（CPU時間など）を制限可能に
- ログ機能を強化し、複数のログファイルに、それぞれ別フォーマットで出力することが可能に（mod_log_configモジュール）

1-3-5　Apache 1.3

　ソースコードを全面的に見直し、デフォルトディレクトリパスも「/usr/local/apache」に変更されました。4つあった設定ファイルが統一されるなど、NCSA HTTPdとの互換性に縛られない、Apacheの独自性が強調されたものに変わっています。そのため旧バージョンのApacheとも互換性が損なわれ、旧バージョンで動いていた拡張モジュールでも、使用できなくなるものがありました。主な機能強化は次のとおりです。

- モジュールを動的に読み込むための「**DSO**（Dynamic Shared Object）」のサポート
- Windows NT／95、Cygwin、NetWare5.Xのサポート
- ログの信頼性向上
- 旧設定ファイル（httpd.conf、srm.conf、access.conf）をhttpd.confに一元化
- デフォルトディレクトリパスを/usr/local/apache/へ変更

1-3-6　Apache 2.0

　コア機能をモジュール化した**MPM**（Multi Processing Module）が採用されました。OSに依存する機能はMPMに集約し、拡張モジュールやライブラリは、全プラッ

トフォーム共通で使えるように、依存性を排除しました。そのため UNIX 系以外の OS でのサポートが向上し、BeOS や Mac OS など、対応するプラットフォームも増えました。さらにマルチスレッドにも対応し、より少ないメモリ消費量と、パフォーマンスの向上を実現しました。そのため Apache 1.3 の拡張モジュールとの互換性が損なわれ、2.0 で採用された新しい API に則ったモジュールを新たに導入する必要がありました。プロセスやスレッドで大きな改修を行い、躍進的な機能も積極的に採用しました。そのためリリース当初、安定性を求めるユーザは 1.3 を使用し続け、2.0 への移行には相当な時間がかかりました。今でも 1.3 を使っているサイトが散見されます。

また 2.0 では、Web コンテンツを配信する Web サーバの機能以外にも、WebDAV のような新しいプロトコルをサポートし、マルチプロトコル化を容易に実現できるようになりました。

・コアの変更
・マルチプロセッシングモジュール（MPM）の採用
・マルチスレッドのサポート
・マルチプロトコルのサポート
・非 UNIX 系 OS でのパフォーマンスを改善
・モジュール仕様、API の変更
・IPv6 のサポート
・フィルタ機能のサポート
・エラーメッセージの多言語対応
・WebDAV のサポート（mod_dav モジュールの追加）
・コンテンツの圧縮転送が可能に（mod_deflate モジュールの追加）
・新しいビルドシステムの採用

1-3-7　Apache 2.1

Apache 2.2 に向けての開発バージョンです。Apache 2.1 での変更内容は 2.2 のものを参考にします。

1-3-8　Apache 2.2

それまで開発バージョンだった Apache 2.1 を、2005 年 12 月に Apache 2.2 としてリリースしました。2.0 をベースにパフォーマンスの向上や機能改善が施されています。2.0 で使用していたモジュールの中には、そのままでは 2.2 に流用できないものもあります。また一部の設定で引き継がれないものもあり、2.2 に合わせ

再設定が必要になります。

　主な改修内容は次のとおりです。2.2 は現行バージョンとして、現在もメンテナンスが行われています。そのため改修内容について、別項で詳しく解説します。

- 認証モジュールの見直し
- ドキュメントキャッシュ機能の見直し
- プロキシ機能においてロードバランシングを実現
- プロキシ機能において AJP1.3 をサポートするモジュールの追加
- 32bit システムにおいても 2G バイトを越すファイルやコンテンツの取り扱いが可能に
- フィルタ機能の強化（mod_filter モジュールの改修）
- RDBMS との連携が可能に（mod_dbd モジュールの追加）
- 終了処理のためのコマンド、graceful ／ graceful-stop の採用
- Perl 互換正規表現ライブラリ 5.0 の同梱
- 新しい MPM「event」の追加
- ThreadStackSize ディレクティブの追加
- ロードされているモジュールの一覧表示が DSO モジュールを含めて可能に
- 小規模データベース・DBM のための httxt2dbm コマンドを採用
- mod_ssl モジュールの RFC 2817 対応

1-3-9　Apache 2.3

　2.2 で実験的に採用された機能の安定化や、コア機能モジュールの MPM の強化が行われています。その他、プロキシ機能の拡張、転送の高効率化など、次のような拡張が行われています。

- 再コンパイルが必要だった、MPM（コア機能モジュール）の切り替えを、Apache 起動時に選択可能に
- ログレベルをモジュールやディレクトリ単位で設定可能に
- event MPM の安定化
- 秒単位でしか設定できなかった Keep-Alive のタイムアウト時間を、ミリ秒で設定可能に

1-3-10　Apache 2.4

　2012 年 2 月 21 日に Apache 2.4 が正式にリリースされました。

1-4 2.2 での主な変更点

Apache 2.2 は現行バージョンとして、現在もメンテナンスが行われています。そのため、改修内容についてあらためて解説します。

1-4-1 認証モジュールの見直し

一般的にユーザ認証などの認証機能は AAA と言われるように、**Authentication**（認証）、**Authorization**（承認）、**Accounting**（課金）の各機能で構成されていますが、Apache 2.0 以前では、1 つのモジュールでこれらの機能が提供されていました。そのため任意の認証モジュールと承認モジュール組み合わせて使用できませんでした。

そこで Apache 2.2 では機能ごとにモジュールを分割するなどの修正が行われました。たとえば BASIC 認証を提供する mod_auth_basic モジュールは単に認証や承認の手段のみを提供し、そのバックエンドとして「.htpasswd」ファイルを用いる場合には mod_authn_file モジュールを組み合わせるといったことが可能になっています。そのため下位互換性が損なわれているため、mod_auth_pgsql や mod_auth_mysql など、Apache 2.0 で使用していた認証・承認モジュールが動作しない場合があります。なおモジュール名は機能ごとに次のような命名規則が用いられています。

mod_auth_○○： 認証の方法を提供するモジュール
mod_authn_○○： 認証バックエンドをサポートするモジュール
mod_authz_○○： 承認（アクセス制御）を提供するモジュール
mod_authnz_○○： 認証と承認（アクセス制御）の両方をサポートするモジュール

1-4-2 ドキュメントキャッシュ機能の見直し

メモリキャッシュやディスクキャッシュなど、HTTP コンテンツの動的キャッシュ機能が強化され安定して利用するとができるようになっています。キャッシュ機能を用いることで HTTP サービスの応答性を向上させることができます。また Apache をリバースプロキシとして利用した場合でもキャッシュ機能を利用することが可能になっています。

1-4-3 プロキシ機能においてロードバランシングを実現

プロキシ機能においてロードバランス機能を追加する、mod_proxy_balancerモジュールが追加されました。Apache TomcatなどのサーブレットコンテナとのAJP13プロトコルをはじめ、HTTPやFTPサービスのロードバランス機能を提供します。バランシングの制御には2つのアルゴリズム（リクエスト回数によるものと、トラフィック量によるもの）が用意されており、Webベースのロードバランスマネージャで管理できます。バックエンドサーバが複数あるような環境でも、JavaアプリケーションやPHPで利用されるセッション変数を永続的に利用できます。セッション変数を利用している場合、2回目以降のリクエストも最初に接続を行ったバックエンドに対して行われるような、「**スティッキーセッション方式**」が採用されているため、整合性を損なうことなくアプリケーションサーバの処理が行われます。

1-4-4 プロキシ機能においてAJP1.3をサポートするモジュールの追加

Apache TomcatのサーブレットコンテナとのAJP 1.3プロトコル（Apache JServ Protocol version 1.3）を扱うことができるmod_proxy_ajpモジュールが追加されました。従来のmod_jkでは設定ファイルを別途用意する必要がありましたが、mod_proxy_ajpではhttpd.confのみで設定を行うことができます。

1-4-5 32bitシステムにおいても2Gバイトを越すファイルやコンテンツの取り扱いが可能に

Linuxのファイルシステムではカーネル2.4以降、32bitプラットフォーム上でも2Gバイトを越すファイルの取り扱いが可能になっていますが、Apacheには依然2Gバイトの制約がありました。Apache 2.2ではその制約がなくなり、OSのインストールイメージのような巨大なファイルの取り扱いが可能になりました。

なお2Gバイト以上のファイルを配信するには、サーバ側の対応とともに、クライアント側も対応している必要があります。クライアントのOSとともに、ブラウザの対応が欠かせません。なおApache 2.0でも、2.0.53から2Gバイトを越えるファイルの取り扱いが可能になっています。

1-4-6 mod_filterを使ったフィルタ機能の強化

Apache 2.0でもリクエストやレスポンスヘッダ、環境変数などの情報を基に動的に出力フィルタを適用することが可能でしたが、さらにApache 2.2では、複数のフィルタを組み合わせて利用できるように、mod_filterモジュールが追加されま

した。複雑な機能を持ったフィルタを1つ用意する代わりに、単純な機能のフィルタを組み合わせて利用できます。

1-4-7　RDBMSとの連携を可能にするmod_dbdモジュールを追加

PostgreSQLなどのデータベースをサポートする、mod_dbdモジュールやapr_dbdフレームワークが用意されました。データベースとの効率的な接続を可能にするコネクションプーリングを、mod_dbdモジュールで管理することが可能になります。またApache 2.2では、RDBMSを認証・承認のバックエンドに指定できるmod_authn_dbdモジュールが提供されています。ただし、対応するRDBMSが限られているため注意が必要です。

1-4-8　終了処理のためのコマンド、graceful／graceful-stopの採用

処理中のリクエストの完結を待って再起動する「gracefu」はApache 2.0でも利用可能でしたが、2.2では「graceful-stop」が新たに利用可能になりました（図1-4-1)。サービスを停止する際に、リクエスト処理中のクライアントの終了を待つため、ダウンロード途中で接続が解除されるような事態を防ぐことができます。

図1-4-1 Apache 終了処理のための新たなコマンド

```
# /usr/local/apache2/bin/apachectl -k graceful        #再起動
# /usr/local/apache2/bin/apachectl -k graceful-stop   #終了
```

※ apachectlの使用方法は2章で解説しています。

1-4-9　Perl互換正規表現ライブラリ5.0に対応

Perl 5.0互換の正規表現である「PCRE（Perl Compatible Regular Expression Library）verssion 5.0」が採用されたことで、「.htaccess」や「httpd.conf」のような設定ファイルに、正規表現を使ったより複雑な文字列パターンを記述することが可能になりました。

1-4-10　新しいMPM「event」の追加

MPM（Multi Processing Module）に、スケーラビリティに優れたevent MPMが新たに追加されました。worker MPMのようなマルチスレッド処理に加え、event MPMではKeep-Aliveリクエストの処理に、コネクションを処理するスレッドとは別のスレッドを割り当てます。そのため、より大規模な用途にも対応できます。

1-4-11　ThreadStackSize ディレクティブの追加

MPMにおいて、コネクション処理を受け持つスレッドのスタックサイズを、ThreadStackSize ディレクティブを用いて調整することが可能になりました。たいていの場合、OSが指定しているデフォルト値で問題ありませんが、意図的に小さなサイズを設定し、スレッドをより多く立ち上げるような使い方ができます。

1-4-12　ロードされているモジュールの一覧表示が DSO モジュールを含めて可能に

「httpd -l」で表示されるインストール済みモジュールの一覧は、静的に組み込まれたもののみでしたが、新しく採用された「-M」オプションを使用することで、DSOを使って動的に組み込まれているモジュールも表示させることができます（図1-4-2）。

図1-4-2 ロードされているモジュールの一覧表示方法

```
# httpd -M
Loaded Modules:
 core_module (static)           #静的に組み込まれている場合は（static）と表示
 authn_file_module (static)
 authn_default_module (static)
 … 省略 …
 deflate_module (shared)        #DSOで動的に組み込まれている場合は（shared）と表示
Syntax OK
```

1-4-13　httxt2dbm コマンドの採用

httxt2dbm コマンドで、テキストファイルから DBM ファイルを生成します。「DBM」は古くから UNIX に実装されている手軽に利用できる高速なデータベースです。小規模用途で広く利用されており、Apache でも、URLを書き換えるためのモジュール・mod_rewrite で利用しています。

1-4-14　mod_imagemap への名称変更

イメージマップをサポートする mod_imap モジュールは混乱を避けるため、mod_imagemap へ名称変更されました。

1-4-15　mod_ssl モジュールの RFC 2817 対応

セキュアなコンテンツ配信のための HTTPS プロトコルで、RFC 2817 に対応し

ました。いったん、サービスポート80番で接続し、その後「**STARTTLS**」コマンドでTLS暗号化通信に移行することが可能となりました。ただしブラウザも新プロトコルに準拠している必要があります。RFC 2817スタイルが広く使われるようになれば、HTTPはサービスポート80番、HTTPSはサービスポート443番というような区別が不要になり、名前ベースのバーチャルホストでもHTTPSが可能になります。

第2章

Apache の導入

Apache HTTP サーバのインストール方法を解説します。プラットフォームとして、Fedora や CentOS、Ubuntu のような Linux ディストリビューションおよび、Windows と Mac OS X を取り上げます。

2-1 Apache 導入方法

　Apache HTTP サーバ（以降、単に Apache）を使って Web サーバを構築するには、Apache ソフトウェア財団が配布しているソースアーカイブをビルドしインストールするか、各 OS に用意されたバイナリパッケージをインストールします。Fedora や Ubuntu など主要な Linux ディストリビューションには、Apache のバイナリパッケージが最初から含まれています。そのためソースアーカイブからインストールする必要はありません。しかし Web サーバの用途次第では、ソースアーカイブのビルドが避けられないケースもあります。バイナリパッケージのメリットや、ソースアーカイブのビルドが必要なケースを解説します。

2-1-1　バイナリパッケージのメリット

　バイナリパッケージを利用できるなら、わざわざソースファイルを利用する必要はありません。Fedora ／ CentOS ／ Ubuntu のような主要な Linux ディストリビューションには、あらかじめバイナリパッケージが用意されています。ディストリビューションが提供するパッケージなら、パッケージ管理ユーティリティを利用できるため、削除やアップデートも簡単です。また Apache 関連ユーティリティを追加する際も、パッケージの依存性やバージョンの差異も自動で解決します。パッケージによっては、プラットフォームのパフォーマンスを最大限引き出せるよう、バイナリレベルで最適化が施されている場合もあります。

　Linux に限らず、ほかの UNIX 系 OS や Windows にも、同じようにバイナリパッケージが用意されています。さらに Mac OS X のように、インストール済みの状態で出荷されていたりと、Apache のバイナリは比較的簡単に入手できます。

　一般的に、ソフトウェアの機能を追加したり変更するには、ソースを再ビルドし、再インストールする必要がありますが、Apache はモジュール機構を採用しているため、付加機能を追加するのに、いちいちソースをビルドする必要はありません。モジュールファイルを用意し、設定を変更するだけで機能を拡張できます。モジュール以外にも、動作のほとんどを設定ファイルで制御できるため、カスタマイズのためにソースを用意する必要もありません。

　Apache ソフトウェア財団や、ディストリビューターが提供するパッケージ以外にも、サードパーティが提供するバイナリパッケージが利用できます。たとえば「XAMPP（ザンプまたはエグザンプと発音）」と呼ばれるパッケージなら、Apache

とともに Web アプリケーションにはお馴染みの MySQL ／ PHP ／ Perl といったものも同時にインストールできます。Web アプリケーションに必要な環境を一括インストールできるため、データベースとの連携も、CGI や PHP の実行も思いのままです。設定ファイルのチューニングに手をわずらわせる必要もありません。

2-1-2 ソースファイルからのインストールが必要なケース

バイナリパッケージがいくら便利でも、ソースファイルが必要なケースも発生します。おもに次のような状況ではソースファイルからビルドした Apache を使用することになります。

● 使用しているプラットフォームに適合したバイナリパッケージが手に入らない場合

ユーザの規模が多くないプラットフォームだと、バイナリパッケージが提供されていないケースがあります。その場合はソースを使ってインストールすることになります。また Linux でも、ディストリビューションによってはソースからインストールすることになります。ディストリビューション間でパッケージの互換性がないため、ほかのパッケージをそのまま流用することはできません。

● 安定している旧バージョンをあえてインストールしたい場合

Apache 2.4 ／ 2.2 ／ 2.0 といった複数のバージョンが平行でメンテナンスされています。最新機能を利用するには 2.4 ／ 2.2 を使用しますが、プラットフォームが旧式だったり、古い方式のモジュールを利用する場合には、2.0 が必要になるケースも珍しくありません。バイナリパッケージは最新版しか提供されないケースがあるため、旧バージョンをインストールするのにソースを必要とすることもあります。

● いち早く最新の Apache を使用したい場合

また最新版 Apache を利用する際にもソースファイルを使う場合があります。最新版がリリースされてからバイナリパッケージが用意されるまでのタイムラグを許容できない場合、ソースからビルドした Apache を使用します。「ゼロデイ攻撃」に代表されるように、脆弱性が発見されて間もない期間に攻撃を受けることも珍しくありません。少しでも早く対策を打ちたい場合にはソースインストールが避けられません。

● インストールパスを変更したい場合

バイナリパッケージでインストールした場合、httpd や httppd.conf といった、デーモンや設定ファイルは、/usr/sbin や /etc など、所定のディレクトリにインストールされます。/usr/local のような任意のディレクトリにファイルを配置するには、

ソースファイルからビルドし、オプションにインストールパスを指定します。ほかにも複数のバージョンを同時にインストールする場合や、サービスポートをかえて複数の Apache を共存させる場合も同様です。旧バージョンを残しながら新バージョンに移行する際に、しばしばインストールパスをかえて共存させる方法がとられます[注1]。これなら新バージョンで問題が発生しても、即座に旧バージョンに戻すことができます。

● Apache モジュールを静的に組込みたい場合

Apache はモジュールを追加することで機能を拡張します。モジュールは必要に応じて組み込んだり、解除したりが可能です。こうした「**動的**」な組込みは、多少なりともサーバの負担となり、起動速度や実行速度が低下します。ロードにかかる負担を軽減するには、Apache のコア機能にモジュールを「**静的**」に組込みます。たいていのバイナリパッケージは動的組込みが標準なため、静的組込みを利用するにはソースからインストールすることになります。

● MPM（マルチプロセッシングモジュール）を変更する場合

リクエストを受け付け、受け付けたリクエストを子プロセスやスレッドに割り当てるといった機能は、Apache のコアが受け持ちます。そのコアは「**MPM（マルチプロセッシングモジュール）**」と呼ばれ、OS や動作環境に合わせ交換できます。UNIX プラットフォーム向けの MPM、Windows プラットフォームに最適化された「**mpm_winnt**」、BeOS 用の「**beos**」など、ソースからインストール際に MPM を選択できます。同じプラットフォームでも、拡張モジュールとの互換性や安定性、スケーラビリティなどの違いで、MPM が数タイプ用意されています。たとえば UNIX プラットフォーム向け MPM には、worker／prefork／perchild／event[注2] の 4 タイプが提供されています。Apache 2.2 までは、MPM を切り替えるにはソースファイルを再ビルドする必要がありますが、2.3 以降では、動的に切り替えることが可能となっています。

2-1-3　Apache Killer 対策

2011 年 8 月までにリリースされた Apache HTTPD には脆弱性（CVE-2011-3192）があり、「**Apache Killer**」と呼ばれる攻撃手法で、サービスを妨げられる危険性があります。Apache 2.0／2.2 ともに脆弱性を抱えており、Apache 2.2.19 以前のすべてのバージョン、および Apache 2.0.64 以前のすべてのバージョンが対象になり

[注1]　新しいバージョンの Apache を「/usr/local/apache2_new」、古いものを「/usr/local/apache2_old」とし、実際に使用する方のリンクファイルを「/usr/local/apache2」として作成します
[注2]　「event」は Apache 2.2 から使用可能。「perchild」は 2.3 で廃止されました。

ます。Apache Killer からサーバを防御するには、2011 年 9 月以降にリリースされた最新の Apache を導入するか、設定を追加します。

　Apache Killer は、GET リクエストの Range ヘッダに埋め込まれた不正データで、サーバのメモリと CPU を消費します。攻撃を回避するには、図 2-1-1 のように httpd.conf を設定します。

図 2-1-1 Apache Killer 対策のための設定（Apache 2.2 の例）

```
# 不正データが含まれる Range ヘッダを削除
SetEnvIf Range (?:,.*?){5,5} bad-range=1
RequestHeader unset Range env=bad-range

# Request-Range ヘッダを無視
RequestHeader unset Request-Range
```

※ Apache 拡張モジュールの「mod_setenvif」と「mod_headers」が必要になります。どちらのモジュールもデフォルトでインストールされます。

　その他、設定方法やパッチを適用する方法については、「http://httpd.apache.org/security/CVE-2011-3192.txt」を参考にします。なお CentOS 6.0 では、2011 年 11 月現在、セキュリティアップデートが提供されていないため、Apache 2.2.15 が最新となっています。本書では、サーバに設定例や実行例で 2.2.15 を使用していますが、実際使用する際は、上記の対策を施すか、ソースアーカイブから再インストールするようにします。

2-2 OS ごとの Apache 対応状況

Apache はバイナリパッケージでも、ソースアーカイブでもインストールできます。Linux に限らずさまざまな OS に対応しています。

2-2-1 Linux ／ Windows ／ Mac OS X

Apache は、再配布に対する制限が比較的緩いため、Apache を含んだ独自パッケージも多数見つけることができます。Linux ／ Windows ／ Mac OS X での対応状況は、表 2-2-1 のとおりです。

表 2-2-1 OS ごとの Apache 対応状況

	Linux	Windows[※1]	Mac OS X[※2]
OS またはディストリビューションに付随	○	×	○
ソースファイルのインストール	○	○	○
Apache ソフトウェア財団のバイナリパッケージ	×	○	×
その他の派生パッケージ	XAMPP ／ Bitnami など	XAMPP ／ EasyPHP など	XAMPP ／ MANP など

※1：NT カーネルを採用した Windows 2000 以降のもの
※2：Mac OS 10.5 以降のもの

2-2-2 本章で解説するインストール方法

本章では、Linux ／ Windows ／ Mac OS X といった OS ごとに、図 2-2-1 のようなインストール方法を解説します。Linux では、パッケージ管理に RPM を使っている Red Hat 系ディストリビューション（Red Hat ／ CentOS ／ Fedora）と、APT を使っている Debian 系ディストリビューション（Debian ／ Ubuntu）を取り上げます。

2-2 OS ごとの Apache 対応状況

図 2-2-1 本書で解説するインストール方法

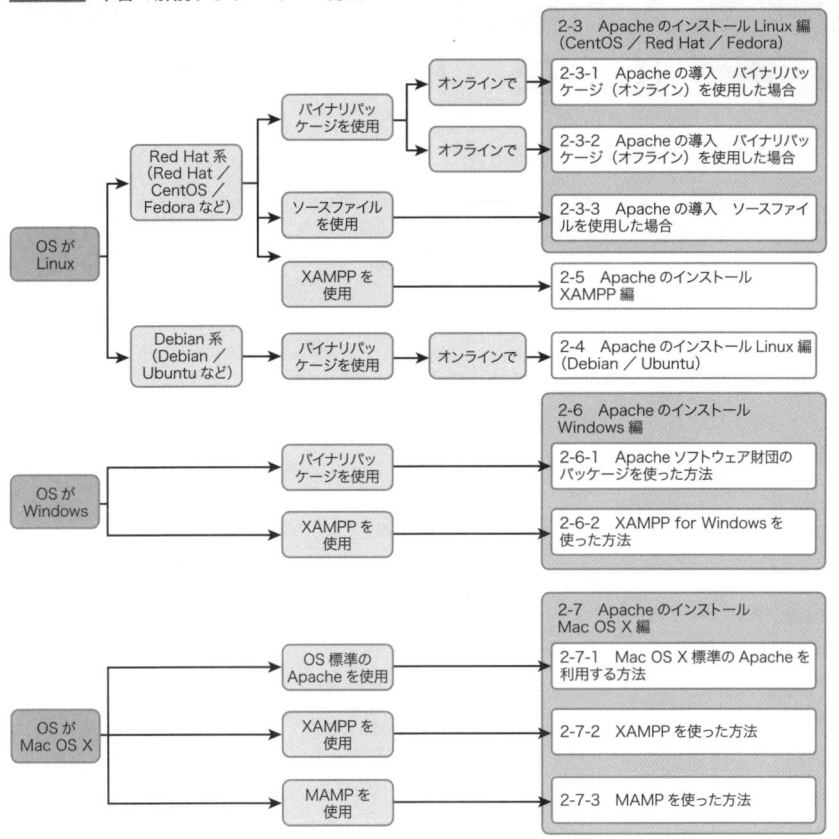

- OS が Linux
  - Red Hat 系 (Red Hat / CentOS / Fedora など)
    - バイナリパッケージを使用
      - オンラインで → 2-3 Apache のインストール Linux 編 (CentOS / Red Hat / Fedora)
        - 2-3-1 Apache の導入 バイナリパッケージ（オンライン）を使用した場合
      - オフラインで → 2-3-2 Apache の導入 バイナリパッケージ（オフライン）を使用した場合
    - ソースファイルを使用 → 2-3-3 Apache の導入 ソースファイルを使用した場合
    - XAMPP を使用 → 2-5 Apache のインストール XAMPP 編
  - Debian 系 (Debian / Ubuntu など)
    - バイナリパッケージを使用
      - オンラインで → 2-4 Apache のインストール Linux 編 (Debian / Ubuntu)

- OS が Windows → 2-6 Apache のインストール Windows 編
  - バイナリパッケージを使用 → 2-6-1 Apache ソフトウェア財団のパッケージを使った方法
  - XAMPP を使用 → 2-6-2 XAMPP for Windows を使った方法

- OS が Mac OS X → 2-7 Apache のインストール Mac OS X 編
  - OS 標準の Apache を使用 → 2-7-1 Mac OS X 標準の Apache を利用する方法
  - XAMPP を使用 → 2-7-2 XAMPP を使った方法
  - MAMP を使用 → 2-7-3 MAMP を使った方法

2-3 Apache のインストール Linux 編（CentOS ／ Red Hat ／ Fedora）

　Linux を例に Apache のインストール方法を解説します。ここでは Red Hat ／ CentOS ／ Fedora といった Red Hat 系ディストリビューションを取り上げます。インストールは、次の順で紹介します。

Apache の導入
・バイナリパッケージ（オンライン）を使用した場合
・バイナリパッケージ（オフライン）を使用した場合
・ソースファイルを使用した場合
　↓
設定ファイルの編集
　↓
起動（停止・再起動）
　↓
自動起動の設定

　Apache の導入ではバイナリパッケージを使った例と、ソースファイルを使った例をそれぞれ紹介します。Apache のパッケージは大方の Linux ディストリビューションで提供されています。またソースファイルからのインストールも、Linux なら難なく実行できます。パッケージを使ったインストール方法の紹介では、すでに手元にあるパッケージを「**オフライン**」でインストールする方法と、パッケージのダウンロードとインストールを同時に行う「**オンライン**」インストールを取り上げます。なおパッケージ名は CentOS 6.0 のものを使用しており、ほかのディストリビューションでは、パッケージ名が多少異なります。

　作業にあたっては、root ユーザなどの管理者権限を使用します。なお本書で紹介している設定方法では、セキュリティに対する考慮が不足しています。インターネットからの攻撃にさらされないよう、隔離されたネットワーク上で作業を行うようにします。Apache のセキュリティ対策については、**6 章**を参考にしてください。

■ 2-3-1　Apache の導入　バイナリパッケージ（オンライン）を使用した場合

　インターネットに接続された環境下では、オンラインインストールが便利です。

オンラインインストールならファイルのダウンロードとインストールを一度に実行できます。また常に最新パッケージをインストールできます。

Red Hat系ディストリビューション[注3]では、RPM（Resource Package Manager）ユーティリティを利用してパッケージを管理します。インストールに先立ち、すでにApacheがインストールされていないか、インストールされている場合には、どのバージョンがインストールされているか確認しましょう。確認はrpmコマンドを使って図2-3-1のように行います。

図2-3-1 Red Hat／CentOS／FedoraでApacheがインストールされているか確認

```
# rpm -qa | grep httpd
httpd-2.2.15-5.el6.centos.i686
httpd-tools-2.2.15-5.el6.centos.i686
```

※ CentOS 6.0の場合[注4]

Red Hat／CentOS／Fedoraでは、オンラインインストールにyumコマンドを使用します（図2-3-2）。各ファイルは図2-3-3のように配置されます。

図2-3-2 Red Hat／CentOS／FedoraでApacheをオンラインインストール

```
# yum install httpd
```

図2-3-3 RPMパッケージでインストールした場合のインストールパス

```
/etc/httpd/conf          httpd.confなど設定ファイル
/usr/lib/httpd/build     拡張モジュール作成時に使用（モジュール開発キットをインストールすると作成されます）
/usr/lib/httpd/modules   拡張モジュール
/usr/sbin                apachectl、httpdなどの実行ファイル
/usr/share/man           manファイル
/var/log/httpd           logファイル
/var/www
  ├─ cgi-bin             CGIスクリプト
  ├─ error               エラーメッセージファイル
  ├─ html                Webサイトのドキュメントルート
  └─ icons               アイコンファイル
```

オンラインインストールにコマンドラインの「**yum**」を使用しましたが、GUIツールも利用できます。GUIツールは各Linuxディストリビューションで起動方法が異なります。たとえばCentOSなら、デスクトップメニューから「システム」-「管理」-「ソフトウェアの追加／削除」と選択し、図2-3-4のようなツールを起動します。ほかのLinuxディストリビューションにも同様のツールが用意されています。

[注3] Red Hat／CentOS／Fedora以外に、Turbolinuxやopen SUSEでもパッケージ管理にRPMが使用されています。

[注4] 2011年11月現在、CentOS 6.0で提供されるApacheは2.2.15です。冒頭の解説のようなApache Killer対策が必要です。

第2章 Apacheの導入

図2-3-4 GUIツールでApacheをオンラインインストール

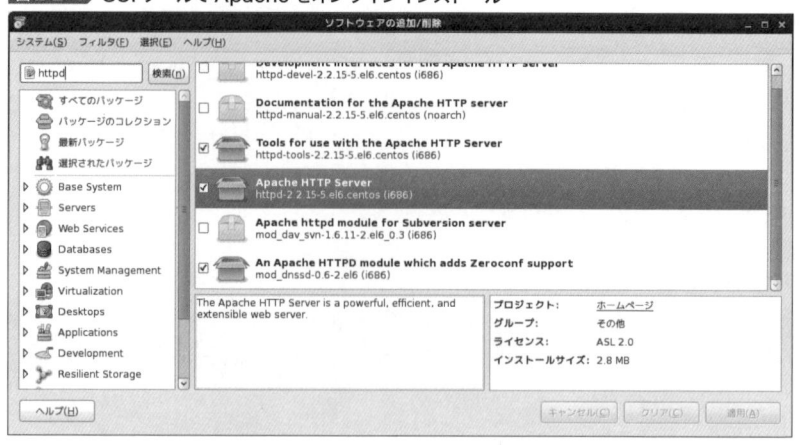

この後の手順は「2-3-4 設定ファイルの編集」に続きます。

2-3-2 Apacheの導入 バイナリパッケージ（オフライン）を使用した場合

　インターネットに接続できない環境下では、オフラインインストールを実行します。Red Hat系ディストリビューションでは、パッケージはRPMファイルで提供されます。ディストリビュータのWebサイトからダウンロードしたものや、インストールメディアに収録されているファイルなどを手元に用意しておきます。インストールに先立ち、すでにApacheがインストールされていないか、インストールされている場合には、どのバージョンがインストールされているか確認しましょう。確認はrpmコマンドを使って図2-3-1のように行います。

　インストールメディアやサイトから入手したRPMファイルをインストールするには、rpmコマンドを実行する際に「-ivh」オプションを指定します（図2-3-5）。「i」はインストールの実行、「v」はインストール過程の詳細情報を表示し、「h」はインストールの進行状況を画面に出力します。すでにApacheがインストールされている場合には、オプションを「-Uvh」に換えてアップデートを行うようにします。各ファイルはオンラインインストール同様、図2-3-3のように配置されます。

図2-3-5 Red Hat／CentOS／FedoraでApacheのオフラインインストール

・新規にインストールを実行する場合

```
# rpm -ivh httpd-2.2.<version>.rpm
```

（CentOS 6.0の場合）

・アップデートを実行する場合

```
# rpm -Uvh httpd-2.2.<version>.rpm
```

この後の手順は「2-3-4 設定ファイルの編集」に続きます。

2-3-3　Apache の導入　ソースファイルを使用した場合

　最新のソースファイルは、Apache ソフトウェア財団のホームページ「http://httpd.apache.org/download.cgi」からダウンロードできます。2.4 ／ 2.2（安定版）／ 2.1（旧バージョンの安定版）の 3 種類のバージョンのうち、用途にあったもの[注5]をダウンロードします。同じバージョンでも数種類のソースアーカイブが用意されていますが、Linux では「**Unix Source**」を選択します。さらに拡張子が異なる 2 種類のファイル（tar.gz ／ tar.bz2）が用意されていますが、圧縮方式が違うだけで、ソースファイルは同一です。次の解説では「**tar.gz**」を使用することにします。

　ダウンロード後展開し、configure を実行します（**図 2-3-6**）。インストールパスを「/usr/local/apache2」以外に変更したい場合や、特定機能を有効または無効にしたい場合は configure にオプションを付けて実行します。ここではデフォルトオプションのままインストールすることにします。続けて make、make install を実行します。インストールに成功すると、**図 2-3-7** のようにファイルが配置されます。

図 2-3-6 Apache をソースファイルからインストール

```
# tar xvfz httpd-2.2.<version>.tar.gz
# cd httpd-2.2.<version>
# ./configure
（必要なオプションは「-help」オプションで確認します）
# make
# make install
```

※「# ./configure --with-apr=/usr/local/apr」のように APR インストールディレクトリの指定が必要になるケースがあります。

図 2-3-7 ソースからインストールした場合のファイル配置

```
/usr/local/apache2
  ├─ bin        apachectl、httpd などの実行ファイル
  ├─ build      拡張モジュール作成時に使用
  ├─ cgi-bin    CGI スクリプト
  ├─ conf       httpd.conf など設定ファイル
  ├─ error      エラーメッセージファイル
  ├─ htdocs     Web サイトのドキュメントルート
  ├─ icons      アイコンファイル
  ├─ include    拡張モジュール作成時に使用
  ├─ lib        拡張モジュール作成時に使用
  ├─ logs       log ファイル
  ├─ man        man ファイル
  ├─ manual     HTML 版マニュアル
  └─ modules    拡張モジュール
```

[注5] 選択方法については 1 章を参照してください。

なおソースからビルドするにはgccやmakeなどの開発ツールが必要です。インストールされていないなら事前に追加インストールしておきます（図2-3-8）。ほかにも、ライブラリやヘッダファイルも必要なケースがあります。たとえばPerl 5.0互換の正規表現である「**PCRE**（Perl Compatible Regular Expression Library) verssion 5.0」をApacheで利用するのに、PCREの開発用パッケージが必要になります。ソースビルド時にエラーが出るようなら、開発ツールとともにインストールします（図2-3-9）。

図2-3-8 開発ツールのインストール

```
# yum groupinstall "Development Tools"
```

※グループ名はCentOS 6.0のもの。それぞれのディストリビューションでグループ名を確認するには「# yum grouplist」を実行します

図2-3-9 PCREのライブラリ／ヘッダファイルのインストール

```
# yum install pcre-devel
```

※ソースビルド時に「configure: error: pcre-config for libpcre not found....」のようなエラーが出るなら、追加インストールが必要

この後の手順は「2-3-4　設定ファイルの編集」に続きます。

ApacheをソースからインストールするにはAPR／APR-utilを事前にインストールしておきます（図2-3-10）。「http://apr.apache.org/」からソースアーカイブをダウンロードし、インストールします。

図2-3-10 APR／APR-utilのインストール

・APRのインストール

```
# tar xvfz apr-1.4.6.tar.gz
# cd apr-1.4.6
# ./configure
# make
# make install
```

・APR-Utilのインストール

```
# tar xvfz apr-util-1.4.1.tar.gz
# cd apr-util-1.4.1
# ./configure --with-apr=/usr/local/apr
# make
# make install
```

2-3-4　設定ファイルの編集

Apacheの導入に続いて、設定ファイルを編集します。Apacheの設定は、おも

に「**httpd.conf**」ファイルで行います。インストール先はパッケージでインストールした場合は「/etc/httpd/conf/httpd.conf」、ソースファイルからインストールした場合は「/usr/local/apache2/conf/httpd.conf」となります。デフォルトでインストールされる「httpd.conf」そのままでも、Apacheを起動できますが、サイト管理者のアドレスやホスト名など、最低限の項目を修正するようにします（**図 2-3-11**）。

図 2-3-11 httpd.conf の修正

```
Listen 80          サービスポートの設定（通常は変更しません）
... 省略 ...
User apache        ← httpd デーモンのユーザ名。パッケージインストールでは専用ユーザ「apache」が作成され
                   ますが、ソースインストールでは、汎用的な daemon、nobody などを使用します。
Group apache       ← httpd デーモンのグループ名。パッケージインストールでは専用グループ「apache」が
                   作成されますが、ソースインストールでは、汎用的な daemon、nobody などを使用します。
... 省略 ...
ServerAdmin foo@example.jp    ←サイト管理者のメールアドレス
... 省略 ...
ServerName www.example.jp:80  ←意図したサーバ名を使用する場合にのみ指定。ただし DNS に登録
                               されているホスト名を使用する。
```

設定が完了したら、httpd.confの記述に間違いがないか確認します（**図 2-3-12**）。ここでは最低限の修正にとどめましたが、httpd.confの設定しだいで、より高いパフォーマンスを引き出すことも、よりセキュアなサーバに仕上げることもできます。

図 2-3-12 設定ファイルのチェック

```
# /usr/sbin/httpd -t
Syntax OK
```

（ソースからインストールした場合は、/usr/local/apache2/bin/httpd）

または

```
# /usr/sbin/apachectl configtest
Syntax OK
```

（ソースからインストールした場合は、/usr/local/apache2/bin/apachectl）

2-3-5 起動（停止・再起動）

設定が完了したところでApacheを起動します。それには「**apachectl**」コマンドを使用します（**図 2-3-13**）。正常に起動できているか、ブラウザで「http://localhost/」にアクセスし確認します（**図 2-3-14**）。もしApacheの起動に失敗しているようなら、「/var/log/httpd（ソースからインストールした場合には /usr/local/apache2/logs）」ディレクトリにあるログファイルの「**error_log**」を参考に

対応します。Apacheの二重起動やhttpd.confの記述ミスが原因で起動しないことがあるため、注意します。

　起動のほか、停止や再起動といった制御にもapachectlコマンドを使用します。httpd.confを修正した後など、Apacheを再起動するには図2-3-13のように「# apachectl restart」を実行します。なお処理中のリクエストの完結を待って再起動するには、「**graceful**」を使用します。さらにApache 2.2以降から、処理中のリクエストを考慮しながらサービスを停止する「**graceful-stop**」も利用可能です。「-k」オプションとともに利用します。処理中のリクエストを中断しないよう、クライアントへのコンテンツ配信が完了するまで、停止しません。そのためクライアント側はダウンロード途中で接続が解除されることがなくなります。その代わり、サーバ側はクライアントへのデータ送信が完了するまでプロセスを終了できないため、緊急停止させたい場合は注意が必要です。

図2-3-13　Apache HTTPサーバの起動／停止／再起動

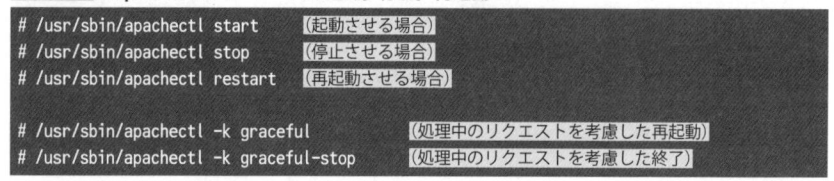

```
# /usr/sbin/apachectl start            〔起動させる場合〕
# /usr/sbin/apachectl stop             〔停止させる場合〕
# /usr/sbin/apachectl restart          〔再起動させる場合〕

# /usr/sbin/apachectl -k graceful         〔処理中のリクエストを考慮した再起動〕
# /usr/sbin/apachectl -k graceful-stop    〔処理中のリクエストを考慮した終了〕
```

※ソースからインストールした場合は、「/usr/local/apache2/bin/apachectl」を実行

図2-3-14　Apcheの起動画面（CentOS 6.0の場合）

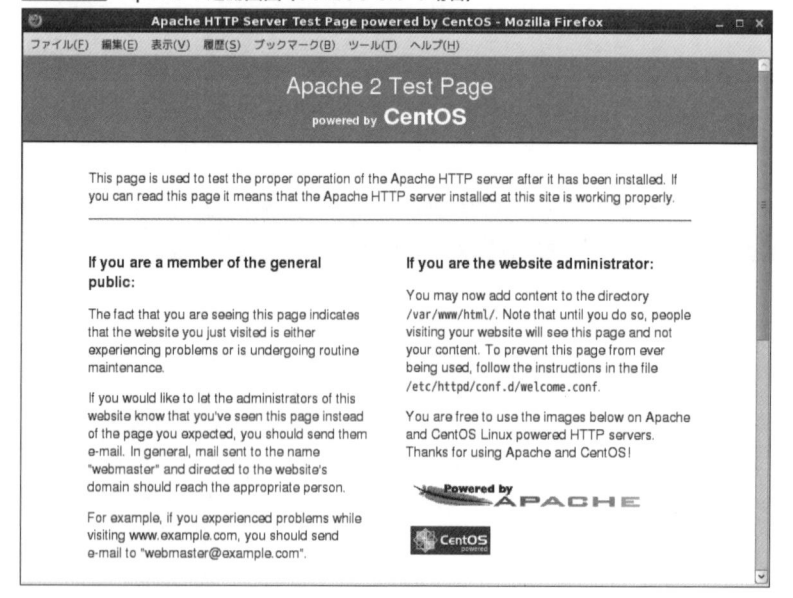

2-3-6 自動起動の設定

　Webサーバとして常時稼働させるなら、サーバの起動にあわせてWebサービスも起動するようにします。それには「**常駐サービス**」として登録します。パッケージを使ってApacheインストールした場合、自動起動スクリプトの「/etc/init.d/httpd」がインストールされます。ソースからインストールした場合には、ソースディレクトリ中の「build/rpm/httpd.init」ファイルを所定のディレクトリにコピーして利用します（図2-3-15）。Red Hat／Fedora／CentOSといったディストリビューションではサービスの登録に「**chkconfig**」コマンドを利用します[注6]（図2-3-16）。ほかにも「**system-config-services**」のようなユーティリティを使っても、同じようにサービスの登録ができます（図2-3-17）。

図2-3-15 ソースからインストールした場合は手動で自動起動スクリプトを用意します

```
# cp Apache のソースディレクトリ /build/rpm/httpd.init /etc/init.d/httpd
# chkconfig --add httpd
```

図2-3-16 chkconfig を使ったサービスの登録

```
# chkconfig --level 35 httpd on    （ランレベル3、5でオン）
# chkconfig --list httpd           （登録状況の確認）
httpd           0:off   1:off   2:off   3:on    4:off   5:on    6:off
```

図2-3-17 system-config-services を使ったサービスの登録

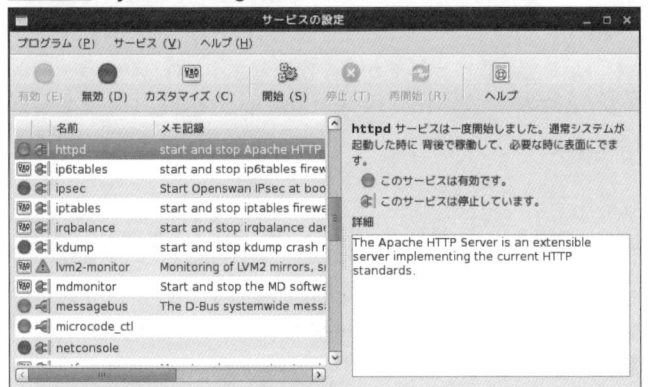

[注6] Fedora16以降、systemctlコマンドを使用します。

2-4 Apache のインストール Linux 編（Debian／Ubuntu）

ここからは、Linux ディストリビューションの Debian／Ubuntu に、Apache をインストールする方法を解説します。次の順で解説します。

Apache の導入
　↓
設定ファイルの編集
　↓
起動（停止・再起動）

Apache の導入ではオンラインでバイナリパッケージをインストールする方法を解説します。ソースからインストールする場合は、前述の CentOS／Red Hat／Fedora での実行例を参考にします。パッケージ名は Ubuntu のものを使用しており、Debian のものとはパッケージ名が多少異なります。

なお Ubuntu デスクトップ版では root アカウントが直接使用できないため、「$ sudo コマンド……」を代用します。また本書で紹介している設定方法では、セキュリティに対する考慮が不足しています。外部からの攻撃にさらされないよう、隔離されたネットワーク上で作業を行うようにします。Apache のセキュリティ対策については、**6 章**を参考にしてください。

2-4-1 Apache の導入　バイナリパッケージ（オンライン）を使用した場合

Debian や Ubuntu では APT（Advanced Packaging Tool）ユーティリティを使ってパッケージを管理します。まず既存で Apache がインストールされていないか dpkg コマンドで確認します（図 2-4-1）。

図 2-4-1 Debian／Ubuntu で Apache のインストールを確認

```
$ dpkg -l |grep apache
ii  apache2              2.2.20-1ubuntu1.1    Apache HTTP Server metapackage
ii  apache2-mpm-worker   2.2.20-1ubuntu1.1    Apache HTTP Server - high speed threaded model
ii  apache2-utils        2.2.20-1ubuntu1.1    utility programs for webservers
ii  apache2.2-bin        2.2.20-1ubuntu1.1    Apache HTTP Server common binary files
ii  apache2.2-common     2.2.20-1ubuntu1.1    Apache HTTP Server common files
```

※ Ubuntu 11.10 の場合

オンラインインストールには apt-get コマンドを使用しています（図 2-4-2）。関連するパッケージも自動で選択されるため、同時にインストールできます。また Web サービスの自動起動も登録されるため、サーバ起動時に自動で Apache が起動するようになります。

図 2-4-2 Debian／Ubuntu で Apache をオンラインインストール
```
$ sudo apt-get install apache2
```

Debian や Ubuntu では、標準 MPM として「worker」がインストールされます（MPM については 1 章を参照）。そのまま worker MPM を使用することもできますが、prefork MPM を使用する場合は「apache2-mpm-prefork」をインストールします（図 2-4-3）。各ファイルは図 2-4-4 のように配置されます。

図 2-4-3 Debian／Ubuntu で Apache をオンラインインストール
```
$ sudo apt-get install apache2-mpm-prefork   ← prefork MPM 版 Apache をインストールする場合
```

図 2-4-4 Debian／Ubuntu でパッケージを使った場合のインストールパス
```
/etc/apache2/conf          apache2.conf など設定ファイル
/usr/lib/apace2/modules    拡張モジュール
/usr/sbin                  apachectl、apache2 などの実行ファイル
/usr/share/apache2
    ├─ build               拡張モジュール作成時に使用
    ├─ error               エラーメッセージファイル
    └─ icons               アイコンファイル
/usr/share/man             man ファイル
/var/log/apache2           log ファイル
/var/www                   Web サイトのドキュメントルート
```

コマンド操作に慣れない場合は、GUI ツールの「Ubuntu ソフトウェアセンター」を使ってインストールします[注7]。「apache2」をキーワードに検索し、該当したパッケージをインストールします（図 2-4-5）。

[注7]「 Alt + F2 」キーでアプリケーションランチャを起動し、「software-center」をキーワードに検索します。

図2-4-5 Ubuntu ソフトウェアセンターで Apache をオンラインインストール

2-4-2 設定ファイルの編集

　Apache を導入できたら、設定ファイルを編集します。Debian や Ubuntu でパッケージを使って Apache をインストールした場合、設定ファイルにはおもに「/etc/apache2/apache2.conf」を使用します。デフォルトのままでも、Apache を起動できますが、サイト管理者のアドレスやホスト名など、最低限の項目を修正します（**図2-4-6**）。

図2-4-6 /etc/apache2/apache2.conf の追加・修正

```
ServerName www.example.jp:80    ←冒頭に追加。意図したサーバ名を使用する場合にのみ指定。
                                 ただし DNS に登録されているホスト名を使用する。
... 省略 ...
ServerAdmin foo@example.jp      ←サイト管理者のメールアドレス
```

　設定が完了したら、apache2.conf の記述に間違いがないか確認します（**図2-4-7**）。ここでは最低限の修正にとどめましたが、apache2.conf の設定しだいで、より高いパフォーマンスを引き出すことも、よりセキュアなサーバに仕上げることもできます。

図2-4-7 設定ファイルのチェック

```
$ sudo /usr/sbin/apache2ctl configtest
Syntax OK
```

※ /usr/sbin/apachectl も使用できます。

2-4-3 起動（停止・再起動）

　オンラインインストールすると、Apache が起動し、自動起動サービスも登録されます。ブラウザでアクセスするなどして、正常に起動できていることを確認します。もし Apache の起動に失敗しているようなら、「/var/log/apache2」ディレクトリにあるログファイルの「**error.log**」を参考に対応します。Apache の二重起動や設定ファイルの記述ミスが原因で起動しないことがあるため、注意します。

　設定ファイルを修正した場合など、Apache を手動で再起動する必要があります。Apache を制御するには図 2-4-8 のように、「**apache2ctl**」コマンドを使用します。なお処理中のリクエストの完結を待って再起動するには、「**graceful**」を使用します。さらに Apache 2.2 以降から、処理中のリクエストを考慮しながらサービスを停止する「**graceful-stop**」も利用できます。「-k」オプションとともに利用します。処理中のリクエストを中断しないよう、クライアントへのコンテンツ配信が完了するまで、停止しません。そのためクライアント側はダウンロード途中で接続が解除されることがなくなります。その代わり、サーバ側はクライアントへのデータ送信が完了するまでプロセスを終了できないため、緊急停止させたい場合は注意が必要です。

図 2-4-8 Debian ／ Ubuntu で Apache の起動・停止・再起動

```
$ sudo /usr/sbin/apache2ctl start       （起動させる場合）
$ sudo /usr/sbin/apache2ctl stop        （停止させる場合）
$ sudo /usr/sbin/apache2ctl restart     （再起動させる場合）

$ sudo /usr/sbin/apache2ctl -k graceful         （処理中のリクエストを考慮した再起動）
$ sudo /usr/sbin/apache2ctl -k graceful-stop    （処理中のリクエストを考慮した終了）
```

　「**apache2ctl**」コマンドのほか、自動起動用スクリプトがインストールされるため、図 2-4-9 のようにすることもできます。

図 2-4-9 Debian ／ Ubuntu で Apache の起動・停止・再起動

```
$ sudo /etc/init.d/apache2 start        （起動）
$ sudo /etc/init.d/apache2 stop         （停止）
$ sudo /etc/init.d/apache2 restart      （再起動）

$ sudo /etc/init.d/apache2 graceful         （処理中のリクエストを考慮した再起動）
$ sudo /etc/init.d/apache2 graceful-stop    （処理中のリクエストを考慮した終了）
```

2-5 Apache のインストール XAMPP 編

　Linux なら、Apache 単体でのインストールのほか、「**XAMPP**（ザンプまたはエグザンプと発音）」のようなパッケージを利用することもできます。XAMPP には、Apache 以外に、プログラミング言語、データベースシステムといった、Web アプリケーションの開発に必要なソフトウェアも含まれています（**図2-5-1**）。Web アプリケーションを前提とするなら、XAMPP を使ったほうが簡単です。複数のソフトウェアを単一のパッケージとして管理でき、各種設定に専用のコントロールパネルを使用できます。

図2-5-1 XAMPP によってインストールされるもの（XAMPP fot Linux 1.7.7 の場合）

・主要なソフトウェア

　Apache 2.2.21
　MySQL 5.5.16
　PHP 5.3.8（PEAR ／ SQLite 2.8.17/3.6.16 ／ multibyte（mbstring）対応版）
　Perl 5.10.1
　ProFTPD 1.3.3e
　phpMyAdmin 3.4.5
　OpenSSL 1.0.0c
　GD 2.0.1
　Freetype2 2.1.7

・その他

　libjpeg 6b、libpng 1.2.12、gdbm 1.8.0、zlib 1.2.3、expat 1.2、Sablotron 1.0、libxml 2.7.6、Ming 0.4.2、Webalizer 2.21-02、pdf class 009e、ncurses 5.3、mod_perl 2.0.5、FreeTDS 0.63、gettext 0.17、IMAP C-Client 2007e、OpenLDAP (client) 2.3.11、mcrypt 2.5.7、mhash 0.8.18、eAccelerator 0.9.5.3、cURL 7.19.6、libxslt 1.1.26、libapreq 2.12、FPDF 1.6、XAMPP Control Panel 0.8、bzip 1.0.5、PBXT 1.0.09-rc、PBMS 0.5.08-alpha、ICU4C Library 4.2.1

　XAMPP は Apache Friends（http://www.apachefriends.org/jp/）が開発し、配布しており、GPL のもと無料で使用できます。すでに Apache や MySQL を、別の方法でインストールしている場合でも、XAMPP により上書きされる心配はありません。インストールパスは XAMPP 独自のものとなります。ただし同じサービスポート[注8]を利用することはできません。たとえばパッケージでインストールした

[注8] Web サーバのサービスポート番号は TCP 80 番です。

Apache と、XAMPP でインストールした Apache を、同時に TCP 80 番ポートで起動することはできません。Web サービスに限らず、MySQL や FTP も二重で起動することのないよう注意が必要です。なお XAMPP は、おもに開発用途で使用します。インターネット上にサーバを設置する際は、セキュリティに対する考慮や、パフォーマンスに対する対策が必要です。オプションコマンドを実行すれば、ある程度セキュリティを強化できますが、公開される機能が制限されます。XAMPP を利用する際は、開発環境用と割り切るようにします。

2-5-1 XAMPP の導入

「XAMPP for Linux」をインストールする方法を解説します。Linux ディストリビューションに CentOS 6.0 を使用しますが、その他の Linux ディストリビューションでも、作業内容は同じです。なお作業は管理者権限で行うものとします。最初に Apache Friends のサイト「http://www.apachefriends.org/jp/xampp-linux.html」から「XAMPP for Linux」をダウンロードします。執筆時点の最新版は 1.7.7 です。ダウンロードにはブラウザを使うか、wget コマンドを使用します。ダウンロード後ファイルを「/opt」に展開します（**図 2-5-2**）。インストールは以上です。設定は XAMPP 起動後の Web 画面で行います。

図 2-5-2 XAMPP for Linux のインストール

```
# tar xvfz xampp-linux-1.7.7.tar.gz -C /opt
```

2-5-2 XAMPP の起動（停止・再起動）

XAMPP for Linux の起動や停止には lampp コマンドを使用します。起動するには「**start**」を、停止するには「**stop**」を、再起動には「**restart**」をそれぞれ引数に、lampp コマンドを実行します（**図 2-5-3**）。lampp コマンドに指定可能なオプションは、「**--help**」オプションで確認できます。

起動を確認するには、ブラウザで「http://localhost/xampp/」にアクセスします。起動に成功した場合、**図 2-5-4** のような画面が表示されます。

図 2-5-3 XAMPP for Linux の起動・再起動・停止

```
# /opt/lampp/lampp start       （XAMPP の起動）
# /opt/lampp/lampp restart     （XAMPP の再起動）
# /opt/lampp/lampp stop        （XAMPP の停止）
# /opt/lampp/lampp --help      （lampp コマンドに指定可能なオプションを表示）
```

図2-5-4 XAMPP for Linux のスプラッシュ画面

2-5-3 XAMPP for Linux のインストールパス

XAMPP では Web 管理画面で簡単な設定を行うことができます（**図 2-5-5**）。なお管理画面で設定できない項目は、直接設定ファイルを編集します。設定ファイルには「/opt/lampp/etc/httpd.conf」を利用します。**図 2-3-10** を参考に、「**ServerName**」や「**ServerAdmin**」といった項目を設定します。設定を反映させるには、XAMPP を再起動します。

図2-5-5 XAMPP for Linux の設定画面

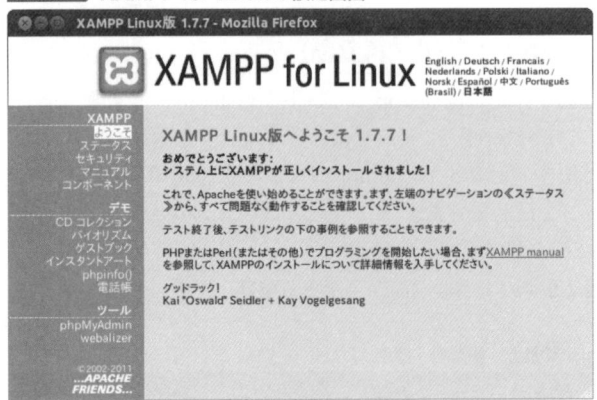

設定ファイルのほか、Apache のドキュメントルートやログファイルの出力先など、XAMPP for Linux のインストールパスは**図 2-5-6** を参考にします。

図2-5-6 XAMPP for Linux を利用した場合のインストールパス

```
/opt/lampp/
├── etc/httpd.conf    Apache の設定ファイル
├── htdocs/           Apache のドキュメントルート
└── logs/             Apache のログファイル
```

2-5-4 XAMPP for Linux のセキュア化

　XAMPP は開発環境での使用を前提にしているため、セキュリティより開発環境としての使いやすさが優先されています。そのため XAMPP 起動後のデフォルト状態では、スプラッシュ画面や、Web 管理画面、MySQL や FTP サービスなど、XAMPP によって起動されるサービスに対し、外部から自由にアクセスできます。XAMPP 起動後、速やかに各サービスのアクセス制限とパスワードの設定を実施する必要があります。XAMPP for Linux のデフォルト状態では次のような脆弱性があります。

- MySQL の管理者（root）にパスワードが設定されていない
- MySQL サーバに外部ネットワークからアクセスできる
- ProFTPD の nobody ユーザに対して、類推されやすいパスワードを使っている
- MySQL Web 管理画面の phpMyAdmin が外部のネットワークからアクセスできる
- MySQL と Apache が同じユーザ（nobody）権限で稼動している

　上記のような脆弱性には次のような対策が必要です。

- XAMPP の Web 管理画面にパスワードを設定する
- MySQL サーバにネットワーク経由でアクセスできないよう、UNIX ソケット（localhost から）のみに限定する
- MySQL と phpMyAdmin で使用される「pma」ユーザに新しいパスワードを設定する
- MySQL の管理者権限（root）にパスワードを設定する
- ProFTPD の nobody ユーザに対するパスワードを変更する

　XAMPP のセキュア化には、lampp コマンドを使用します（**図2-5-7**）。セキュア化を実行する前に、必ず XAMPP を起動しておきます。MySQL の root パスワードを変更するには、サービスが実行されている必要があります。

図2-5-7 XAMPP for Linux のセキュア化

```
# /opt/lampp/lampp security
XAMPP: Quick security check...
XAMPP: Your XAMPP pages are NOT secured by a password.
```

```
XAMPP: Do you want to set a password? [yes] yes      ←「yes」をタイプ
XAMPP: Password:                    ← XAMPP の Web 管理画面の新しいパスワードを入力
XAMPP: Password (again):                    ←新しいパスワードを再入力
XAMPP: Password protection active. Please use 'lampp' as user name!
XAMPP: The MySQL/phpMyAdmin user pma has no password set!!!
XAMPP: Do you want to set a password? [yes] yes      ←「yes」をタイプ
XAMPP: Password:          ← MySQL/phpMyAdmin で使用されるユーザ (pma) の新しいパスワードを入力
XAMPP: Password (again):                    ←新しいパスワードを再入力
XAMPP: Setting new MySQL pma password.
XAMPP: Setting phpMyAdmin's pma password to the new one.
XAMPP: MySQL has no root passwort set!!!
XAMPP: Do you want to set a password? [yes] yes      ←「yes」をタイプ
XAMPP: Write the password somewhere down to make sure you won't forget it!!!
XAMPP: Password:               ← MySQL の管理者 (root) の新しいパスワードを入力
XAMPP: Password (again):                    ←新しいパスワードを再入力
XAMPP: Setting new MySQL root password.
XAMPP: Change phpMyAdmin's authentication method.
XAMPP: The FTP password for user 'nobody' is still set to 'lampp'.
XAMPP: Do you want to change the password? [yes] yes   ←「yes」をタイプ
XAMPP: Password:              ← ProFTPD の nobody ユーザの新しいパスワードを入力
XAMPP: Password (again):                    ←新しいパスワードを再入力
XAMPP: Reload ProFTPD...
XAMPP: Done.
```

　セキュア化を実行すると、XAMPP のスプラッシュ画面や phpMyAdmin 画面にアクセスするのに、ユーザ名とパスワードが必要になります。スプラッシュ画面ではユーザ名に「**lampp**」、パスワードは図 2-5-7 で設定したものを使用します。phpMyAdmin ではユーザ名に「**pma**」、パスワードは図 2-5-7 で設定したものを使用します。

2-6 Apache のインストール Windows 編

Microsoft Windows に Apache をインストールする方法を解説します。NT カーネルを採用した Windows 2000 以降のものなら、Apache ソフトウェア財団が配布しているパッケージをインストールできます。また Linux 同様、「**XAMPP（ザンプまたはエグザンプと発音）**」を使って Apache をインストールすることもできます。XAMPP を使えば、Apache のほかに AMP 環境と呼ばれる Web アプリケーションの開発に必要なプログラミング言語、データベースシステムもインストールされます。Web アプリケーションを前提とするなら、XAMPP を使ったほうが簡単です。ただし、Apache ソフトウェア財団のパッケージと併用できないため、どちらか 1 つのみインストールします。なお 2011 年 8 月現在、Apache ソフトウェア財団のパッケージも XAMPP も、32bit 版しかリリースされていません[注9]。

ここでは Windows プラットフォームとして、Windows 7 Proffesional を使用していますが、Vista などほかの Windows でも作業内容は同様です。管理者権限のあるユーザで実行します。

2-6-1 Apache ソフトウェア財団のパッケージを使った方法

Apache ソフトウェア財団のホームページ「http://httpd.apache.org/download.cgi」から最新パッケージをダウンロードします。2.4／2.2（安定版）／2.1（旧バージョンの安定版）の 3 種類のバージョンのうち、用途にあったものをダウンロードします。選択方法は 1 章を参照にします。Linux では「Win32 Binary…」を選択します。さらに OpenSSL を含むもの（including OpenSSL…）と、含まないもの（without crypt…）が用意されていますが、HTTPS（HTTP over SSL/TLS）を利用する場合は、OpenSSL を含むものを選択します。どちらを使っても、インストール方法に大差ありませんが、ここからは OpenSSL を含んだパッケージ「httpd-2.2.21-win32-x86-openssl-0.9.8r.msi（2011 年 11 月時点の最新版）」でインストール方法を解説します。

[注9] 64bit OS 上で 32bit 版 Apache を動作させることはできます。また Apache のソースを元に、64bit 環境下で動作するよう独自にビルドしたものを配布しているサイトもあります。

①ダウンロードした「httpd-2.2.21-win32-x86-openssl-0.9.8r.msi」をダブルクリックし、インストーラを起動します。「NEXT」をクリックし、次の画面に進みます。

図2-6-1 Apache インストーラの実行手順①

②使用許諾契約書を確認し、同意できれば「I accept the terms in the license agreement」にチェックし、「NEXT」をクリックします。

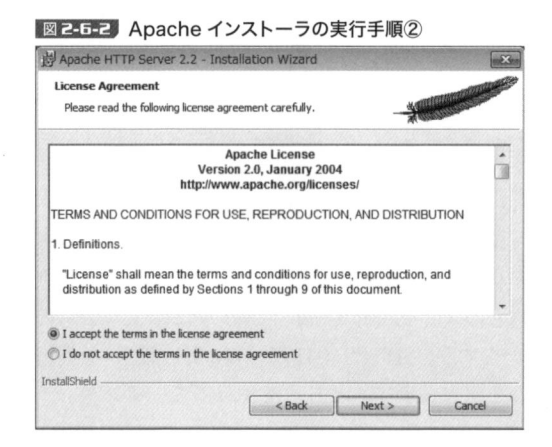

図2-6-2 Apache インストーラの実行手順②

③「Read This First」を確認し、「NEXT」ボタンをクリックします。

図 2-6-3 Apache インストーラの実行手順③

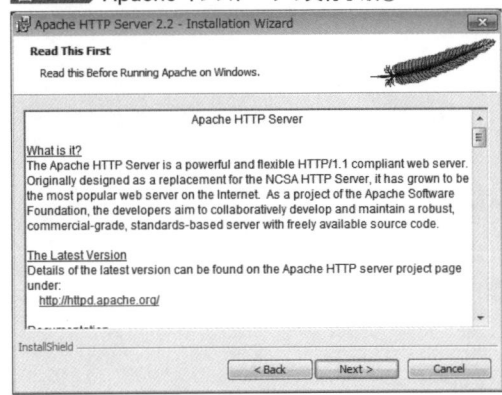

④サーバ情報として、ドメイン名（Network Domain）／サーバ名（Server Name）／管理者のメールアドレス（Administrator's Email Address）を入力します。ローカルネットワーク下での評価や開発で Apache を使用するなら、**図 2-6-4** のような内容で構いません。インターネットで公開する場合は、DNS に登録されている、ドメイン名やホスト名を指定します。ここで入力した内容は、インストール後でも設定ファイルを編集することで修正できます。

「Install Apache HTTP Server 2.2 programs and shortcuts for:」では、インストールタイプを選択します。通常は「for All Users...」をチェックし、Windows サービスとして登録します。毎回手動で Apache を起動する場合は、「only for the Current User...」をチェックします。入力が完了したら「NEXT」をクリックし、次の画面に進みます。

図 2-6-4 Apache インストーラの実行手順④

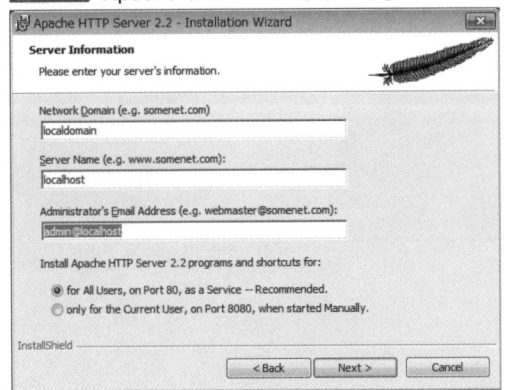

⑤インストール方式を選択します。通常は「Typical」をチェックし、NEXTをクリックします。

図2-6-5 Apacheインストーラの実行手順⑤

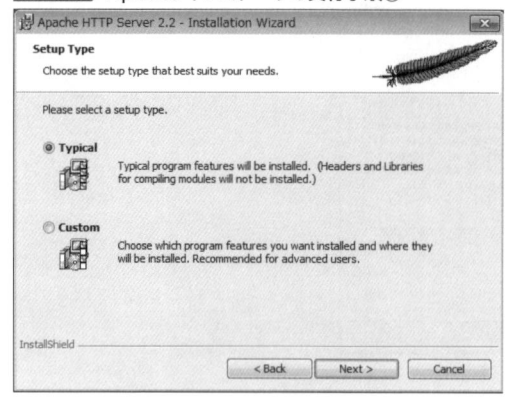

⑥インストール先を指定します。デフォルトでは「C:¥Program Files¥Apache Software Foundation¥Apache2.2」にファイルがコピーされます。フォルダ名に空白文字を含んでいるとエラーになる場合があります。その場合、「Change...」をクリックし、「C:」ドライブ直下のフォルダを指定するなどします。指定が完了したら「NEXT」ボタンをクリックします。

図2-6-6 Apacheインストーラの実行手順⑥

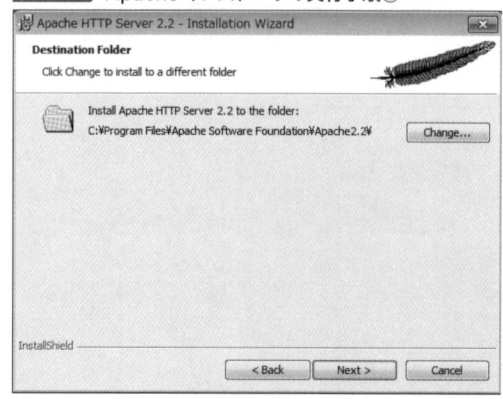

⑦「Ready to Install the Program」が表示され、インストールの準備が完了します。「Install」
をクリックし Apache のインストールを開始します。

図2-6-7 Apache インストーラの実行手順⑦

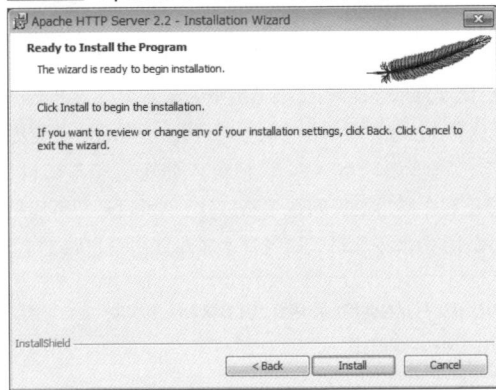

⑧最後に表示される「Installation Wizard Completed」画面で「Finish」をクリックすれ
ばインストールが完了します。

図2-6-8 Apache インストーラの実行手順⑧

　Windows サービスとして Apache を登録した場合、インストール完了と同時に、
Apache が起動します。Apache の動作を確認するには、ブラウザを起動し、アド
レス欄に「http://localhost/」と入力します。「It works!」と表示されていれば、イ
ンストール成功です。Apache を手動で起動／停止／再起動するには、タスクバー
の通知領域に登録された「Monitor Apache Servers」アイコンを使用します。通知
領域にアイコンが見つからない場合、「スタート」メニュー－「すべてのプログラム」
-「Apache HTTP Server 2.2」-「Monitor Apache Servers」と選択します。

図 2-6-9 通知領域の「Monitor Apache Servers」アイコン

設定には「C:¥Program Files ¥Apache Software Foundation ¥Apache2.2 ¥conf」にある「**httpd.conf**」ファイルを使用します。管理者権限で編集します。インストーラで指定したドメイン名（Network Domain）やサーバ名（Server Name）を変更するには、「**ServerName**」項目を、管理者のメールアドレスを変更するには、「**ServerAdmin**」を修正します。修正した内容を反映させるには、Apache を再起動します。設定ファイルのほか、**図 2-6-10** のようなパスに各ファイルが用意されます。

図 2-6-10 Apache ソフトウェア財団のパッケージを利用した場合のインストールパス

```
C:¥Program Files¥Apache Software Foundation¥Apache2.2
  ├ bin        apachectl、httpd などの実行ファイル
  ├ cgi-bin    CGI スクリプト
  ├ conf       httpd.conf など設定ファイル
  ├ error      エラーメッセージファイル
  ├ htdocs     Web サイトのドキュメントルート
  ├ icons      アイコンファイル
  ├ logs       log ファイル
  ├ manual     HTML 版マニュアル
  └ modules    拡張モジュールを組み込むことで機能を実装できるためル
```

2-6-2　XAMPP for Windows を使った方法

次に「**XAMPP for Windows**」を使って、Apache を始めとする AMP 環境を一括インストールする方法を解説します。XAMPP は Apache Friends のサイト「http://www.apachefriends.org/jp/xampp-windows.html」からダウンロードできます。執筆時点の最新版は 1.7.7 です。インストーラ形式のファイルのほか、ZIP ファイルも用意されていますが、通常はインストーラ形式のものを選択します。

ダウンロードした「xampp-win32-1.7.7-VC9-installer（2011 年 11 月時点の最新版）」をダブルクリックし、インストーラを起動します（**図 2-6-11**）。インストールが完了すると「C:¥xampp」下に各ファイルがコピーされます。デフォルト設定では、Windows サービスとして登録されないため、手動でサービスを起動します。それには、「**XAMPP Control Panel**」を使用します（**図 2-6-12**）。デスクトップに作られたショートカットをダブルクリックするか、「スタート」メニュー－「すべてのプログラム」-「Apache Friends」-「XAMPP」-「XAMPP Control Panel」を選択します。起動のほか、再起動や停止、稼働状況の確認にも使用します。

図 2-6-11 XAMPP のインストール

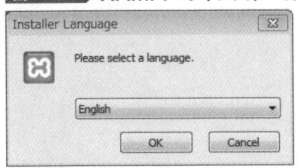

図 2-6-12 XAMPP Control Panel

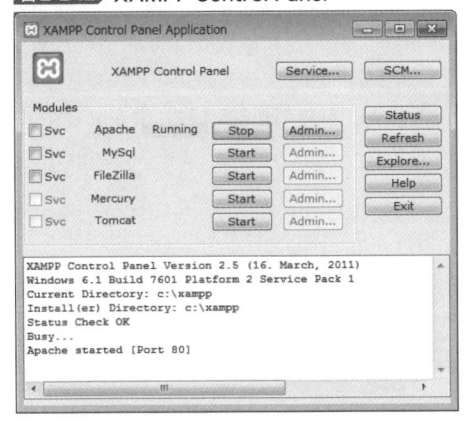

XAMPP の起動を確認するには、ブラウザを起動し「http://localhost/xampp/」にアクセスします。**図 2-6-13** のような画面が表示されているのを確認します。

図 2-6-13 XAMPP の起動画面

Apache のドキュメントルートや設定ファイルは、**図 2-6-14** のものを利用します。設定ファイルを修正した場合、「XAMPP Control Panel」を使って、Apache を再起動します。

図2-6-14 XAMP for Windows を利用した場合のインストールパス

```
C:¥xampp¥
  ├ htdocs¥         Apacheのドキュメントルート
  └ apache¥
      ├ conf¥       Apacheの設定ファイル
      └ logs¥       Apacheのログファイル
```

　XAMPPには、XAMPPの管理画面やMySQLの管理者（root）にパスワードが設定されていないなど、Linux同様いくつか脆弱性があります（「2-5-4　XAMPP for Linuxのセキュア化」参照）。これらを解消するには「http://localhost/security/」にアクセスし、ページ中ほどにある「そのような問題をすべて修正するには、単純に次のツールを使ってください。」をクリックします（**図2-6-15**）。セキュリティ対策を実施すると、XAMPPの管理画面にアクセスするのに、ユーザ名（xampp）と、パスワードが必要になります。

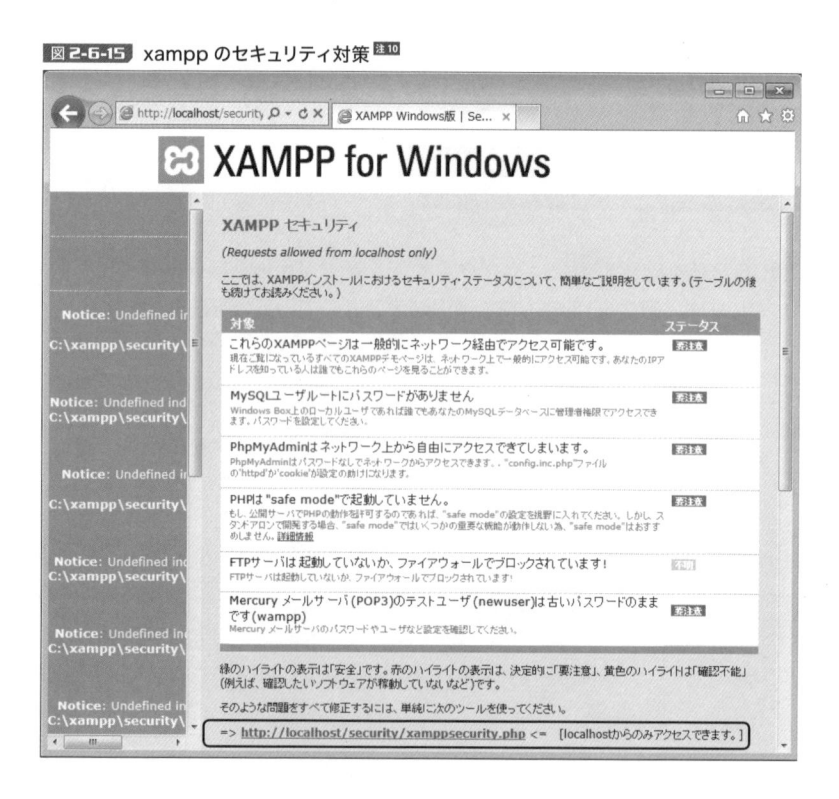

図2-6-15 xamppのセキュリティ対策 [注10]

[注10] 日本語表記にすると、左メニューが正しく表示されません。

2-7 Apache のインストール Mac OS X 編

　Mac OS X は、アップルコンピュータ社のパーソナルコンピュータ「**Macintosh**」の OS です。Mach マイクロカーネルと、FreeBSD を系譜に持つ、歴とした UNIX です。「**Aqua**」と呼ばれるインターフェースのおかげで、UNIX を意識することなく、GUI 環境を使用できますが、Apache のインストールや設定は Linux に近いものとなっています。Mac OS X 10.7（Lion）へ Apache をインストール方法を解説します。

　Mac OS X をインストールすると、標準で Apache もインストールされます。サービスを開始するだけで Apache を利用できます。その他、「**XAMPP**」や「**MAMP**」といったパッケージをインストールすることで、Apache を利用することもできます。XAMPP や MAMP には、Apache のほかに、プログラミング言語やデータベースシステムといった、Web アプリケーションに必要なソフトウェアも含まれています。Web アプリケーションのために Apache を利用するなら、こうしたパッケージを使ったほうが簡単です。複数のソフトウェアを単一のパッケージとして管理できるため、アップデートやアンインストールが手軽に行え、各種設定に専用のコントロールパネルが提供されているといった利点があります。これらの違いは次のとおりです。収録されているソフトウェアのバージョンや付加ソフトは**表 2-7-1** のとおりです。

● Mac OS 標準の Apache を利用する方法

　Mac OS X の標準環境を利用するため、OS への影響を最小限に抑えることができます。Apache にセキュリティホールが見つかっても、しばらくすれば Apple で対策が施され、ソフトウェアアップデートで更新できます。コマンドライン操作など、Linux やほかの UNIX 系 OS で培った経験を活かすことができ、慣れ親しんだ環境に近いものを再現できます。ただし、設定変更やサービスの停止／起動に、コマンドラインを使用します。アンインストールツールは用意されていません。

● XAMPP（ザンプまたはエグザンプと発音）を使った方法

　Apache／MySQL／PHP のほか、PEAR ライブラリのような Web アプリケーションに必要なツールやライブラリを一括インストールできます。フォルダをコピーするだけでインストールが完了します。サービスやインストールの状態を Web 管理画面で確認できるほか、phpMyAdmin がインストールされるため、Web 画面でデータベースやテーブルを作成したり、参照権限を設定できます。Linux 版や Windows

版もリリースされており、マルチプラットフォームで利用できます。インストールパスが Mac OS X 標準の Apache や PHP と異なるため、共存可能です。アンインストールするには、フォルダを削除するだけです。

● MAMP を使った方法

　XAMPP 同様、Web アプリケーションに必要なツールやライブラリも一括インストールできます。専用の設定ツールをとおして、サービスの起動や停止、簡単な設定変更ができます。設定ツールには、アプリケーション版のほか、Web 版も用意されています。各ソフトには、最新版ではなく、安定版を選択する傾向があります。eAccelerator や Zend Optimizer など高速化ツールを採用したり、パフォーマンスを考慮したチューニングが施されているのが特徴となっています。

　無償利用できる「**通常版**」と、有償の「**PRO 版**」があり、PRO 版では設定パネルの機能が高くなり、通常版より細かい設定が可能になっています。インストールパスが Mac OS X 標準の Apache や PHP と異なるため、共存可能です。アンインストールするには、フォルダを削除するだけです。

表2-7-1 収録されているソフトウェアのバージョンや付加ソフト（2011 年 11 月時点）

	Mac OS X 標準	XAMPP	MAMP（通常版）
バージョン	10.7.2	1.7.3	2.0.5
Apache HTTPD	2.2.20	2.2.14	2.2.21
その他のソフト	PHP/Perl/M/SQLite/Ruby/Python など	PHP/Perl/MySQL/ProFTPD/phpMyAdmin/OpenSSL/GD/Freetype/Webalizer/pdf class/mod_perl/SQLite など	PHP/Perl/MySQL/APC/eAccelerator/XCache/phpMyAdmin/Zend Optimizer/SQLiteManager/Freetype など

　以降では、Mac OS X 10.7（Lion）上に、Apache をインストールする手順を解説します[注11]。Mac OS X 10.6 や 10.5 でも、ほぼ同様に作業できます。インストールでは、コマンドラインを使用します。それには端末エミュレータを起動します。「アプリケーション」-「ユーティリティ」と選択し、「ターミナル .app[注12]」アイコンをクリックします。

　なお Mac OS では root アカウントが無効化されているため、root でログインしたり、su コマンドで root ユーザにスイッチしたりできません。ただし管理者として登録されたユーザなら、sudo コマンドを使って root 権限でコマンドを実行できます。

[注11] 画像や写真の一部に、Mac OS X 10.6 のものを使用しています。

[注12] 「app」拡張子は、Finder の設定を変更しないと表示されませんが、本書ではアプリケーションとわかるよう「アプリ .app」のように表記しています。

2-7-1　Mac OS X 標準の Apache を利用する方法

　Mac OS X にインストールされている Apache なら、手動でサービスを開始するだけ利用できます（図 2-7-1）。Apache の設定は「/etc/apache2/httpd.conf」ファイルで行います。vi や emacs などのエディタで編集します。その他、各ファイルは図 2-7-2 のようにインストールされます。

図 2-7-1 Mac OS X での Apache 起動／停止／再起動

```
$ sudo apachectl start          （起動させる場合）
$ sudo apachectl stop           （停止させる場合）
$ sudo apachectl restart        （再起動させる場合）

$ sudo apachectl -k graceful           （処理中のリクエストを考慮した再起動）
$ sudo apachectl -k graceful-stop      （処理中のリクエストを考慮した終了）
```

図 2-7-2 Mac OS X 標準 Apache のインストールパス

```
/etc/apache2/httpd.conf         Apache の設定ファイル
/Library/WebServer/Documents/   Apache のドキュメントルート
/var/log/apache2/               Apache のログファイル
```

　Apache のドキュメントルートは「/Library/WebServer/Documents/」になりますが、ドキュメントルート以外にも、ユーザごとの Web フォルダも使用できます。それには、ホームフォルダ下の「サイト」フォルダ[注13]を利用します。「http://localhost/~ ユーザ名 /」でアクセスできます。

2-7-2　XAMPP for Mac OS X を使った方法

　次に「XAMPP for Mac OS X」を使って、Apache を始めとする AMP 環境を一括インストールする方法を解説します。XAMPP は Apache Friends のサイト「http://www.apachefriends.org/jp/xampp-macosx.html」からダウンロードできます。執筆時点の最新版は 1.7.3 です。1.7.3 は Apache 2.2.14 を採用しています。冒頭の解説のような Apache Killer 対策が必要です。

　ファイルをダウンロードすると、ディスクイメージが自動でマウントされます。マウントされない場合は、ダウンロードした dmg ファイルをダブルクリックします。ディスクイメージの中の「XAMPP」フォルダを「Applications」フォルダにドラッグします（図 2-7-3）。これで「/Applications/XAMPP/」下にインストールされます。

[注13] 端末エミュレータ上では「Sites」フォルダと表示されます。

図2-7-3 「XAMPP」フォルダを「Applications」フォルダにドラッグする

インストール後、端末エミュレータを使って**図2-7-4**のようにサービスを起動します。起動後 Safari を使って「http://localhost/xampp/」にアクセスします。**図2-7-5**のような画面が表示されれば、インストール成功です。

図2-7-4 XAMPP for Mac OS X の起動

```
$ sudo /Applications/XAMPP/xamppfiles/xampp start
File permissions are being checked...ok.
Starting XAMPP for Mac OS X 1.7.3...
XAMPP: Starting Apache...ok.
XAMPP: Starting MySQL...ok.
```

※注：FTP サービスの起動に失敗しますが、本パートでは不要なため対策は実施しません。

図2-7-5 XAMPP for Mac OS X の起動画面

XAMPP の各種サービスを停止させるには、xampp コマンドに「**stop**」を引数にして実行します（**図2-7-6**）。その他、専用の設定パネル「**XAMPP Control Panel.**

app」を使用することもできます（図 2-7-7）。それには、「アプリケーション」-「XAMPP」-「XAMPP Control Panel.app」を選択します。xampp コマンドに指定可能な引数は、図 2-7-8 の方法で確認できます。

図 2-7-6 XAMPP の停止

```
$ sudo /Applications/XAMPP/xamppfiles/xampp stop
```

図 2-7-7 XMPP をコントロールする「XAMPP Control Panel.app」

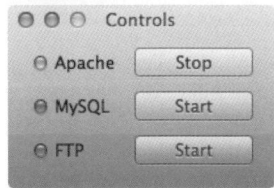

図 2-7-8 xampp コマンドに指定可能な引数の一覧を表示する

```
$ sudo /Applications/XAMPP/xamppfiles/xampp --help
```

XAMPP には、XAMPP の管理画面や MySQL の管理者（root）にパスワードが設定されていないなど、いくつか脆弱性があります。これらを解消するには xampp コマンドを図 2-7-9 のように実行します。途中でエラーが発生する場合は、何度も実行します。セキュリティ対策を実施すると、XAMPP の管理画面にアクセスするのに、ユーザ名（xampp）と、パスワード（図 2-7-9 で設定したもの）が必要になります。

図 2-7-9 xampp コマンドによるセキュリティ対策

```
$ sudo /Applications/XAMPP/xamppfiles/xampp security
XAMPP:  Quick security check...
XAMPP:   Your XAMPP pages are NOT secured by a password.
XAMPP: Do you want to set a password? [ja]      ← return をタイプ
XAMPP: Password:                                ← XAMPP 管理画面に新しいパスワードを設定
XAMPP: Password (again):                        ← 再入力
XAMPP:   Password protection active. Please use 'xampp' as user name!
XAMPP:   MySQL is accessable via network.
XAMPP: Normaly [ja]                             ← return をタイプ
XAMPP:   Turned off.
XAMPP: Stopping MySQL...ok.
XAMPP: Starting MySQL...ok.
XAMPP:   The MySQL/phpMyAdmin user pma has no password set!!!
XAMPP: Do [ja]                                  ← return をタイプ
XAMPP: Password:                                ← phpMyAdmin のパスワードを設定
XAMPP: Password (again):                        ← 再入力
XAMPP:   Setting new MySQL pma password.
XAMPP:   Setting phpMyAdmin's pma password to the new one.
XAMPP:   MySQL has no root passwort set!!!
```

```
XAMPP: Do [ja]                                          ←returnをタイプ
XAMPP:  Write the password somewhere down to make sure you won't forget it!!!
XAMPP: Password:                           ←MySQL管理者・phpMyAdminのパスワードを設定
XAMPP: Password (again):                   ←再入力
XAMPP:  Setting new MySQL root password.
XAMPP:  Change phpMyAdmin's authentication method.
XAMPP:  ProFTPD has a new FTP password. Great!
AMPP: Do you want to change the password anyway? [nein] y   ←「y」をタイプ
XAMPP: Password:                           ←FTPでアクセスする際のパスワードを設定
XAMPP: Password (again):                   ←再入力
XAMPP:  Done.
```

XAMPPで開発環境を整備すると、図2-7-10のようなパスに各設定ファイル／Apacheのルートドキュメント／ログ／各種コマンドがインストールされます。

図2-7-10 XAMPP for Mac OS Xを利用した場合のインストールパス

```
/Applications/XAMPP/
    ├─ etc/httpd.conf      Apacheの設定ファイル
    ├─ htdocs/             Apacheのドキュメントルート
    └─ logs/               Apacheのログファイル
```

2-7-3　MAMPを使った方法

MAMPには無償利用可能な「**通常版**」と、有償の「**PRO版**」が用意されています。ここでは通常版を使用します。「http://www.mamp.info/」にアクセスし、パッケージをダウンロードします。執筆時点の最新版は2.0.5です。ダウンロードしたZIPファイルを展開します。パッケージは通常版／PRO共通です。初回起動時に選択できます。展開されたPKGファイルをダブルクリックすると、図2-7-11のようなインストーラが起動します。インストーラが終了すると、「/Applications/MAMPP/」下に各ファイルがインストールされます

図2-7-11 MAMPPのインストーラ

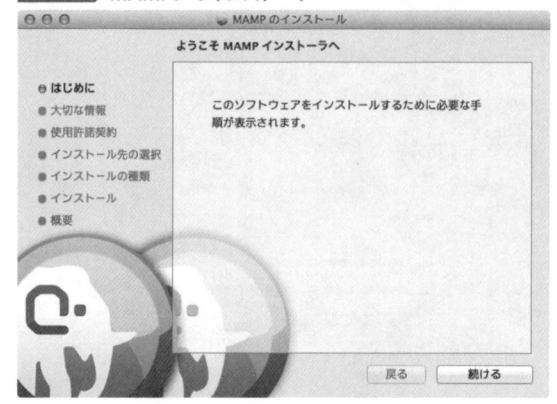

専用の設定パネル「**MAMP.app**」を使って起動します（**図 2-7-12**）。それには、「アプリケーション」-「MAMP」-「MAMP.app」と選択します。その他、簡易な設定変更や、サービスの停止にも設定パネルを使用します。なお MAMP のデフォルトでは、通常の Apache や MySQL とサービスポート番号が異なります。Apache は TCP ポート 8888 番（通常は TCP 80 番）、MySQL は 8889 番（通常は TCP 3306 番）が使用されます。そのため他の AMP 開発環境との併存が可能です。管理ツールには Web 版（**図 2-7-13**）も用意されています。

図 2-7-12 MAMP の管理ツール「MAMP.app」

初回起動時に通常版か PRO 版を選択

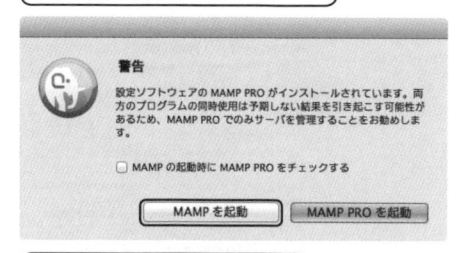

「MAMP を起動」で通常版が起動

各サービスのコントロールパネル

図 2-7-13 MAMP の Web 版管理ツール

MAMP で開発環境を整備すると、**図 2-7-14** のようなパスに各設定ファイルや Apache のドキュメントルート／ログ／各種コマンドがインストールされます。ドキュメントルート下に PHP スクリプトを作成し、MySQL にデータベースとテーブルすれば、サンプルを実行できます。Apache や MySQL の設定を GUI で変更するには、PRO 版を購入する必要があります。

図 2-7-14 MAMP を利用した場合のインストールパス

```
/Applications/MAMP/
    ├─ conf/apache/httpd.conf    Apache の設定ファイル
    ├─ htdocs/                   Apache のドキュメントルート
    └─ logs/                     Apache のログファイル
```

第 3 章

Apache の基本設定

Apache HTTP サーバの設定は、設定ファイルを通して行います。設定ファイルの記述しだいで、サーバの動作や性能を大きく変えることができます。Apache の設定ファイルの種類や記述方法を解説します。

3-1 Apacheの設定ファイル

Apacheでは、「**httpd.conf**」や「**.htaccess**」といった設定ファイルを通して、サーバの動作や性能を変更します。また設定の一部を外部ファイルに分割できるため、設定ファイルを追加することもできます。これらの設定ファイルは、プレーンテキスト形式で記述されており、決められたルールや構文に従い直接ファイルを編集できます。

3-1-1 設定ファイルの種類

Apacheの設定を変更するのに、特別なGUIツールはありません。Apache全般に関する設定は「httpd.conf」で行い、ディレクトリ単位で設定が必要な場合は「.htaccess」を使用します。これらの設定ファイルは、プレーンテキスト形式でできており、エディタを使って直接編集します。

Apacheのインストール方法によって、設定ファイルの名称が異なったり、外部ファイルを利用する場合があります。たとえばCentOS 6.0で、RPMパッケージを使ってApacheをインストールすると、図3-1-1のような設定ファイルが用意されます。メインの設定ファイルのほか、機能ごとの設定ファイルも使用します。またUbuntu 11.04では図3-1-2ような設定ファイルがインストールされ、apache2.confをメインの設定ファイルとして利用します。httpd.confも互換性のために残されていますが、主な設定はapache2.confに書き込み、機能や拡張モジュールに関するものは、分割された設定ファイルを利用します。ソースファイルを使ってインストールした場合には、図3-1-3のような設定ファイルが用意され、メインの設定ファイル以外には、数個のファイルがインストールされるだけです。

図3-1-1 設定ファイルの構成（CentOS 6.0の場合）

```
/etc/httpd/
    ├ conf/
    │    ├ httpd.conf    メインの設定ファイル
    │    └ magic         mod_mime_magicモジュール用の設定ファイル
    └ conf.d/            外部設定ファイル
         ├ …
         …
```

図 3-1-2 設定ファイルの構成（Ubuntu 11.04 の場合）

```
/etc/apache2/
    ├ apache2.conf       メインの設定ファイル
    ├ conf.d/            外部設定ファイル
    │   ├ …
    │   └ …
    ├ envvars            apache2ctl コマンドの環境変数を設定するファイル
    ├ httpd.conf         互換性のために作成された設定ファイル
    ├ magic              mod_mime_magic モジュール用の設定ファイル
    ├ mods-available/    拡張モジュールに関する設定ファイル
    │   ├ …
    │   └ …
    ├ ports.conf         サービスポート番号に関する設定ファイル
    └ sites-available/   バーチャルホストに関する設定ファイル
        ├ …
        └ …
```

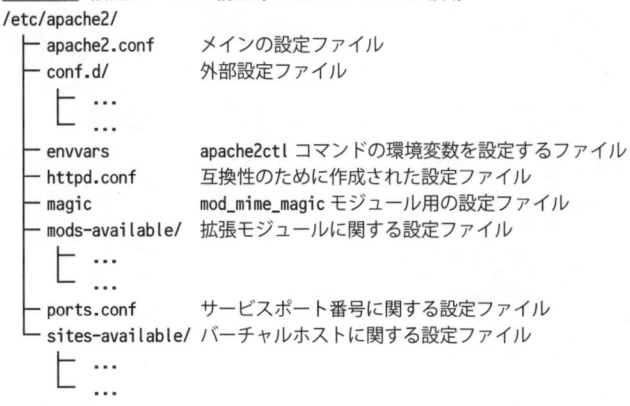

図 3-1-3 設定ファイルの構成（ソースファイルからインストールした場合）

```
/usr/local/apache2/conf/
    ├ extra/             外部設定ファイル
    │   ├ …
    │   └ …
    ├ httpd.conf         メインの設定ファイル
    ├ magic              mod_mime_magic モジュール用の設定ファイル
    └ mime.types         MIME タイプ設定ファイル
```

　Apache は設定の一部を外部ファイルに分割できるため、設定ファイルを自由に追加できます。そのためパッケージを使って Apache をインストールすると、ディストリビュータ（配布元）の方針しだいで、複数の設定ファイルを使い分けて使用することになります。拡張モジュールや機能単位で設定ファイルを分割することで、大本の設定ファイルである「httpd.conf」が煩雑になるのを防ぎ、設定の中身を読みやすくしています。また不要な機能があれば、それに対応する設定ファイルを読み込まないようにするだけで、機能を停止できます。

　どんな方法で Apache をインストールするにせよ、最低限設定に欠かせないのが「httpd.conf」です。

3-1-2 httpd.conf

　「**httpd.conf**」は、Apache HTTP サーバの動作全般をつかさどる、重要な設定ファイルです（**図 3-1-4**）。Ubuntu のように apache2.conf をメインの設定ファイルに使用するなど、ほかのファイル名を使用することもありますが、本書では原則として「httpd.conf」をメインの設定ファイルとして利用します。決められた構文に従いファイルを記述します。

図 3-1-4 一般的な httpd.conf

```
ServerTokens OS

ServerRoot "/etc/httpd"

PidFile run/httpd.pid

Timeout 60

KeepAlive Off

MaxKeepAliveRequests 100

KeepAliveTimeout 15

<IfModule prefork.c>
StartServers       8
MinSpareServers    5
MaxSpareServers   20
ServerLimit      256
MaxClients       256
MaxRequestsPerChild 4000
</IfModule>

<IfModule worker.c>
StartServers       4
MaxClients       300
MinSpareThreads   25
MaxSpareThreads   75
ThreadsPerChild   25
MaxRequestsPerChild 0
</IfModule>

Listen 80
... 以下省略 ...
```

※ CentOS 6.0 の RPM パッケージでインストールした場合の httpd.conf

インストール方法により、httpd.conf のパスは異なります。パッケージを使ってインストールした場合など、おもに次のようなパスを利用します。

・ソースファイルを使ってインストールした場合

```
/usr/local/apache2/conf/httpd.conf
```

・Fedora や CentOS のような Red Hat 系 Linux ディストリビューションの場合

```
/etc/httpd/conf/httpd.conf
```

・Ubuntu や Debian のような Debian 系 Linux ディストリビューションの場合

```
/etc/apache2/httpd.conf
```

※互換性のために「httpd.conf」が用意されていますが、メインの設定には「**apache2.conf**」を使用します

- **Windows で Apache ソフトウェア財団のパッケージを利用した場合**

```
C:¥Program Files¥Apache Software Foundation¥Apache2.2¥conf¥httpd.conf
```

　httpd.conf のデフォルトパスを変更するには、Apache を再インストールします。再ビルドする際、configure コマンドのオプションに、新しいパスを指定します。たとえばソースファイルを使って Apache をインストールする場合、configure 実行時に、**図 3-1-5** のように「--sysconfdir= 新しいパス」オプションを指定します。これで httpd.conf を任意のパスに置くことができます。

図 3-1-5 httpd.conf のデフォルトパスを変更する

```
# ./configure --sysconfdir=新しいパス
```

※その他のインストール手順は 2 章を参照してください

　デフォルトの httpd.conf 以外の名称を利用するには、Apache を起動する際のオプションに、「-f /.. フルパス ../ 新しい設定ファイル」を追加します。任意の設定ファイルを読み込むことができるため、テスト用の設定ファイルと、本番用の設定ファイルを切り替えて使用することもできます（**図 3-1-6**）。

図 3-1-6 テスト用の設定ファイルと、本番用の設定ファイルを切り替えて使用する

- **直接 httpd デーモンを起動する場合**

```
# /usr/local/apache2/bin/httpd -f /.. パス ../ 新しい設定ファイル
```

- **apachectl で Apache を起動する場合**

```
# /usr/local/apache2/bin/apachectl -f /.. パス ../ 新しい設定ファイル
```

※コマンドパスはソースファイルからインストールした場合

　後述するように（**3-3-3 参照**）、設定の一部をほかのファイルから読み込むことができるため、設定内容を複数のファイルに分割できます。その際、ワイルドカード指定を用いれば、指定したディレクトリ配下のファイルすべてを読み込むこともできます。

　httpd.conf を修正した場合、それを反映されるには Apache の再起動が必要です。なお Apache は、処理中のリクエストの完結を待って再起動できるため、接続中のクライアントを切断することなく、新しい設定を反映させることができます（**図 3-1-7**）。

図 3-1-7 処理中のリクエストの完結を待って Apache を再起動する方法

```
# /usr/sbin/apachectl -k graceful    （処理中のリクエストを考慮した再起動）
```

※コマンドパスはソースファイルからインストールした場合のもの

3-1-3 .htaccess

「.htaccess」はディレクトリ単位でApacheの動作を制御するのに使用します（図3-1-8）。ディレクトリをアクセス不能にしたり、パスワードを設定して閲覧可能なユーザを限定したりといったことができます。本来こうした設定には、httpd.confを利用しますが、それには管理者権限が必要になります。ホスティングサーバやレンタルサーバのような共有型サービスでは、管理者権限を使用できない場合があり、代わりに各ディレクトリに対し、付与されたアクセス権限で.htaccessファイルを設置し、設定します。

図3-1-8 一般的な.htaccess
```
DirectoryIndex index.html index.htm
AuthUserFile /home/.../.htpasswd
AuthType Basic
AuthName "Web access"
Require valid-user
Satisfy all
```

　一般ユーザが「.htaccess」を使用するようになると、勝手な設定でサーバに負担をかけたり、セキュリティホールが発生する危険性があります。たとえば管理者が意図しないところでCGIスクリプトが実行されると、サーバに大きな負担がかかる一方、システムファイルへのアクセスが可能になるなど、問題が発生します。こうした事態を防ぐため、「.htaccess」で設定できる内容はデフォルトで制限されています。たとえばApacheをソースファイルからインストールすると、**図3-1-9**のように設定され、各ユーザで設定できる内容がFileInfo／AuthConfig／Limit／Indexesに限られます（それぞれの意味は**表3-3-1**を参考）。ほかの方法でインストールした場合も、一定の制限が加えられています。制限を解除するには、「**AllowOverride**」ディレクティブを設定する必要があります。設定方法については後述します。

図3-1-9 ユーザホームに設置される.htaccessに対する制限
```
<Directory "/home/*/public_html">
    AllowOverride FileInfo AuthConfig Limit Indexes
    Options MultiViews Indexes SymLinksIfOwnerMatch IncludesNoExec
    <Limit GET POST OPTIONS>
        Require all granted
    </Limit>
    <LimitExcept GET POST OPTIONS>
        Require all denied
    </LimitExcept>
</Directory>
```

※Apacheをソースファイルを使ってインストールしたときのデフォルト設定。ユーザホームに対して、.htaccessの使用制限を一部解除

許可されていない設定を「.htaccess」で行うと、ブラウザでアクセスした際に、図3-1-10のように「500 Internal Server Error」メッセージととともにエラー画面が表示されます。

図 3-1-10 許可されていない設定がされた.htaccessのあるURLにアクセスした場合のエラー画面

```
500 Internal Server Error - Mozilla Firefox

Internal Server Error

The server encountered an internal error or misconfiguration and was unable to
complete your request.

Please contact the server administrator, root@localhost#comment and inform
them of the time the error occurred, and anything you might have done that may
have caused the error.

More information about this error may be available in the server error log.

Apache/2.2.15 (CentOS) Server at localhost Port 80
```

「.htaccess」に書かれた設定内容は、ファイルが置かれたディレクトリおよび、その配下のサブディレクトリに適用されます。ファイルに対し追加や修正を行うと、変更内容は即座に反映されるため、Apacheを再起動する必要はありません。

デフォルトの名前以外にも、ほかの名前を指定することもできます。それにはhttpd.confで、「**AccessFileName**」ディレクティブを使って、新しい名前を指定します（図3-1-11）。Windows系OSのように、「.（ドット）」で始まる名前のファイルを作成するのが難しい場合[注1]、ほかのファイル名を指定するようにします。

図 3-1-11 .htaccessの名前を変える

```
AccessFileName    新しいファイルの名前

<Files 新しいファイルの名前 >
    Order allow,deny
    Deny from all
    Satisfy All
    ... その他の設定 ...
</Files>
```

前述のように、「.htaccess」を使えばサーバ管理者以外の一般ユーザでも、Apacheの設定を行えるため、共有型サーバのようなマルチユーザ環境下では重宝します。しかし多用し過ぎるとサーバの処理能力が低下するため注意が必要です。たとえば「http://www.example.jp/a/b/c.html」にアクセスした場合、3回「.htaccess」ファイルのチェックが行われます（図3-1-12）。

[注1] エクスプローラで「.（ドット）」で始まる名前のファイルを作成することはできませんが、コマンドプロンプトやエディタで作成できます。

図 3-1-12 「http://www.example.jp/a/b/c.html」にアクセスした場合の .htaccess のチェック回数

1） http://www.example.jp/ に .htaccess はあるか？
　　　　　　↓
2） http://www.example.jp/a に .htaccess はあるか？
　　　　　　↓
3） http://www.example.jp/a/b に .htaccess はあるか？

　ディレクトリの階層が深くなるほど、チェック回数が増大します。マルチユーザ環境のような特別な理由がないなら、「.htaccess」を無効にし、使用できないようにします。それには httpd.conf で、**図 3-1-13** のように設定します。代わりに「<Directory...> ～ </Directory...>」や「<Location...> ～ </Location...>」を使って、ディレクトリや URL 単位の設定を行います。

図 3-1-13 .htaccess を無効にする

```
<Directory />
    AllowOverride None
</Directory>
```

3-1-4　その他のファイル

　メインで使用する設定ファイル以外にも、Apache のインストール方法によって、さまざまな外部設定ファイルを使用します。すべての設定を httpd.conf で行うこともできますが、機能や拡張モジュールごとに設定を切り出すことで、設定ファイルを読みやすくしています。おもに利用される外部ファイルに次のようなものがあります。

● magic

　Apache で扱うファイルの種類を判別する「**mod_mime_magic**」モジュールのための設定ファイルです。ファイルの先頭数バイトをチェックして、どんなコンテンツのファイルか決定するのに利用します。一般的な用途では、設定を変更することはありません。

● mime.types

　ファイルの拡張子とクライアントに送られる MIME タイプとの対応付けを行うための設定ファイルです。Apache はコンテンツの中身をクライアントに送信する際、そのコンテンツがどのような種類のものなのか、知らせる必要があります。そのため MIME タイプとファイル拡張子の組み合わせを「**mime.type**」に登録しておきます。

● charset.conv

　各言語に使用する文字セットを指定するのに使用します。コンピュータで扱う文字の集合を「**文字セット**」と呼びます。HTTPで用いられる日本語文字セットには、ISO-2022-JP ／ Shift_JIS ／ EUC-JP ／ UTF-8 といったものが使用されます。

● extra/*
● conf.d/*.conf
● mods-available/*.conf

　機能や拡張モジュールごとに用意された外部設定ファイルです。Apacheはメインの設定ファイルから、任意の外部ファイルを読み込むことができます。その際、ワイルドカードの「*（アスタリスク）」を使って、ディレクトリ配下のファイルすべてを読み込んだり、「*.conf」で、拡張子がconfのファイルを読み込むことといったこともできます。外部ファイルの指定方法は **3-3-3** で解説します。

3-2 httpd.confの構文

httpd.confは決められた構文に従いファイルを記述します。Apacheを正しく設定するには、「どこ」に「どんな」記述を行うか、理解しておく必要があります。

3-2-1 「どこ」に「どんな」

httpd.confや.htaccessでは行単位で設定を行い、1行で1つの事柄を設定します。1行の先頭に設定項目を記述し、設定内容を記述します。設定項目には、「ServerName」や「DirectoryIndex」といった記述子を使います。Apacheでは、こうした記述子を「**ディレクティブ（Directive）**」と呼びます（図3-2-1）。

図 3-2-1 ディレクティブを使って設定する

```
ディレクティブ        引数
⎴                  ⎴
設定する項目         設定内容
```

サーバ全体に対し設定を行うなら、どこに設定を追加してもかまいませんが、特定のディレクトリやURLなどに設定を限定する場合は、「<Directory ○○ > ～ </Directory>」のようなブロック形式で、対象を限定するする必要があります。この際使われるのが「**コンテナ（Container）**」指示子です（図3-2-2）。

図 3-2-2 コンテナ指示子で設定対象を限定する

```
<コンテナ指示子    引数>
    設定内容 ,,,
    ...
</コンテナ指示子>
```

ディレクティブを無作為に設定することはできません。ディレクティブによって組み合わせ可能なコンテナ指示子や、記述可能な設定ファイル（httpd.conf／.htaccess）に限りがあります。組み合わせ可能なコンテナ指示子や設定ファイルのことを「**コンテキスト**」と呼びます。

3-2-2 ディレクティブ（Directive）

httpd.confでは1行で1つの事柄を設定します。1行の中で、「**ディレクティブ**（**Directive**）」と呼ばれる指示子に続けて引数を指定します。ディレクティブと引数の間には、1つ以上の空白文字かタブ文字を挿入します。たとえば図3-2-3のような1行で、サイト管理者のメールアドレスを設定しています。「**ServerAdmin**」がディレクティブ、「**foo@example.jp**」が引数になります。

図3-2-3 ディレクティブの使用例

```
           1つ以上の空白文字かタブ文字
ServerAdmin        foo@example.jp
 ディレクティブ           引数
```

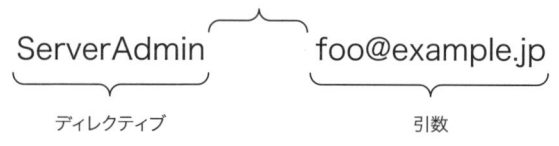

引数を複数指定することもできます。その場合は、空白文字で仕切ります。引数の中に空白文字を含む場合は、「"（ダブルクォーテーション）」を使って「"引数"」とします。なお引数は大文字・小文字を区別します。

ディレクティブは大文字・小文字を区別しません。リファレンスでは、「ServerName」のような形式が使われますが、「servername」や「SERVERNAME」でも同じように機能します。利用可能なディレクティブは、Apacheのバージョンによって異なります。各バージョンで使用可能なディレクティブの一覧は、次のURLで確認できます。

・ディレクティブ一覧（Apache 2.0）
　http://httpd.apache.org/docs/2.0/ja/mod/directives.html

・ディレクティブ一覧（Apache 2.2）
　http://httpd.apache.org/docs/2.2/ja/mod/directives.html

・ディレクティブ一覧（Apache 2.4）
　http://httpd.apache.org/docs/2.4/ja/mod/directives.html

使用可能なディレクティブは、インストールされている拡張モジュールによっても変わります。先ほど紹介したURLで、ディレクティブ名をクリックすると、各ディレクティブに関する詳細情報（**ディレクティブリファレンス**）を確認できます。たとえば「**Action**」をクリックすると、図3-2-4のようにバージョンごとの互換性やステータスが表示され、さらに、どの拡張モジュールが必要か見ることができます。

図 3-2-4　ディレクティブリファレンスの見方

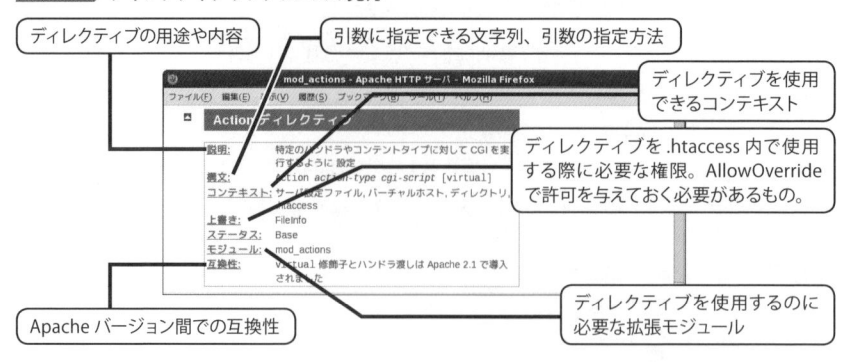

- ディレクティブの用途や内容
- 引数に指定できる文字列、引数の指定方法
- ディレクティブを使用できるコンテキスト
- ディレクティブを .htaccess 内で使用する際に必要な権限。AllowOverride で許可を与えておく必要があるもの。
- ディレクティブを使用するのに必要な拡張モジュール
- Apache バージョン間での互換性

画面内表示：
- Action ディレクティブ
- 説明：特定のハンドラやコンテントタイプに対して CGI を実行ように設定
- 構文：Action action-type cgi-script [virtual]
- コンテキスト：サーバ設定ファイル, バーチャルホスト, ディレクトリ, .htaccess
- 上書き：FileInfo
- ステータス：Base
- モジュール：mod_actions
- 互換性：virtual 修飾子とハンドラ渡しは Apache 2.1 で導入されました

ディレクティブリファレンスに表示される「**ステータス**」項目を見ることで、ディレクティブを利用するのに拡張モジュールの追加インストールが必要か、標準的な拡張モジュールで利用可能かを知ることができます。図 3-2-4 の「**Action**」ディレクティブの例では、ステータスは「**Base**」で、デフォルトでインストールされる拡張モジュールの「**mod_actions**」で利用可能なことがわかります。他方「**Anonymous_LogEmail**」ディレクティブを見てみると、ステータスは「**Extension**」で、別途「**mod_authn_anon**」モジュールの追加インストールが必要なのがわかります。ステータス項目には次のような表記が用いられます。

● Core
　Apach サーバの基本となるべきもので、常に使用可能なディレクティブです。

● MPM
　マルチプロセッシングモジュール（MPM）を制御するのに使用するディレクティブです。

● Base
　デフォルトで使用可能なディレクティブです。サーバに組み込まれている標準的な拡張モジュールで使用できるため、追加インストールなどの作業は不要です。

● Extension
　ディレクティブを使用するのに、通常 Apache サーバに組み込まれていない拡張モジュールを必要とします。使用するには拡張モジュールを追加インストールします。それには Apache ビルド時にオプション変更して再コンパイルします。

● Experimental
　実験的なモジュールによって使用可能なディレクティブ。試したい場合はリスクを理解した上で使用します。使用可能かどうかは、ディレクティブと拡張モジュールの説明で確認します。

「構文」項目には、ディレクティブに指定可能な引数が記載されています。引数にはフルドメイン付きホスト名やメールアドレスのほか、おもに表 3-2-1 のようなものが用いられます。また On ／ Off のように、あらかじめ指定可能な引数が限定されているものもあります。

表 3-2-1 ディレクティブに用いられる主な引数の種類

引数の種類	説明
URL	「http://www.example.com/path/to/file.html」のように、スキーム、ホスト名、パス名（省略可能）を含んでいる完全な Uniform Resource Locator。 【使用例】 Redirect　/service http://foo2.example.com/service
URL パス (URL-path)	「/path/to/file.html」のように、スキームとホスト名の後に続く URL の一部。URL-path はファイルシステムからの視点ではなく、Web からの視点でリソースを表現します。 【使用例】 IndexStyleSheet　/sample/css/index/css
ファイルパス (file-path)	「/usr/local/apache/htdocs/path/to/file.html」のように、ルートディレクトリから始まるローカルのファイルシステム上のファイルパス。通常、スラッシュで始まらない file-pat は ServerRoot からの相対パスとして扱われます。 【使用例】 Include　/usr/local/apacge2/conf/ssl.conf
ディレクトリパス (directory-path)	「/usr/local/apache/htdocs/path/to/」のように、ルートディレクトリから始まるローカルのファイルシステムのディレクトリパス。 【使用例】 DocumentRoot　/usr/local/apache2/htdocs
ファイル名 (filename)	「file.html」のように、パス情報の付いていないファイル名。 【使用例】 HeaderName　header.html
正規表現 (regex)	Perl 互換の正規表現を用いて指定します。 【使用例】 ScriptAliasMatch　^/cgi-bin/(.*)　/var/www/cgi-bin/$1
拡張子 (extension)	「.gz」のようなファイル拡張子。一般的にはファイル名の最後のドットより後の部分です。（Apache は複数のファイル拡張子を認識できるため、ファイル名に複数のドットがあると、それぞれのドットで分離された部分が拡張子として認識されます。たとえば、「file.html.en」では、「.html」と「.en」を拡張子として認識します。extension はドット付きでもなしでも指定できます。たとえば「.gz」「gz」のどちらも同じように指定できます。さらに、extension は大文字・小文字を区別しません。 【使用例】 RemoveType　.cgi
MIME タイプ (MIME-type)	「text/html」のように、ファイル形式をスラッシュで分離された主フォーマットと副フォーマットで表します。 【使用例】 DefaultType　text/html

環境変数 (env-variable)	Apache の設定により定義される環境変数の名前です。これはオペレーティングシステムの環境変数と同じとは限りません。詳細はこの後、「3-4-3　環境変数」の説明を参照してください。 【使用例】 　SetEnv SPECIAL_CGI_PATH　/var/www/cgi

※参考：http://httpd.apache.org/docs/2.2/ja/mod/directive-dict.html

　なおディレクティブを、むやみに使用することはできません。設定ファイルのどこに指定できるか、「**コンテキスト**」によって決められています。コンテキストについては、この後解説します。

3-2-3　コンテナ指示子

　Apache は行単位で設定を行うため、サーバ全体に対し設定を行うなら、httpd.conf のどこに記述してもかまいません。しかし設定範囲を特定のディレクトリや URL に限定したい場合は、「**コンテナ（Container）**」指示子を使って、対象を指定する必要があります。コンテナ指示子はディレクティブの一種で、「**<Directory ○○> ～ </Directory>**」のようなブロック形式を使用します。Apache では表 3-2-2 のようなコンテナ指示子をおもに利用します。

表 3-2-2　コンテナ指示子 (1)

コンテナ指示子	説明
<Directory ディレクトリパス > ～ </Directory>	指定されたディレクトリとその配下のサブディレクトリに設定を適用させるのに使用します。 【使用例】 　<Directory /usr/local/httpd/htdocs> 　　　Options Indexes FollowSymLinks 　</Directory>
<Files ファイル名 > ～ </Files>	指定したファイル名に一致した場合だけ設定を適用させるのに使用します。 【使用例】 　<Files "mypaths.shtml"> 　　　Options +Includes 　　　SetOutputFilter INCLUDES 　　　AcceptPathInfo On 　</Files>
<Location URL > ～ </Location>	指定した URL とその配下のディレクトリに設定を適用させるのに使用します。 【使用例】 　<Location /status> 　　　SetHandler server-status 　</Location>

<Directory>、<Files>、<Location> の引数に、UNIX のシェル形式と同様のワイルドカードを指定できます。「**?（クエスチョンマーク）**」は任意の 1 文字、「***（アスタリスク）**」は任意の文字列にマッチします。さらに引数に「**~（チルダ）**」を付加することで正規表現を利用することもできます。たとえば <Directory> の引数に正規表現を用いて**図 3-2-5** のように設定することもできます。<Files> や <Location> でも「~」を使って正規表現を引数に指定できます。

図 3-2-5 コンテナ指示子の引数に正規表現を使用した例

・末尾が「abc」で終わるディレクトリに対して設定する場合

```
<Directory ~ abc$>
    ...
</Directory>
```

正規表現を多用するなら、**表 3-2-3** のようなコンテナ指示子を使用します。それぞれ、<Directory>、<Files>、<Location> と役割は同じですが、引数に正規表現を指定できます。

表 3-2-3 コンテナ指示子 (2)

コンテナ指示子	説明

<DirectoryMatch 正規表現 >
 ~ </DirectoryMatch>
	<Directory> コンテナ指示子の引数に正規表現を指定可能にしたもの
	 【使用例】
	・「/www/」下にある数字 3 文字のディレクトリを指定する場合
	 `<DirectoryMatch ""^/www/(.+/)?[0-9]{3}"">`
	　...
	`</DirectoryMatch>`

<FilesMatch 正規表現 > ~ </FilesMatch>	<Files> コンテナ指示子の引数に正規表現を指定可能にしたもの
	 【使用例】
	・ファイル名の末尾が、「.gif」「.jpeg」「.jpg」「.png」の場合
	 `<FilesMatch "\.(gif|jpe?g|png) $">`
	　...
	`</FilesMatch>`

<LocationMatch 正規表現 >
 ~ </LocationMatch>
	<Location> コンテナ指示子の引数に正規表現を指定可能にしたもの
	 【使用例】
	・URL が「/sample1/data」または「/sample2/data」の場合
	 `<LocationMatch "/sample(1|2)/data">`
	　...
	`</LocationMatch>`

コンテナ指示子には、Apache を特殊な用途で使用する場合に指定するものもあります。Apache でバーチャルホストを設定したり、Proxy サーバを設定したりする際など、**表 3-2-4** のようなコンテナ指示子を使用します。

表3-2-4 コンテナ指示子 (3)

コンテナ指示子	説明

<Limit メソッド ...> ～ </Limit>	指定した HTTP メソッドに対し、アクセスを制御するのに使用します。なお HTTP メソッドは大文字・小文字を区別するため注意が必要です。
	【使用例】
	`<Limit POST PUT DELETE>`
	`    Require valid-user`
	`</Limit>`

(<LimitExcept メソッド ...> ～ </LimitExcept>)	指定した HTTP メソッド以外に対し、アクセスを制御するのに使用します。なお HTTP メソッドは大文字・小文字を区別するため注意が必要です。
	【使用例】
	`<LimitExcept POST GET>`
	`    Require valid-user`
	`</LimitExcept>`

<Proxy *URL*> ～ </Proxy>	Apache をプロキシサーバとして使用する場合に指定するコンテナ指示子です。指定した URL に一致した場合に設定が適用されます。URL には、シェル形式のワイルドカードが使えます。
	【使用例】
	`<Proxy *>`
	`    Order Deny,Allow`
	`    Deny from all`
	`    Allow from yournetwork.example.jp`
	`</Proxy>`

<VirtualHost アドレス ...> ～ </VirtualHost>	Apache で IP アドレスベースのバーチャルホストを設定するのに使用します。オプションでポート番号を指定したり、複数の IP アドレスを空白文字で区切って挿入することもできます。指定した IP アドレスに一致した場合にのみ設定が適用されます。IP ベースのバーチャルホストを設定するには、最低限、DocumentRoot ／ ServerName ディレクティブが必要になります。
	【使用例】
	`<VirtualHost 10.1.2.3>`
	`    ServerAdmin webmaster@host.foo.jp`
	`    DocumentRoot /www/docs/host.foo.jp`
	`    ServerName host.foo.jp`
	`</VirtualHost>`

　コンテナ指示子の中で、さらに別のコンテナ指示子を指定し、ネスト（入れ子）できます（図 3-2-6）。

図3-2-6 <VirtualHost> の中に「<Location>」をネストした例

```
<VirtualHost 10.1.2.3>
        ServerAdmin webmaster@host.foo.jp
        DocumentRoot /www/docs/host.foo.jp
        ServerName host.foo.jp
        <Location /client>
                DirectoryIndex index2.html
        </Location>
</VirtualHost>
```

3-2-4 コンテキスト

　ディレクティブとコンテナ指示子を組み合わせることで、設定範囲を限定できますが、ディレクティブによって組み合わせ可能なコンテナ指示子や、記述可能な設定ファイル（httpd.conf／.htaccess）に限りがあります。組み合わせ可能なコンテナ指示子や設定ファイルのことを「**コンテキスト**」と呼びます。ディレクティブの解説（図 3-2-4）でも、「コンテキスト」項目が設けられ、設定ファイル中のどこにディレクティブを記述できるのか解説されています。

　ディレクティブは決められたコンテキスト中でのみ使用ができます。それを守らないと、設定ファイルの構文エラーで Apache サーバは起動しません。コンテキストは図 3-2-7 のように定義されています。

図 3-2-7 コンテキスト

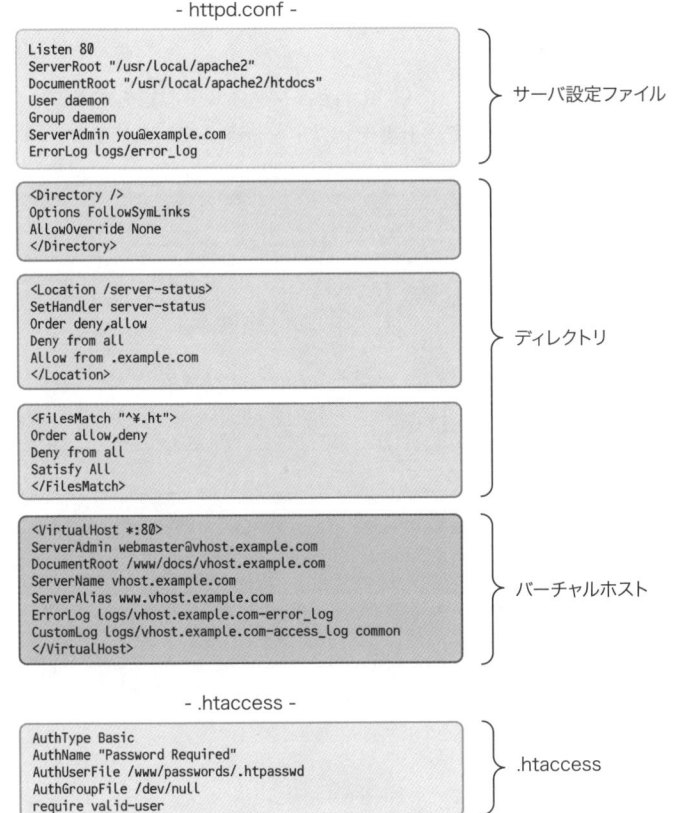

- httpd.conf -

```
Listen 80
ServerRoot "/usr/local/apache2"
DocumentRoot "/usr/local/apache2/htdocs"
User daemon
Group daemon
ServerAdmin you@example.com
ErrorLog logs/error_log
```
　　　　　　　　　　　　　　　　　　　　｝ サーバ設定ファイル

```
<Directory />
Options FollowSymLinks
AllowOverride None
</Directory>
```

```
<Location /server-status>
SetHandler server-status
Order deny,allow
Deny from all
Allow from .example.com
</Location>
```
　　　　　　　　　　　　　　　　　　　　｝ ディレクトリ

```
<FilesMatch "^\.ht">
Order allow,deny
Deny from all
Satisfy All
</FilesMatch>
```

```
<VirtualHost *:80>
ServerAdmin webmaster@vhost.example.com
DocumentRoot /www/docs/vhost.example.com
ServerName vhost.example.com
ServerAlias www.vhost.example.com
ErrorLog logs/vhost.example.com-error_log
CustomLog logs/vhost.example.com-access_log common
</VirtualHost>
```
　　　　　　　　　　　　　　　　　　　　｝ バーチャルホスト

- .htaccess -

```
AuthType Basic
AuthName "Password Required"
AuthUserFile /www/passwords/.htpasswd
AuthGroupFile /dev/null
require valid-user
```
　　　　　　　　　　　　　　　　　　　　｝ .htaccess

● サーバ設定ファイル

　サーバ設定ファイル（httpd.conf）を指します。ただしバーチャルホスト／ディレクトリ／ .htaccess の各コンテキストとは区別します。

● バーチャルホスト

　サーバ設定ファイル中の「**<VirtualHost> ～ </VirtualHost>**」コンテキストを指します。

● ディレクトリ

　サーバ設定ファイル中の「**<Directory> ～ </Directory>**」、「**<Location> ～ </Location>**」、「**<Files> ～ </Files>**」、「**<Proxy> ～ </Proxy>**」の各コンテキスト、さらに引数に正規表現を使用できる「**<DirectoryMatch> ～**」、「**<FilesMatch> ～**」、「**<LocationMatch> ～**」、「**<ProxyMatch> ～**」を指します。

● .htaccess

　「.htaccess ファイル」を指します。ただし .htaccess ファイルで設定をするには、AllowOverride ディレクティブを使って「上書き」設定を行う必要があります（「**3-3-5　.htaccess の制限**」参照）。

3-3 httpd.conf の便利な構文

コメント文の挿入方法や外部設定ファイルを読み込む方法など、httpd.confや.htacess を記述するのに便利な構文を紹介します。

3-3-1 コメント文

注釈や覚え書きを設定ファイルに書き込んだり、一時的に設定を無効化するには「**コメント**」を利用します。httpd.conf では、「#」で始まる行をコメント文して扱い無視します。設定に反映されないため、作業メモなどをコメントとして挿入できます（**図 3-3-1**）。

図 3-3-1 httpd.conf のコメント文

```
# コメント
ServerAdmin admin@example.jp
```

なお設定ディレクティブと同一行に、コメント文を挿入すると、エラーになるため注意が必要です（**図 3-3-2**）。

図 3-3-2 エラーになるコメント文の挿入

```
ServerAdmin    admin@example.jp    # コメント    ×
```
※ 2 番めの引数として認識されます

```
ServerAdmin admin@example.jp# コメント    ×
```
※「admin@example.jp# コメント」を引数として認識します

3-3-2 1つのディレクティブを複数行に分割する

httpd.conf や.htaccess では行単位で設定を行い、1 行で 1 つの事柄を設定しますが、1 行が長くなった場合には、「¥（バックスラッシュ）」で行を分割できます（**図 3-3-3**）。

図 3-3-3 長くなった設定行を改行する

・元の設定
```
Include conf/extra/httpd-multilang-errordoc.conf
```

```
→「¥」で改行
Include conf/extra/¥
httpd-multilang-errordoc.conf
```

第1引数と第2引数の間のように、引数と引数の間に「¥」を挿入し改行する場合、前後に空白文字を挿入してもエラーになりませんが、1つの引数の途中に「¥」を挿入する場合、前後に空白文字を挿入すると、第2・第3の引数として認識されエラーになります（図3-3-4）。

図3-3-4 「¥」の前後に空白文字を挿入してもエラーにならないが、1つの引数の途中に「¥」を挿入する場合に前後に空白文字を挿入するとエラーになる

```
元の設定
CustomLog logs/ssl_request_log "%t %h %{SSL_PROTOCOL}x %{SSL_CIPHER}x ¥"%r¥" %b"

→引数1と引数2の間を「¥」で改行した場合、前後に空白文字を挿入してもエラーにならない。
CustomLog logs/ssl_request_log ¥
          "%t %h %{SSL_PROTOCOL}x %{SSL_CIPHER}x ¥"%r¥" %b"          ○

→引数の途中に「¥」で改行する場合、前後に空白文字を含まないようにする。空白文字を挿入すると、第2、第3の引数と認識され、エラーになる。
CustomLog logs/ssl_request ¥
_log "%t %h %{SSL_PROTOCOL}x %{SSL_CIPHER}x ¥"%r¥" %b"               ×
```

3-3-3 外部設定ファイルの読み込み

Apacheは、設定の一部を切り出し外部設定ファイルとして保存できます。関連する設定を一括りにしたものを外部設定ファイルに書き出せば、httpd.confを簡潔にできます。外部設定ファイルを読み込むには、「Include」ディレクティブに続けて外部設定ファイルを指定します。指定には、「ServerRoot」ディレクティブで指定したディレクトリからの相対パスか、「/」から始まる絶対パスを使用します（図3-3-5）。

図3-3-5 相対パス・絶対パス

「httpd.conf」

・ServerRootからの相対パス
```
Include conf.d/extra/httpd-vhosts.conf
```

・絶対パス
```
Include /etc/httpd/conf.d/extra/httpd-vhosts.conf
```

ファイル名にはワイルドカードの「*」を用いることもできます（図3-3-6）。その場合アルファベット順にファイルが読み込まれます。ファイル名の一部にワイルドカードを指定し、読み込むファイルを絞ることもできます。ただし、ワイルドカー

ドを多様し過ぎると、予期せぬファイルを読み込むなど、エラーが発生する可能性があります。また設定によっては、読み込む順番が重要になるものもあるため、できる限り個別に外部設定ファイルを指定するようにします。

図 3-3-6 ワイルドカードを使った外部ファイルの読み込み

・ワイルドカード指定
```
Include /etc/httpd/conf.d/extra/*
```

・ワイルドカード指定（拡張子を固定）
```
Include /etc/httpd/conf.d/extra/*.conf
```

外部設定ファイルを利用すると、設定を無効にするのに、Inclue 行をコメントアウトするだけで対応できます。**図 3-3-7** のように行頭に「#」を加えれば、行全体がコメントアウトされ、外部設定ファイルを読み込まなくなります。設定ファイルを 1 行ずつコメントアウトするより効率的で、設定を有効に戻すのも、「#」を外すだけで済みます。

図 3-3-7 Include 行をコメントアウト

・ServerRoot からの相対パス
```
# Include conf.d/extra/httpd-vhosts.conf
```

3-3-4 拡張モジュールの有無で設定を有効（または無効に）する

ディレクティブが使用できるかどうかは、インストールされている拡張モジュールによって決まります。必要な拡張モジュールがインストールされていないのに、設定が行われると Apache 起動時や、設定ファイルのチェックでエラーになります。そうしたケースでは、指定されたモジュールがインストールされている場合にのみ、設定を有効にするよう「**<IfModule モジュール名>** 〜 **</IfModule>**」を使用します。

図 3-3-8 の例では「mod_userdir」拡張モジュールが使用可能な場合のみ、<IfModule モジュール名> 〜 </IfModule> 中の設定が有効になります。「**mod_userdir**」拡張モジュールが使用できない Apache HTTPD サーバでは無視されるため、httpd.conf に汎用性を持たせることができます。「**<IfModule>**」で指定するモジュール名には、拡張モジュールの識別子か、「mod_userdir.c」のようなソースファイル名を指定します。

図 3-3-8 <IfModule> の使用例
```
<IfModule mod_userdir.c>
    UserDir public_html
    UserDir disable root
```

```
</IfModule>
```

拡張モジュールがインストールされていないことを条件にすることもできます。それには「<IfModule！モジュール名> 〜 </IfModule>」を使用します（図 3-3-9）。

図 3-3-9 **<IfModule！モジュール> の使用例**

```
<IfModule !mod_userdir.c>
    .....
</IfModule>
```

「<IfModule>」を多用し過ぎると、不必要な設定が混在することになり、httpd.confを複雑にします。Apache 2.2以降のデフォルト設定では、「<IfModule>」ディレクティブより「Include」ディレクティブが多く用いられています。なお、「<IfModule>」は**ネスト（入れ子）**することが可能なため、複数の拡張モジュールをテストする場合に有効です（図 3-3-10）。

図 3-3-10 **<IfModule> をネストした設定**

```
<<IfModule mod_negotiation.c>
<IfModule mod_include.c>
    <Directory "/var/www/error">
        AllowOverride None
        Options IncludesNoExec
        AddOutputFilter Includes html
        ...
</IfModule>
</IfModule>
```

3-3-5 .htaccess の制限

「.htaccess」を設置したディレクトとその配下のディレクトリ内に限って、httpd.confで設定された内容を上書きできます。セキュリティ上、管理者の知らないところで不要な設定がなされるのは好ましくありません。もし.htaccessを使用しないのなら、「**AllowOverride**」ディレクティブの引数に「**none**」と指定します（図 3-3-11）。

図 3-3-11 **.htaccess の使用を禁止する**

```
<Directory />
    AllowOverride None
</Directory>
```

「**All**」と指定することで、.htaccessで自由に設定を変更できるようになりますが、セキュリティやリソース管理の面で不安が残ります。必ず、FileInfo ／ Indexes ／ Limit ／ AuthConfig といった引数で、設定可能な内容を個別に指定するようにし

ます。それぞれの引数で上書き可能になる設定内容は、**表 3-3-1** のとおりです。

表 3-3-1 AllowOverride ディレクティブの引数

AllowOverride の引数	説明
none	一切の上書き設定を禁止
All	全ての上書き設定を許可
FileInfo	AddType ／ AddEncoding ／ AddLanguage ディレクティブに対する上書き設定を許可
Indexes	FancyIndexing ／ AddIcon ／ AddDescription ディレクティブに対する上書き設定を許可
Limit	ホスト名や IP アドレスを用いたアクセス制限を許可
AuthConfig	パスワードによるユーザ認証を許可

AllowOverride ディレクティブは引数を複数指定できるため、組み合わせて利用することもできます（**図 3-3-12**）。

図 3-3-12 AllowOverride ディレクティブに複数の引数を指定
- ユーザホームに設置された .htaccess で、FileInfo ／ AuthConfig ／ Limit ／ Indexes の上書き設定を許可

```
<Directory "/home/*/public_html">
    AllowOverride FileInfo AuthConfig Limit Indexes
</Directory>
```

なお、ユーザホームに設置された .htaccess に直接アクセスされないよう、Apache のインストール方法によっては、**図 3-3-13** のような設定が施されています。これによりアクセスが制限されます。アクセスが制限されていないと、URL に「http://foo.bar.com/.htaccess」などと指定するだけで、ブラウザで簡単に .htaccess にアクセスできてしまうため、ユーザ認証やアクセス制限の内容が外部に漏れる危険性があります。

図 3-3-13 .htaccess に対するアクセス制限
- 「.ht」で始まるファイル名へのアクセスを禁止

```
<Files ~ "^\.ht">
    Order allow,deny
    Deny from all
</Files>
```

3-4 特殊な引数

ディレクティブの引数には、IPアドレスやドメイン名、ファイル名やURLなどの文字列のほか、特別な意味を持った文字列を指定できます。

3-4-1 ワイルドカード

<Directory>／<Files>／<Location>のように、引数にUNIXのシェル形式と同様のワイルドカードを指定できるものもあります。任意の1文字にマッチさせるには「?（クエスチョンマーク）」を、任意の文字列にマッチさせるには「*（アスタリスク）」を指定します（図3-4-1）。

図3-4-1 Apacheの設定に使用可能なワイルドカード

・「?（クエスチョンマーク）」は任意の1文字にマッチします
　abc000.html～abc999.htmlのように、類似したファイル名にマッチさせる場合
```
<Files abc???.html>...
```

・「*（アスタリスク）」は任意の文字列にマッチします
　「.html」を拡張子に持つファイルにマッチさせる場合
```
<Files *.html>...
```

ただし、ワイルドカードは「/」文字にマッチしません。たとえば、「/home/user/public_html」にマッチさせるには、「<Directory /home/*/public_html>」と指定します。「<Directory /*/public_html>」ではマッチしません（図3-4-2）。

図3-4-2 ワイルドカードは「/」文字にマッチしない
「/home/user/public_html」をマッチさせるのに
```
<Directory /*/public_html>         ✕
<Directory /home/*/public_html>    ○
```

3-4-2 正規表現

Perl互換の正規表現を用いた文字列を、ディレクティブの引数やコンテナ指示子の引数に指定できます（図3-4-3）。その他にmod_rewrite拡張モジュールを使ってURLを書き換えるための設定や、ディレクティブ名に「Match」を含むようなものの引数にも正規表現を使用できます。

図 3-4-3 正規表現の使用例

・使用例1 ディレクティブの引数に正義表現を使用
```
ScriptAliasMatch ^/cgi-bin/(.*) /var/www/cgi-bin/$1
```

・使用例2 コンテナ指示子の引数に正義表現を使用
```
<DirectoryMatch abc$>
    ...
</DirectoryMatch>
```

　ワイルドカードを使えば、1つの指定で多くのものを対象とできます。たとえば「/home/*」と指定すれば、/homeディレクトリ配下の全ファイルを対象にできます。さらに正規表現を使えば、より柔軟な設定が可能になります。たとえば「image.jpg」にも「image.gif」にも一致させるには、正規表現を使って「^image￥.(jpg|gif) $」と指定します（図3-4-4）。

図 3-4-4 コンテナ指示子の引数に正規表現を使用した例
```
<FilesMatch ^image¥.(jpg|gif)$>
    Order allow,deny
    ....
</FilesMatch>
```

　「image123.jpg」にも「image4.gif」にも一致させるには、メタキャラクタを使って「^image[0-9]+￥.(jpg|gif) $」と指定します。ほかにも「PCRE（Perl Compatible Regular Expression Library）」と呼ばれるPerl互換の正規表現を使って、さまざまな設定ができます。主なメタキャラクタに表3-4-1、文字クラスに表3-4-2のようなものを使用します。正規表現の詳細については、Perlの正規表現を扱ったドキュメントを参考にします。

表 3-4-1 正規表現に使用するメタキャラクタ

メタキャラクタ	内容
\ (￥)	直後の文字をエスケープ
^	先頭にマッチ
.	改行を除く任意の1文字
$	末尾にマッチ
|	選択

表 3-4-2 正規表現に使用する文字クラス

文字クラス	内容
[a-z]	英小文字のいずれか1文字にマッチ
[A-Z]	英大文字のいずれか1文字にマッチ
[0-9]	数字1文字にマッチ
[a-zA-Z0-9]	英数字のいずれか1文字にマッチ
[^a-zA-Z]	英字以外にマッチ
[^0-9]	数字以外にマッチ

3-4-3 環境変数

ディレクティブの引数に「**環境変数**」を使用できます。「環境変数」はApacheの内部だけで有効な特殊な変数で、接続中のクライアントやサーバに関する情報を取得できます。たとえばクライアントが使用しているブラウザの種類を取得するには、環境変数の「**HTTP_USER_AGENT**」を利用します。図3-4-5の設定例では、ブラウザにFirefoxやInternet Explorerを使用しているか、HTTP_USER_AGENTの値を調べ、該当した場合は専用のページにアクセスするよう、URLを書き換えています。

図 3-4-5 RewriteCondディレクティブで環境変数を使用した例

```
RewriteCond  %{HTTP_USER_AGENT}  ^Mozilla.*
RewriteRule  ^/$                 /index_mozilla.html
```

RewriteCondディレクティブの引数では、「**%{環境変数}**」といった書式で利用します。ほかにも**表3-4-3**のような環境変数を利用できます。URL書き換えのほか、ログの書式やアクセス制御の設定にも環境変数を利用します。またCGIスクリプトなどの外部プログラムでも使われます。

表 3-4-3 RewriteCondディレクティブで利用できる環境変数

種類	環境変数
HTTPヘッダ関連	HTTP_USER_AGENT
	HTTP_REFERER
	HTTP_COOKIE
	HTTP_FORWARDED
	HTTP_HOST
	HTTP_PROXY_CONNECTION
	HTTP_ACCEPT
コネクション・リクエスト関連	REMOTE_ADDR
	REMOTE_HOST
	REMOTE_PORT
	REMOTE_USER

分類	変数名
コネクション・リクエスト関連	REMOTE_IDENT
	REQUEST_METHOD
	SCRIPT_FILENAME
	PATH_INFO
	QUERY_STRING
	AUTH_TYPE
サーバ内部変数	DOCUMENT_ROOT
	SERVER_ADMIN
	SERVER_NAME
	SERVER_ADDR
	SERVER_PORT
	SERVER_PROTOCOL
	SERVER_SOFTWARE
時刻関連	TIME_YEAR
	TIME_MON
	TIME_DAY
	TIME_HOUR
	TIME_MIN
	TIME_SEC
	TIME_WDAY
	TIME
特殊用途	API_VERSION
	THE_REQUEST
	REQUEST_URI
	REQUEST_FILENAME
	IS_SUBREQ
	HTTPS

　Apacheにあらかじめ用意された環境変数名のほか、自由な環境変数名で独自に値を設定し利用することもできます。たとえば、「**SetEnv**」ディレクティブを使用して、図3-4-6のように独自の環境変数を設定できます。こうして設定した環境変数は、CGIやSSIといった外部プログラムで利用できます（図3-4-7）。一度設定した環境変数を解放するには、「**UnsetEnv**」ディレクティブを使用します。

図 3-4-6　SetEnv ディレクティブで独自に環境変数を設定

・環境変数の設定例
```
SetEnv SPECIAL_PATH /foo/bin
```

・環境変数の解除例
```
UnsetEnv SPECIAL_PATH
```

図3-4-7 CGI (Perl スクリプト) で Apache 環境変数にアクセス

・設定した環境変数に CGI (Perl スクリプト) からアクセスした例

```perl
#!/usr/bin/perl

print "Content-type: text/html¥n¥n";
print <<"HTML";
<META http-equiv="Content-Type" content="text/html; charset=UTF-8">

$ENV{'SPECIAL_PATH'}<BR>      ←環境変数「SPECIAL_PATH」にアクセス

HTML

exit;
```

　さらに「SetEnvIf」ディレクティブを使って、条件に基づいて環境変数を設定できます。たとえば、クライアントの IP アドレスやドメイン名でアクセスを制限したり、特定のクライアントがアクセスしたときだけログを出力するよう設定できます。

　図 3-4-8 の設定例では、リンク参照元のドメイン名に「example.com」や「example.jp」が含まれている場合だけ、GIF ファイルへのアクセスを許可しています。一般的に「直リンク」と呼ばれる不正アクセスの対策として使用します。リンク参照元は、HTTP ヘッダの「Referer」[注2] で知ることができます。Referer の中に指定したドメインがあれば、環境変数「**authoritative_site**」に「1」をセットします。続いて、拡張子に「.gif」を持つファイルに対しアクセス制限をするため、コンテナ指示子の「<Files *.gif> ～ </Files>」を使い、その中で環境変数 authoritative_site がセットされているか判定し、セットされていればアクセスを許可しています。

図3-4-8 条件に基づいて環境変数を設定

```
# 参照元 URL として許されるドメインを設定
SetEnvIf Referer example¥.com authoritative_site
SetEnvIf Referer example¥.jp authoritative_site

# 環境変数「authoritative_site」が設定されていれば、GIF ファイルに対するアクセスを許可
<Files *.gif>
    order deny,allow
    Deny from all
    Allow from env=authoritative_site
</Files>
```

　ほかにも、画像ファイルへのアクセスをログファイルに記録しないようにするのに、環境変数を使って図 3-4-9 のように設定できます。リクエストされた URL が画像ファイルのものなら（拡張子が gif／jpg／png のいずれか）、環境変数

[注2] 英語で参照元を意味する「referrer」と綴りが異なるため注意します。

「image-request」に「1」をセットします。「CustomLog」ディレクティブでログファイルを設定する際に、環境変数に 1 がセットされていない場合だけ、ログを記録するようにします。SetEnvIf ディレクティブの最初の引数には、「Request_URI」のほか、**表 3-4-4** のような変数を指定できます。

図 3-4-9 環境変数を使って画像ファイルへのアクセスをログファイルに記録しないように設定

```
SetEnvIf Request_URI ¥.gif image-request
SetEnvIf Request_URI ¥.jpg image-request
SetEnvIf Request_URI ¥.png image-request
CustomLog logs/access_log common env=!image-request
```

表 3-4-4 SetEnvIf ディレクティブに指定可能な最初の引数

最初の引数	内容
Remote_Host	リクエスト元クライアントのホスト名
Remote_Addr	リクエスト元クライアントの IP アドレス
Server_Addr	リクエストを受信したサーバの IP アドレス
Request_Method	使用されている HTTP メソッド名（GET ／ POST など）
Request_Protocol	リクエストが行なわれたプロトコルの名前とバージョン（「HTTP/0.9」や「HTTP/1.1」など）
Request_URI	URL のスキーム、ホストの後の部分

なお、Apache の環境変数は、OS で使用する環境変数とは異なります。Apache 起動時のシェル環境変数は Apache に引き継がれません。もし、シェル環境変数の引き継ぎが必要なら、「**PassEnv**」ディレクティブを使って設定します。**図 3-4-10** の設定例では、シェル環境変数にセットされている「**LD_LIBRARY_PATH**」を、Apache の環境変数として引き渡します。

図 3-4-10 シェル環境変数を Apache 環境変数に引き継ぐ

・シェル環境変数の「**LD_LIBRARY_PATH**」を Apache 環境変数に引き継ぐ

```
PassEnv    LD_LIBRARY_PATH
```

ここでは「RewriteCond」や「SetEnvIf」といったディレクティブで環境変数を利用する方法を解説しましたが、ほかにも「BrowserMatch ／ BrowserMatchNoCase ／ PassEnv ／ SetEnv ／ SetEnvIfNoCase ／ UnsetEnv ／ Allow ／ CustomLog ／ Deny ／ ExtFilterDefine ／ Header ／ LogFormat ／ RewriteRule」といったディレクティブで環境変数を利用できます。

3-5 httpd.conf のテスト

Apache を起動する前に設定ファイルのテストを行うことができます。

3-5-1 httpd.conf のテスト

httpd.conf に間違いがあれば、Apache 起動時にエラーや警告が出力されます。Apache を起動する前にテストすることもできます（図 3-5-1）。httpd コマンドを実行する際に、「-t」オプションを指定し、テストします。この場合 Apache は起動せず、httpd.conf のチェックのみ行われます。

図 3-5-1 httpd.conf のテスト (1)

```
# /usr/sbin/httpd -t
Syntax OK
```

※ パスは CentOS でバイナリパッケージを使ってインストールした場合のもの。ソースからインストールした場合は、/usr/local/apache2/bin/httpd

apachectl コマンドを使用して確認することもできます（図 3-5-2）。Apache をバイナリパッケージでインストールした際にインストールされる起動スクリプトにも、設定ファイルのテストを行うオプションが用意されています。なおスクリプトの内部で apachectl コマンドが呼び出されているため、同じ結果となります。

図 3-5-2 httpd.conf のテスト (2)

・apachectl コマンドで設定ファイルをテスト

```
# /usr/sbin/apachectl configtest
Syntax OK
```

※ パスは CentOS でバイナリパッケージを使ってインストールした場合のもの。ソースからインストールした場合は、/usr/local/apache2/bin/httpd

・起動スクリプトで設定ファイルをテスト

```
# /etc/init.d/httpd configtest
```

※ パスは CentOS でバイナリパッケージを使ってインストールした場合のもの）

第4章

拡張モジュール

Apacheの機能の多くは、拡張モジュールにより実現されています。拡張モジュールを組み込むことでより多くの機能が使える一方、無駄なモジュールを無効にすることで、Apacheの軽量化ができます。本章では拡張モジュールの基本や導入方法を解説します。

4-1 拡張モジュールの基本

Apache は Web サーバとしてさまざまな機能を備える一方、高いパフォーマンスと安定性を兼ね備えています。ソフトウェアは一般的に、高機能になるほどパフォーマンスを損ないますが、Apahce はモジュール構造により、そうした懸念を払拭しています。Apache では機能ごとに用意された拡張モジュールを、必要に応じて組込み利用します。用途の応じて最適な Aapache を用意することで、高機能と高パフォーマンスを両立しています。

4-1-1 拡張モジュールとは

Web サーバに求められる機能は、単純な Web サーバの機能に限りません。圧縮転送や認証機能、果ては Proxy サーバやファイルサーバなど、多くの機能が求められています。増大する要求に応じ、プログラムの拡張を繰り返せば、プログラムが肥大し、起動にかかる CPU 時間やメモリ使用量などで、サーバにより多くの負担をかけます。Apahche はプログラムの肥大化を防ぐために「**モジュール構造**」を採用しています（図 4-1-1）。ある要件では必要な機能も、別な要件では無駄になります。そこで、機能ごとにモジュールを用意し、必要なものだけ組み込むことで、用途に応じた最適な Apache を利用できるようにしています。

図 4-1-1 Apache のモジュール構造

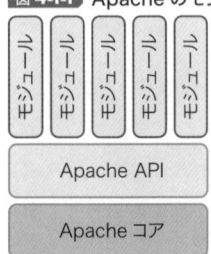

拡張モジュールを除いた Apahce のコア機能が受け持つ処理は限られています。TCP ポートをリスニングし、リクエストを受け付け、受け付けたリクエストを子プロセスやスレッドに割り当てるといった、Web サーバの基本的な処理に限定されています。ユーザ認証やアクセス制限、HTTPS プロトコルの実装といった、Web サーバに欠かせない機能は、拡張モジュールにより実装されています。拡張

モジュールを組み込むことでより多くの機能が使える一方、不要なものを無効にすることで、プログラムを軽量化し、用途に適したWebサーバを用意できます。

拡張モジュールには標準的にインストールされるものから、別途組込を必要とするサードパーティ製まで、多くのものが用意されています。たとえば次のような機能は、それぞれの拡張モジュールが処理を受け持ちます。

- ユーザ認証
- アクセス制限
- public_htmlなどユーザ専用ディレクトリの提供
- HTTPSプロトコルの実装
- サーバ活動状況などステータス情報の提供
- Proxy機能
- ログ出力形式の指定

Apacheは多くのリクエストに応じるため、プロセスやスレッドを複数立ち上げます。プログラムサイズ数キロの違いが、プロセスの多重起動により、リソースの大量消費につながります。必要な拡張モジュールだけ組み込むことで、プログラムサイズを小さくし、Apacheのパフォーマンスを改善します。DSO方式の拡張モジュールなら、設定ファイルで簡単に有効／無効を切り替えることができます。DSO方式の拡張モジュールについては、この後解説します。

4-1-2　Apacheがモジュールが動作するタイミング

拡張モジュールは、さまざまな用途に利用されますが、モジュールが動作するフェーズはあらかじめ決められています。Apacheはリクエスト処理の過程で、**図4-1-2**のようなフェーズでモジュールを呼び出します。各モジュールは、Apacheから決められたタイミングで呼び出すことができるよう、フック関数が定義されています。もし拡張モジュールを開発する場合、最低限フック関数と、それをApacheに登録するための関数が必要になります。

フェーズには、クライアントから送信されたデータを解析するフェーズや、リクエスト元にアクセス制限を実施するフェース、レスポンスデータを用意するフェーズと、Apacheのリクエスト処理に応じたものが用意されています。

第4章 拡張モジュール

図 4-1-2 Apache が拡張モジュールを使用するタイミング

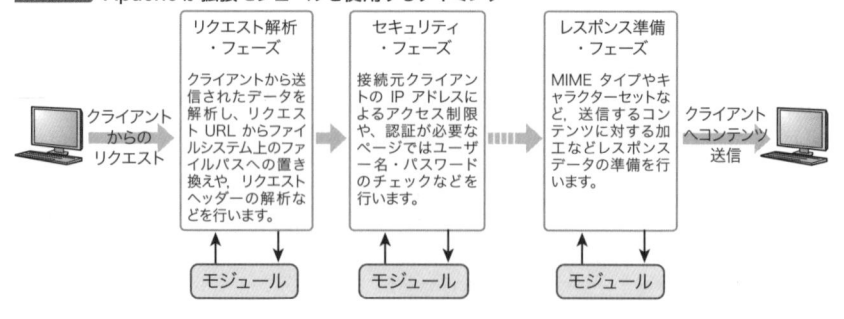

```
クライアント     リクエスト解析       セキュリティ         レスポンス準備      クライアント
からの         ・フェーズ           ・フェーズ           ・フェーズ         へコンテンツ
リクエスト                                                                    送信

          クライアントから送    接続元クライアン    MIME タイプやキ
          信されたデータを    トの IP アドレスに   ャラクターセットな
          解析し、リクエス    よるアクセス制限    ど、送信するコン
          ト URL からファ    や、認証が必要な    テンツに対する加
          イルシステム上の    ページではユーザ    工などレスポンス
          ファイルパスへの    ー名・パスワード    データの準備を行
          置き換えや、リク    のチェックなどを    います。
          エストヘッダーの    行います。
          解析などを行いま
          す。

            モジュール         モジュール         モジュール
```

■ 4-1-3 組込済み拡張モジュールを一覧表示する

　Apache をインストールすると、デフォルトで数多くのモジュールが利用できます。httpd コマンドに「-M」オプションを付けて実行すると、組み込まれているモジュールを一覧表示できます（図 4-1-3）。モジュール名の横に表示されている static / shared は、モジュールタイプを表しています。static は静的リンクを利用して、shared は「DSO（Dynamic Shared Object）」と呼ばれる動的リンクを利用して組み込まれたモジュールを表しています。静的モジュールと DSO モジュールについては、この後の解説します。

図 4-1-3 Apache に組み込まれている拡張モジュールを確認する

・Fedora ／ CentOS ／ Red hat の場合

```
# httpd -M
Loaded Modules:
 core_module (static)
 mpm_prefork_module (static)
 http_module (static)
 so_module (static)
 auth_basic_module (shared)

... 省略 ...

 proxy_connect_module (shared)
 cache_module (shared)
 suexec_module (shared)
 disk_cache_module (shared)
 cgi_module (shared)
 version_module (shared)
 dnssd_module (shared)
 ssl_module (shared)
Syntax OK
```

※モジュール一覧は、CentOS 6.0 に RPM パッケージでインストールされた Apache2.2.15 の例

・OprnSUSE の場合
```
# httpd2 -M
```

・Debian ／ Ubuntu の場合
```
$ sudo apache2 -M
```

　CentOS ／ Red Hat ／ Fedora では「**httpd**」コマンドを使用しますが、openSUSE では「**httpd2**」コマンド、Debian ／ Ubuntu では「**apache2**」コマンドを使用します。ほかの Linux ディストリビューションや UNIX 系 OS でも、コマンド名やパスが異なるものの、拡張モジュール一覧を表示させることができます。標準的な Apache でも、多くのモジュールがデフォルトで組み込まれているのがわかります。

4-1-4　静的モジュールと DSO モジュール

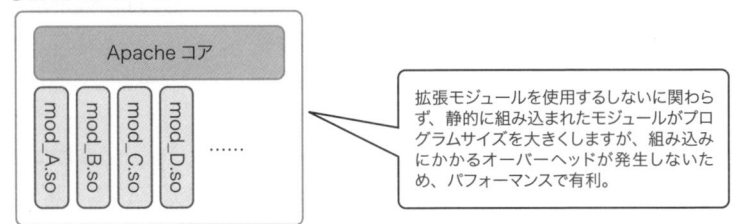

　一覧表示でモジュール名の横に「**static**」と表示されるものと、「**shared**」と表示されるものがあることからもわかるように、Apache の拡張モジュールには 2 種類あります。拡張モジュールは、その組み込み方により静的（static）なものと動的（shared）なものに分けられます（**図 4-1-4**）。

図 4-1-4　静的モジュールと DSO モジュール

①静的モジュール

Apache コア
mod_A.so / mod_B.so / mod_C.so / mod_D.so ……

拡張モジュールを使用するしないに関わらず、静的に組み込まれたモジュールがプログラムサイズを大きくしますが、組み込みにかかるオーバーヘッドが発生しないため、パフォーマンスで有利。

②動的（DSO）モジュール

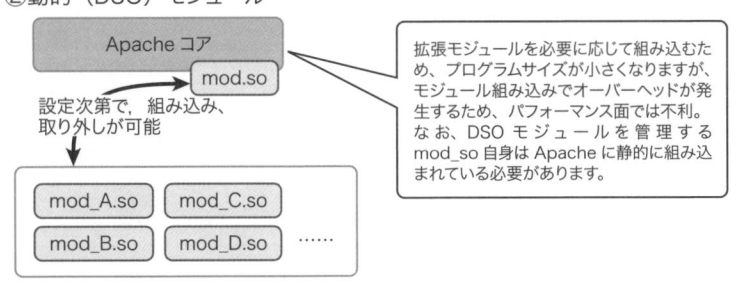

Apache コア
mod.so

設定次第で、組み込み、取り外しが可能

mod_A.so / mod_C.so
mod_B.so / mod_D.so ……

拡張モジュールを必要に応じて組み込むため、プログラムサイズが小さくなりますが、モジュール組み込みでオーバーヘッドが発生するため、パフォーマンス面では不利。なお、DSO モジュールを管理する mod_so 自身は Apache に静的に組み込まれている必要があります。

　静的なものは Apache インストール時からプログラム本体に組み込まれており、切り離すには Apache の再インストールが必要になります。追加する場合も同様に、

再インストールを行う必要があります。先ほど図 4-1-3 では、動的なモジュールも同時に表示されましたが、図 4-1-5 のように「-l」オプションを付けて httpd（または httpd2 や apache）コマンドを実行すると、静的なモジュールだけ一覧表示できます。

図 4-1-5　Apache に組み込まれている静的モジュールだけ確認する

```
# httpd -l
Compiled in modules:
  core.c
  prefork.c
  http_core.c
  mod_so.c
```

※ CentOS 6.0 に RPM パッケージでインストールされた Apache2.2.15 の例。その他のディストリビューションは図 4-1-3 を参考に、各コマンドに「-l」オプションを付けて実行します）

一方、動的なものは設定ファイルで簡単に有効／無効を切り替えることができます。不要なモジュールを切り離し、動作を軽量化することも、付加モジュールを追加し Apache の機能を拡張することも、動的モジュールなら簡単です。動的モジュールは「**DSO（Dynamic Shared Object）**」と呼ばれる動的共有オブジェクトとして、モジュール単体でコンパイルできます。そのため、モジュールを組み込むのに、いちいち Apache を再ビルドする必要がありません。動的なモジュールは「**DSO モジュール**」と呼ばれることもあります。本書では静的なものを「**静的モジュール**」、動的なものを「**DSO モジュール**」と呼ぶことにします。

なお静的モジュールは、本体とモジュールが一体で動作するため、モジュール組み込みにかかる負担が小さくなります。一方 DSO モジュールは、読む込む際に発生するオーバーヘッドで、静的なものに比べると、Apache の起動が遅くなります。また実行速度が若干低下します。少しでも高いパフォーマンスを求めるなら、静的モジュールを使用します。表 4-1-1 を参考に静的モジュールと DSO モジュールを使い分けるようにします。

表 4-1-1　「静的モジュールと DSO モジュールのメリット／デメリット」

	メリット	デメリット
静的モジュール	・モジュール組み込みにかかる負荷が小さい ・大抵のプラットフォームで利用可能 ・Apache の起動が速い	・モジュールの有効(または無効)化するのに、Apache の再インストールが必要になる ・組み込むモジュールが多くなるほど、プログラムサイズが大きくなりメモリを消費する
DSO モジュール	・設定ファイルで簡単に有効／無効を切り替えることができる ・モジュール単体でコンパイルできる ・モジュールは使用するまで読み込まれないため、メモリ消費量を節約できる	・モジュール組み込み時にオーバーヘッドが発生するため Apache の起動が遅くなる ・実行速度が若干低下する ・プラットフォームによって DSO を利用できない場合がある

4-1-5 拡張モジュールとディレクティブ／コンテキスト

なお拡張モジュールは、組み込んだだけでは機能しません。併せて httpd.conf に設定を加える必要があります。設定には「**ディレクティブ**」と呼ばれる記述子を使用します。ディレクティブとは Apache の動作を設定する指示子です。たとえばユーザ専用ディレクトリを提供する「**mod_userdir**」モジュールを有効にするには、図 4-1-6 のような「**UserDir**」ディレクティブの指定が必要になります。

図 4-1-6　「mod_userdir」モジュールを有効にすることで使用可能になるディレクティブ

```
UserDir public_html
UserDir disabled root
```

※ ホームディレクトリに「public_html」ディレクトリがあれば、「/~ユーザ名/」で公開。ただし root は対象外

静的モジュールを利用する場合は、事前に Apache 本体に組み込んでおく必要があります。DSO モジュールを利用する場合は、モジュールファイルを用意した後、「**LoadModule**」ディレクティブでモジュールの識別子とモジュールファイルのインストールパスを指定し、Apache 起動時に組み込むようにします（図 4-1-7）。

図 4-1-7　DSO モジュールの読み込み

```
LoadModule モジュール識別子 モジュールファイル
```

モジュール識別子には、モジュールごとに決められたものを使用します。モジュールリファレンス[注1]の「**モジュール識別子**」項目で確認できます（図 4-1-8）。インストールパスには、「**ServerRoot**」ディレクティブで指定したディレクトリからの相対パスか、「**/**」から始まる絶対パスを使用します（図 4-1-9）。

図 4-1-8　「mod_userdir」のモジュールリファレンス

[注1] Apache2.0 のモジュール一覧（http://httpd.apache.org/docs/2.0/ja/mod/）、Apache2.2 のモジュール一覧（http://httpd.apache.org/docs/2.2/ja/mod/）、Apache2.3 のモジュール一覧（http://httpd.apache.org/docs/2.3/ja/mod/）を参照してください。

図 4-1-9 「LoadModule で使用する相対パスと絶対パス」

・「ServerRoot」ディレクティブで指定したディレクトリからの相対パスの例

```
LoadModule userdir_module modules/mod_userdir.so
```

・絶対パスの例

```
LoadModule userdir_module /usr/lib/httpd/modules/mod_userdir.so
```

　拡張モジュールがインストールされていないのにディレクティブを指定すると、エラーになり、Apache の起動に失敗します。それを防ぐのに、「**<IfModule モジュール名> ～ </IfModule>**」ブロックを使って、拡張モジュールがインストールされている場合にのみ、設定を有効にできます。図 4-1-10 の例では「**mod_userdir**」モジュールが使用可能な場合のみ、<IfModule> ～ </IfModule> の中に記述した設定が有効になります。「**mod_userdir**」拡張モジュールが使用できない Apache では、設定が無視されるため、httpd.conf に汎用性を持たせることができます。「**<IfModule>**」で指定するモジュール名には、拡張モジュールの識別子か、「mod_userdir.c」のようなソースファイル名を指定します。モジュールがインストールされていないことを条件にするには「**<IfModule！モジュール> ～ </IfModule>**」を使用します。

図 4-1-10 「<IfModule モジュール名> ～ </IfModule>」ブロックの使用

```
<IfModule mod_userdir.c>
    UserDir public_html
    UserDir disabled root
</IfModule>
```

　Apache は外部設定ファイルを使用できるため、モジュールの有効性確認と外部設定ファイルを組み合わせて、図 4-1-11 のように設定することもできます。モジュールがインストールされていなければ、外部設定ファイルを読み込みません。

図 4-1-11 モジュールの有効性確認と外部設定ファイルを組み合わせた設定

```
<IfModule mod_userdir.c>
    Include conf/extra/userdir.conf
</IfModule>
```

　拡張モジュールを有効にするためのディレクティブですが、裏を返せば、それぞれのディレクティブには、機能を実現するためのモジュールが存在することになります。たとえばディレクティブを解説している、「ディレクティブ クイックリファレンス（http://httpd.apache.org/docs/2.4/ja/mod/quickreference.html）[注2]」の説

[注2] Apache 2.0 は「http://httpd.apache.org/docs/2.0/ja/mod/quickreference.html」、Apache 2.2 は「http://httpd.apache.org/docs/2.2/ja/mod/quickreference.html」を参照します。

明欄に「**モジュール**」項目があり、対応するモジュールが記載されています（図4-1-12）。

図 4-1-12 UserDir のディレクティブリファレンス

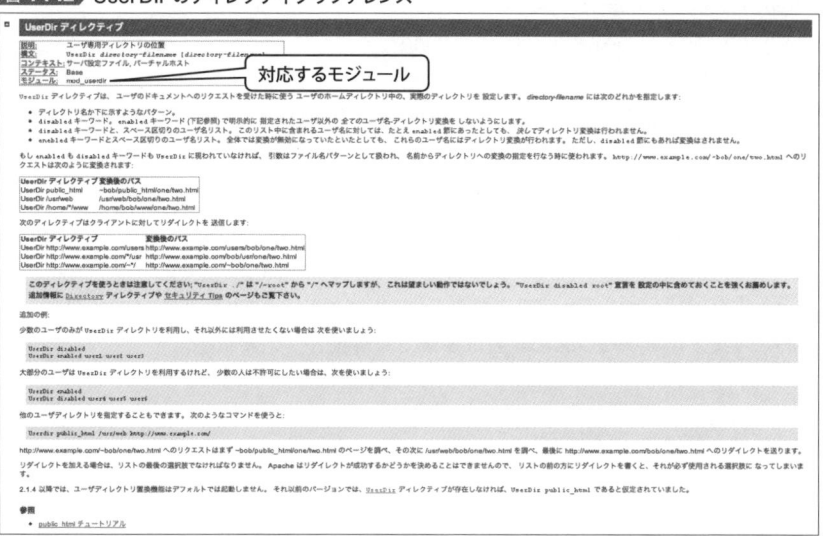

なお、ディレクティブをむやみに指定することはできません。設定ファイルのどこに指定できるか、「**コンテキスト**」によって決められています。ディレクティブリファレンスでも、「コンテキスト」項目で説明されています。たとえば Userdir ディレクティブは、「**サーバ設定ファイル／バーチャルホスト**」コンテキスト内でのみ設定ができます。そのため、.htaccess ファイルに用いることができません。決められたコンテキスト以外でディレクティブを使用すると、設定ファイルの構文エラーで Apache サーバの起動に失敗します。

なお、ディレクティブやコンテキストは、**3 章**で詳しく解説しています。

4-1-6　どんな拡張モジュールが利用できるかを知る

Apache ソフトウェア財団が提供するモジュールの一覧は、次の URL で見ることができます。

・Apache2.0 のモジュール一覧
　http://httpd.apache.org/docs/2.0/ja/mod/

・Apache2.2 のモジュール一覧
　http://httpd.apache.org/docs/2.2/ja/mod/

・Apache2.4 のモジュール一覧
　http://httpd.apache.org/docs/2.4/ja/mod/

　モジュール名をクリックすればモジュールの互換性やステータスを見ることができます。「**ステータス**」項目では、モジュールを利用するために Apache の再インストールが必要か、標準のモジュールとして提供されているかなどを知ることができます。たとえば mod_info モジュールのステータスは「**Base**」で、デフォルトでインストールされていることがわかります。一方、mod_auth_digest モジュールのステータスは「**Extension**」で、別途モジュールのインストール作業が必要なことがわかります。ステータスの見方は **3 章**でも解説しています。

　Apache の標準モジュール以外にも、多くのサードパーティー製モジュールが提供されています。そうしたモジュールは次の URL で見つけることができます。

・Apache Module Registry（サードパーティー製モジュールの一覧）
　http://modules.apache.org/

4-2 拡張モジュールをパッケージでインストールする

　最近では、Apache 本体プログラム同様に、モジュールもパッケージ管理ツールでインストールできることが多くなっています。Linux ディストリビューションの Red Hat ／ Fedora ／ CentOS といった Red Hat 系と、Debian ／ Ubuntu といった Debian 系でのインストール方法を解説します。

■ 4-2-1　Red Hat ／ Fedora ／ CentOS の場合

　Red Hat ／ Fedora ／ CentOS なら、Apache 本体と同じように **yum コマンド**でオンラインインストールできます。たとえば、拡張モジュールの「libphp5.so[注3]」を追加するには、**図 4-2-1** のように yum コマンドを実行します。するとパッケージのダウンロードとファイルの展開が同時に行われ、あとは httpd.conf で設定を追加するか、「**/etc/httpd/conf.d/**」ディレクトリ下に用意された専用の設定ファイル「**php.conf**」を修正すれば、使用可能になります。なお、モジュールを納めたパッケージの名称はあらかじめ調べておく必要があります。

図 4-2-1　yum で libphp5.so をオンラインインストール
・Red Hat ／ Fedora ／ CentOS の場合

```
# yum install php    ←「y」をタイプ

... 省略 ...

Is this ok [y/N]: y
Downloading Packages:
(1/3): php-5.3.2-6.el6_0.1.i686.rpm              | 1.1 MB     00:00
(2/3): php-cli-5.3.2-6.el6_0.1.i686.rpm          | 2.2 MB     00:01
(3/3): php-common-5.3.2-6.el6_0.1.i686.rpm       | 516 kB     00:00

... 省略 ...

Complete!
```

※ CentOS 6.0 での実行例
※ モジュールを納めたパッケージの名称はあらかじめ調べておく必要があります

　オンラインインストールにコマンドラインの「**yum**」を使用しましたが、GUI ツー

[注3] PHP スクリプトを Web アプリケーションとして実行するのに利用します。

ルも利用できます。GUI ツールは各 Linux ディストリビューションで起動方法が異なります。たとえば CentOS なら、デスクトップメニューから「システム」-「管理」-「ソフトウェアの追加／削除」と選択し、**図 4-2-2** のようなツールを起動します。ほかの Linux ディストリビューションにも同様のツールが用意されています。GUI ツールならキーワードでパッケージを検索できるため、拡張モジュールを納めたパッケージを簡単に見つけることができます。

図 4-2-2 CentOS の GUI パッケージ管理ツールで libphp5.so をオンラインインストール

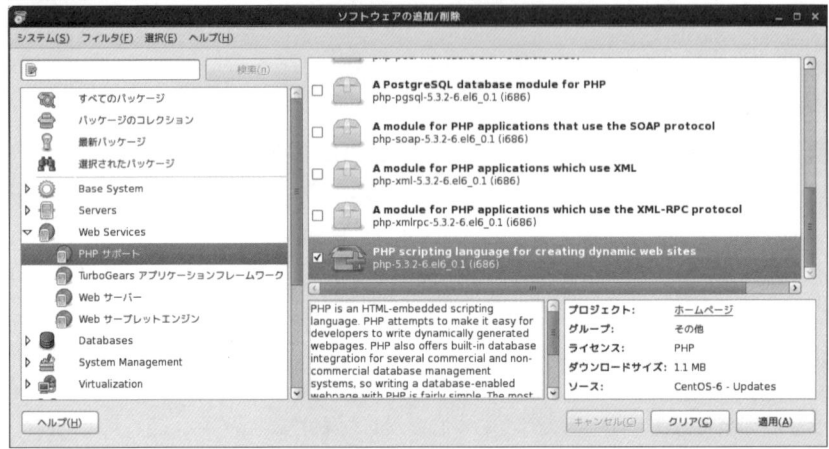

Red Hat ／ Fedora ／ CentOS で **RPM パッケージインストール**した場合、DSO モジュールは「**/usr/lib/httpd/modules/**」にインストールされます。

4-2-2　Debian ／ Ubuntu の場合

Debian ／ Ubuntu なら、Apache 本体と同じように「**apt-get**」コマンドでオンラインインストールできます。たとえば、拡張モジュールの「**libphp5.so**[注4]」を追加するには、**図 4-2-3** のように apt-get コマンドを実行します。するとパッケージのダウンロードとファイルの展開が同時に行われます。libphp5.so に関する設定を修正する場合、「**/etc/apache2/mods-available/**」ディレクトリ下に用意された専用の設定ファイル「**php5.conf**」を修正します。なお、モジュールを納めたパッケージの名称はあらかじめ調べておく必要があります。

図 4-2-3 apt-get で libphp5.so をオンラインインストール

・Debian ／ Ubuntu の場合

```
$ sudo apt-get install libapache2-mod-php5
```

[注4] PHP スクリプトを Web アプリケーションとして実行するのに利用します。

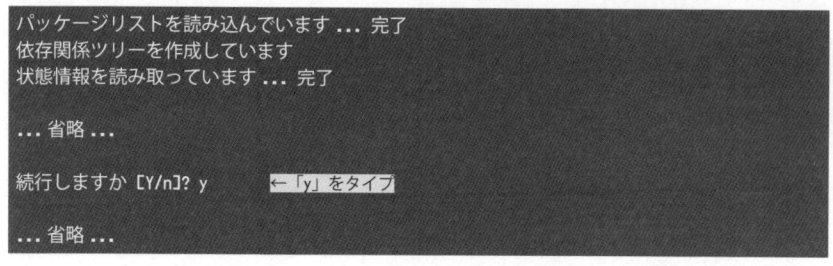

```
パッケージリストを読み込んでいます ... 完了
依存関係ツリーを作成しています
状態情報を読み取っています ... 完了

... 省略 ...

続行しますか [Y/n]? y      ←「y」をタイプ

... 省略 ...
```

※ Ubuntu 11.04 での実行例
※ モジュールを納めたパッケージの名称はあらかじめ調べておく必要があります

　オンラインインストールにコマンドラインの apt-get を使用しましたが、GUI ツールの「**Synaptic パッケージマネージャ**」も利用できます。GUI ツールは各 Linux ディストリビューションで起動方法が異なります。たとえば Ubuntu ならアプリケーションメニューを使って、**図 4-2-4** のようなツールを起動します。Debian にも同様のツールが用意されています。GUI ツールならキーワードでパッケージを検索できるため、拡張モジュールを納めたパッケージを簡単に見つけることができます。

図 4-2-4 Ubuntu の Synaptic パッケージマネージャで libphp5.so をオンラインインストール

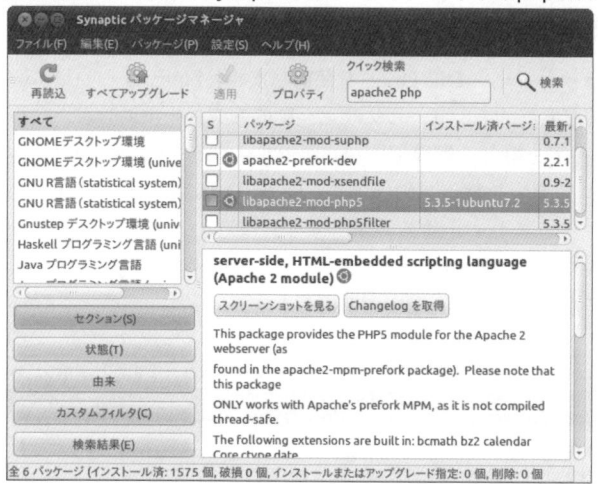

　Debian ／ Ubuntu でパッケージインストールした場合、DSO モジュールは「**/usr/lib/apache2/modules/**」に、設定ファイルは「**/etc/apache2/mods-available/**」にインストールされます。

4-3 拡張モジュールをソースからインストールする

　拡張モジュールをソースからビルドしインストールする方法を解説します。モジュールも Apache 本体プログラム同様に、パッケージ管理ツールでインストールできることが多くなっています。しかし、サードパーティー製モジュールや、実験的に提供されているモジュールなど、ソースファイルを使ったインストールが必要な場合が多々あります。DSO モジュールと静的モジュール、それぞれの場合に分けインストール方法を解説します。

- 動的リンクを利用した DSO（Dynamic Shared Object）でモジュールをビルドし組み込む方法
- 静的リンクを利用し、Apache 本体にモジュールを組み込む方法

4-3-1　開発環境の準備

　以降の解説では、プラットフォームに Linux を使用します。Linux なら簡単に開発環境を用意できます。なお静的モジュールにせよ、動的モジュールにせよ、ビルドするためには、make や gcc などの開発環境が必要です。パッケージ管理ツールなどを利用し、事前に開発環境を整えておきます。図 4-3-1 は Red Hat ／ Fedora ／ CentOS でオンラインインストールする方法ですが、ほかの Linux ディストリビューションや UNIX 系 OS でも、開発環境をインストール手段が用意されています。それぞれのマニュアルに従い、開発環境を準備します。

図 4-3-1 Red Hat ／ Fedora ／ CentOS で開発環境をオンラインインストールする方法
```
# yum groupinstall "Development Tools"
```
※ グループ名は CentOS 6.0 のもの。それぞれのディストリビューションでグループ名を確認するには「# yum grouplist」を実行します）

　ほかにも、ライブラリやヘッダファイルが必要になるケースもあります。ビルド時にエラーが出るようなら、ライブラリや開発ツールをオンラインインストールします（図 4-3-2）。

図4-3-2 追加パッケージのオンラインインストール

・Red Hat ／ Fedora ／ CentOS の場合

```
# yum install 追加するパッケージの名称
```

4-3-2　DSO モジュールのソースインストール

　拡張モジュールを、DSO モジュールとしてビルドするには、「**apxs（APache eXtenSion tool）**」と呼ばれる Apache の開発キットが必要になります。ソースファイルを使って Apache をインストールすると、同時に開発キットもインストールされますが、CentOS や Red Hat などの Linux ディストリビューションが提供するバイナリパッケージで Apache をインストールすると、別途開発キットのインストールが必要になります[注5]。

　Apache 開発キットは「**httpd-devel**」などのパッケージ名で提供されています。キットには apxs コマンドを始めとする DSO モジュールをビルドするためのライブラリやコマンドが含まれています。

　Red Hat ／ Fedora ／ CentOS で、Apache 開発キットをオンラインインストールするには、図4-3-3 のように yum コマンドを実行します。ほかにもいくつかのパッケージが必要になりますが、自動的に選択され、同時にインストールできます。

図4-3-3 Red Hat ／ Fedora ／ CentOS で拡張モジュール開発環境をインストールする

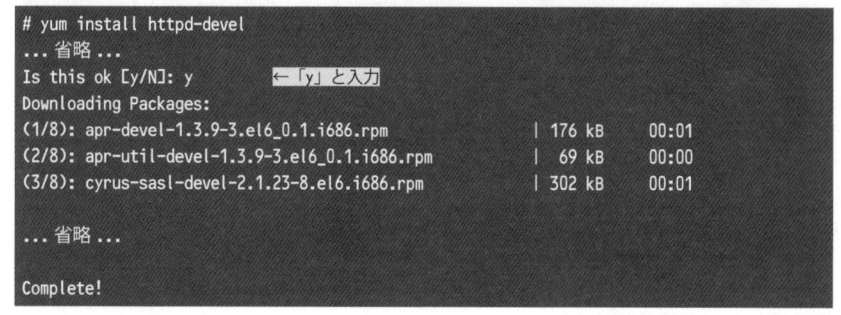

```
# yum install httpd-devel
... 省略 ...
Is this ok [y/N]: y          ←「y」と入力
Downloading Packages:
(1/8): apr-devel-1.3.9-3.el6_0.1.i686.rpm          | 176 kB     00:01
(2/8): apr-util-devel-1.3.9-3.el6_0.1.i686.rpm     |  69 kB     00:00
(3/8): cyrus-sasl-devel-2.1.23-8.el6.i686.rpm      | 302 kB     00:01

... 省略 ...
Complete!
```

※ CentOS 6.0 での実行例

　Debian ／ Ubuntu で開発キットをオンラインインストールするには apt-get コマンドを利用します。依存するパッケージも同時にインストールできます。もしデフォルトの MPM[注6]を変更した場合、開発キットも MPM にあわせてインストールしま

[注5] Windows で DSO モジュールをビルドするには、VisualStudio のようなコンパイル環境や Perl の実行環境など、有償・無償さまざまなツールを用意する必要があります。

[注6] マルチプロセッシングモジュールの略。OS や動作環境に合わせ交換可能な Apache のコアモジュール。詳細は2章を参照。

す（図 4-3-4）。

図 4-3-4「Debian／Ubuntu で拡張モジュール開発環境をインストールする」

```
sudo apt-get install apache2-threaded-dev   ← worker MPM を使用している場合（デフォルト）
$ sudo apt-get install apache2-prefork-dev   ← prefork MPM を使用している場合
```

※ root アカウントが直接使用できないため、sudo コマンドを利用します

　なお Apache ソフトウェア財団が提供している DSO モジュールのソースは、Apache 本体のソースアーカイブに含まれます。そのためバイナリパッケージで Apache をインストールした場合も、Apache のソースアーカイブが必要になります。2 章を参考に、インストールされている Apache と同じバージョンのソースファイルを用意し展開しておきます。

　ここからは、「**mod_info**」拡張モジュールを使って、具体的なインストール方法を解説します。mod_info は Apache の稼働状況を表示するためのモジュールです。多くの場合デフォルトでインストールされており、設定を修正するだけで使用が可能ですが、今回モジュールインストールの一例として取り上げます。すでに mod_info モジュールがインストールされているかは、図 4-3-5 の方法で確認できます。「**info_module**」がリストに含まれていれば、インストール済みです。

図 4-3-5「mod_info」モジュールのインストール有無を確認する

```
# httpd -M | grep info
```

※何も表示されなければ、未インストール

　mod_info モジュールのソースは、Apache のソースアーカイブに同梱されています。ソースアーカイブを展開し「Apache のソースディレクトリ/modules/generators/」ディレクトリ下で作業します．なお DSO を使用するには、「mod_so」モジュールが Apache に静的に組み込まれている必要があります（図 4-3-6）。通常は組み込まれていますが、何らかの理由で組み込まれていない場合は、Apache の再インストールが必要になります。

図 4-3-6「mod_so」モジュールが静的に組み込まれているか確認する

```
# httpd -l
Compiled in modules:
  core.c
  prefork.c
  http_core.c
  mod_so.c      ←組み込まれている
```

※ CentOS 6.0 での実行例

DSOモジュールのインストールには「**apxs（APache eXtenSion tool）**」を使用し、図4-3-7のようにapxsコマンド（Debian／Ubuntuではapxs2コマンド）を実行します。ビルドされたモジュールは指定されたディレクトリにインストールされます。Apacheをソースからインストールした場合、DSOモジュールは「**/usr/local/apache2/modules/**」にインストールされます。

図4-3-7 apxsコマンドを使ったDSOモジュールのインストール

```
# cd /..Apacheのソース../modules/generators/    ← mod_infoのソースがあるディレクトリに移動
# apxs -i -a -c mod_info.c                       ← DSOモジュールのインストール
    -c：オプションに続いてモジュールのソースファイルを指定します。
    -i：オプションでビルド済みモジュールファイル「mod_info.so」を所定のディレクトリにコ
       ピーします。
    -a：オプションで設定ファイル「httpd.conf」にモジュールをロードする1行が追加されます。
```

※ Debian／Ubuntuではapxs2コマンドを利用します。
※ ソースインストールの場合は「/usr/local/apache2/bin/apxs」を利用します。

続いてビルドしたDSOモジュールをApache本体に組み込むよう、設定ファイル「**httpd.conf**」を修正します（図4-3-8）。LoadModuleディレクティブでは、モジュール識別子とモジュールのインストールパスを引数に指定します。モジュール識別子はあらかじめ決められたものを指定します。mod_infoのモジュール識別子は「**info_module**」です。モジュール識別子の調べ方は、「**4-1-5 拡張モジュールとディレクティブ／コンテキスト**」を参考にします。なお今回取り上げたmod_infoは、サーバの稼働情報を表示します。そのため第三者に不正利用されないよう、アクセス制限を実施します。また「**<IfModule>～</IfModule>**」を使用し、mod_infoがインストールされている場合のみ、設定が有効になるようにします。

図4-3-8 mod_infoの組み込みと設定

```
#mod_infoモジュールの読み込み
LoadModule info_module modules/mod_info.so

#mod_info.soが削除された場合を考え、<IfModule>を使用
<IfModule mod_info.c>                 ← mod_infoがインストールされている場合のみ有効
    <Location /server-info>           ← URLに「http://サーバ名/server-info」を使用
    SetHandler server-info            ←「server-info」で処理を行う
    Order deny,allow                  ←ここからアクセス制御
    Deny from all                     ←デフォルトでアクセス禁止
    Allow from 127.0.0.1 クライアントのアドレス  ←閲覧を許可するクライアントを指定
    </Location>
</IfModule>
```

httpd.conf編集後、Apacheを起動または再起動し、モジュールが組み込まれていることを図4-3-9の方法で確認します。その後アクセスを許可されたクライアントから「**https://Aapcheサーバ/server-info**」にアクセスし動作を確認します（図

4-3-10）。

図 4-3-9 「mod_info」拡張モジュールのインストールを確認する

```
# httpd -M | grep info
info_module (shared)    ←組み込まれているのを確認
...省略...
```

図 4-3-10 mod_info によって表示される Apache のステータス画面

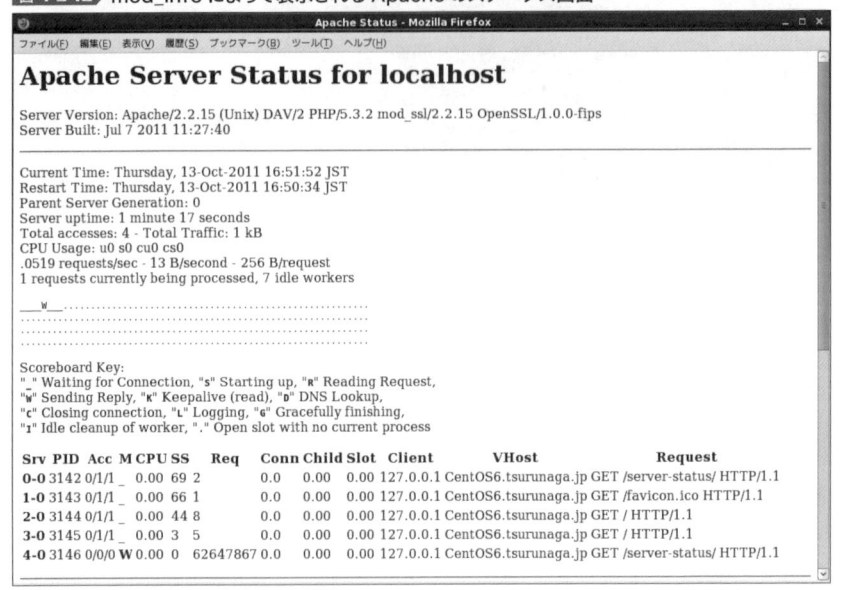

```
Apache Server Status for localhost

Server Version: Apache/2.2.15 (Unix) DAV/2 PHP/5.3.2 mod_ssl/2.2.15 OpenSSL/1.0.0-fips
Server Built: Jul 7 2011 11:27:40

Current Time: Thursday, 13-Oct-2011 16:51:52 JST
Restart Time: Thursday, 13-Oct-2011 16:50:34 JST
Parent Server Generation: 0
Server uptime: 1 minute 17 seconds
Total accesses: 4 - Total Traffic: 1 kB
CPU Usage: u0 s0 cu0 cs0
.0519 requests/sec - 13 B/second - 256 B/request
1 requests currently being processed, 7 idle workers

___W__..........
................
................
................

Scoreboard Key:
"_" Waiting for Connection, "S" Starting up, "R" Reading Request,
"W" Sending Reply, "K" Keepalive (read), "D" DNS Lookup,
"C" Closing connection, "L" Logging, "G" Gracefully finishing,
"I" Idle cleanup of worker, "." Open slot with no current process

Srv PID   Acc  M CPU  SS   Req    Conn  Child  Slot Client    VHost                  Request
0-0 3142  0/1/1_ 0.00 69   2      0.0   0.00   0.00 127.0.0.1 CentOS6.tsurunaga.jp   GET /server-status/ HTTP/1.1
1-0 3143  0/1/1_ 0.00 66   1      0.0   0.00   0.00 127.0.0.1 CentOS6.tsurunaga.jp   GET /favicon.ico HTTP/1.1
2-0 3144  0/1/1_ 0.00 44   8      0.0   0.00   0.00 127.0.0.1 CentOS6.tsurunaga.jp   GET / HTTP/1.1
3-0 3145  0/1/1_ 0.00 3    5      0.0   0.00   0.00 127.0.0.1 CentOS6.tsurunaga.jp   GET / HTTP/1.1
4-0 3146  0/0/0 W 0.00 0   62647867 0.0 0.00   0.00 127.0.0.1 CentOS6.tsurunaga.jp   GET /server-status/ HTTP/1.1
```

　なお拡張モジュールは、少なからず Apache のパフォーマンスに影響を与えます。無駄にモジュールを組み込めば、パフォーマンスが低下します。拡張モジュールが不要になった場合、それが DSO で組み込まれているなら、httpd.conf を編集するだけで無効にできます。httpd.conf の該当個所をコメントアウト（または削除）し、Apache を再起動します（**図 4-3-11**）。

図 4-3-11 不要な DSO 拡張モジュールを無効にする

```
#LoadModule info_module modules/mod_info.so
```

※モジュールのロードを無効にするには、行頭に「#」を付けコメントアウトします。

　モジュールを無効化したにもかかわらず、モジュールに依存する設定が残っていると、起動時にエラーが発生します。特定のモジュールに依存する設定では、「<IfModule> ～ </IfModule>」を使って、モジュールが読み込み可能な場合だけ有効になるようにします。そうすれば、モジュールを読み込まないようにしても、

設定ファイルの構文エラーが発生することはありません。なお無効にしたモジュールファイルは、削除せずそのまま残しておいても Apache のパフォーマンスに影響ありません。

4-3-3 静的モジュールのソースインストール

　静的リンクを利用し、拡張モジュールを Apache 本体へ組み込むには、Apache の再インストールが必要です。インストールの際に、configure で「--enable-モジュール名」オプションで、追加するモジュールを指定します。たとえば mod_info の場合「--enable-info」オプションを使用します（図 4-3-12）。その他指定可能なモジュールは「-help」オプションで確認するか（図 4-3-13）、「4-1-6　どんな拡張モジュールが利用できるかを知る」を参考にします。

図 4-3-12 拡張モジュールを静的リンクで組み込む

```
# cd /..Apache のソース ../
# ./configure --enable-info
```

※デフォルトで mod_info は有効のため、実際には実行しないでください
※この後は、通常の Apache のインストールと同様

図 4-3-13 拡張モジュールを組み込むための、configure オプションを確認する

一般的なオプション

```
$ ./configure -help
`configure' configures this package to adapt to many kinds of systems.

Usage: ./configure [OPTION]... [VAR=VALUE]...

... 省略 ...

Optional Features:
--disable-option-checking ignore unrecognized --enable/--with options
--disable-FEATURE do not include FEATURE (same as --enable-FEATURE=no)
--enable-FEATURE[=ARG] include FEATURE [ARG=yes]
--enable-layout=LAYOUT
--enable-v4-mapped Allow IPv6 sockets to handle IPv4 connections
--enable-exception-hook Enable fatal exception hook
--enable-maintainer-mode
        Turn on debugging and compile time warnings
--enable-pie Build httpd as a Position Independent Executable
--enable-modules=MODULE-LIST
        Space-separated list of modules to enable ¦ "all" ¦
        "most"
```

第4章 拡張モジュール

```
--enable-mods-shared=MODULE-LIST
        Space-separated list of shared modules to enable ¦
        "all" ¦ "most"
--disable-authn-file file-based authentication control
--enable-authn-dbm DBM-based authentication control
--enable-authn-anon anonymous user authentication control
--enable-authn-dbd SQL-based authentication control
--disable-authn-default authentication backstopper
--enable-authn-alias auth provider alias
--disable-authz-host host-based authorization control
--disable-authz-groupfile
        'require group' authorization control
--disable-authz-user 'require user' authorization control
--enable-authz-dbm DBM-based authorization control
--enable-authz-owner 'require file-owner' authorization control

…省略…
```

静的モジュールを有効（無効）にするためのオプション

　この後は**2章**を参考にmakeコマンドを実行し、Apacheを再インストールします。
　静的リンクでは、httpd.confの「**LoadModule**」ディレクティブの指定は不要になります。モジュールを削除するにはApacheをビルドし直す必要があります。

第5章

ロギング／
パフォーマンスチェック／
パフォーマンスチューニング

Apacheはデフォルト設定のままでも十分なパフォーマンスを発揮しますが、設定や構成を見直すことで、さらに高い性能を得ることができます。本章では設定の見直しによるAapacheのパフォーマンスチューニングを解説します。なお、キャッシュ機能や、リバースProxyサーバを導入するなど、構成の見直しによるパフォーマンスチューニングについては、7章で取り上げます。

5-1 Web サーバの性能評価

　サーバの処理許容量を超えた無理な設定は、かえってパフォーマンスを悪化させます。経験やノウハウの蓄積がない場合、試行とチェックを繰り返しながらチューニングを行う必要があります。チューニング方法を解説する前に Web サーバの性能を正しく評価できるよう、ロギングやパフォーマンスチェックについて解説します。

5-1-1　Web サーバの要件

　Web システムの性能評価（ベンチマーク）を行うには、評価の目安として次のような要件を、通常時とピーク時で定義しておきます。リクエスト数は HTML ドキュメントだけではなく、画像ファイルやスタイルシートといったコンテンツに対するリクエスト数も考慮します。

● 通常時の
・単位時間あたりの利用ユーザ数（例：1 分あたり 10 人）
・単位時間あたりのリクエスト数（例：1 分あたり 50 リクエスト）

● ピーク時の
・単位時間あたりの最大利用ユーザ数（例：1 分あたり 100 人）
・単位時間あたりの最大リクエスト数（例：1 分あたり 500 リクエスト）

5-1-2　テストの種類

　事前に要件を定義したところで、次のようなパターンでテストを行います。

・性能テスト　　通常時のユーザ数、リクエスト数で行うテスト
・負荷テスト　　ピーク時のユーザ数、リクエスト数で行うテスト
・破壊テスト　　システムの限界までユーザ数やリクエスト数を上げ続けるテスト

　ベンチマークを実施する際、できる限り高性能のクライアントとネットワーク環境を用意し、Web サーバ以外の要因でボトルネックが発生しないようにします[注1]。また運用中のシステムに対し性能評価を行う際は、サービスに支障がない日時や時間を選択します。

[注1] 意図的に劣悪なネットワークやマシーンを用意して評価試験を行うこともあります。

5-2 現状の把握

最適なパフォーマンスを見いだすには、CPU やメモリ、ストレージといったサーバのリソースに関するさまざまなデータをモニタしながら、最適な値を設定する必要があります。

5-2-1 サーバのリソースを調べる

サーバの稼働状況を知るには、「**ps**」や「**top**」といったコマンドで、実行中のプロセスに関する情報を表示します。

ps コマンドでは、出力結果の「**VSZ**」列と「**RSS**」列の値に注目します（図 5-2-1）。VSZ はプロセスの仮想メモリサイズ、RSS はプロセスが使用している物理メモリサイズを表します。単位は K バイトです。

図 5-2-1 ps コマンドの実行例

```
# ps aux | grep 'USER¥|apache' | grep -v grep
(※ ps の出力結果を、grep コマンドにパイプし、「USER」または「apache」を含む行だけ表示しています。
また「grep -v grep」で、grep そのものを対象から外しています)
USER       PID %CPU %MEM    VSZ   RSS TTY      STAT START   TIME COMMAND
apache    2576  0.0  0.9  25448  4824 ?        S    12:42   0:00 /usr/sbin/httpd
apache    2577  0.0  0.9  25528  4612 ?        S    12:42   0:00 /usr/sbin/httpd
apache    2578  0.0  0.9  25528  4612 ?        S    12:42   0:00 /usr/sbin/httpd
apache    2579  0.0  0.9  25528  4612 ?        S    12:42   0:00 /usr/sbin/httpd
apache    2580  0.0  0.9  25528  4612 ?        S    12:42   0:00 /usr/sbin/httpd
apache    2581  0.0  0.9  25528  4612 ?        S    12:42   0:00 /usr/sbin/httpd
apache    2582  0.0  0.9  25528  4612 ?        S    12:42   0:00 /usr/sbin/httpd
apache    2583  0.0  0.9  25528  4612 ?        S    12:42   0:00 /usr/sbin/httpd
apache    2584  0.0  0.9  25528  4612 ?        S    12:42   0:00 /usr/sbin/httpd
```

top コマンドでは VIRT と RES の値に注目します。「**VIRT**」はプロセスが使用している仮想メモリサイズ、「**RES**」はプロセスが使用している物理メモリサイズになります。ps コマンド同様、単位は K バイトです。top コマンドの場合、サーバが使用している仮想メモリの情報も併せて見ることができます。次の例では仮想メモリ 756728K バイトのうち、8K バイトが使用されていることがわかります。

図 5-2-2 top コマンドの実行例

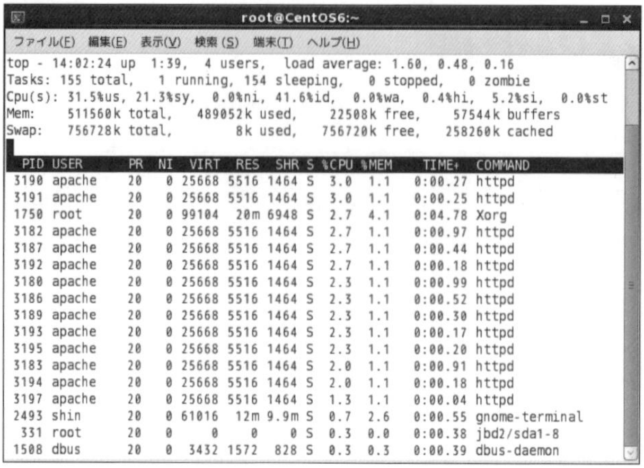

```
root@CentOS6:~                                          _ □ ×
ファイル(F) 編集(E) 表示(V) 検索(S) 端末(T) ヘルプ(H)
top - 14:02:24 up 1:39, 4 users, load average: 1.60, 0.48, 0.16
Tasks: 155 total,   1 running, 154 sleeping,   0 stopped,   0 zombie
Cpu(s): 31.5%us, 21.3%sy,  0.0%ni, 41.6%id,  0.0%wa,  0.4%hi,  5.2%si,  0.0%st
Mem:    511560k total,   489052k used,    22508k free,    57544k buffers
Swap:   756728k total,        8k used,   756720k free,   258260k cached

  PID USER      PR  NI  VIRT  RES  SHR S %CPU %MEM    TIME+  COMMAND
 3190 apache    20   0 25668 5516 1464 S  3.0  1.1   0:00.27 httpd
 3191 apache    20   0 25668 5516 1464 S  3.0  1.1   0:00.25 httpd
 1750 root      20   0 99104  20m 6948 S  2.7  4.1   0:04.78 Xorg
 3182 apache    20   0 25668 5516 1464 S  2.7  1.1   0:00.97 httpd
 3187 apache    20   0 25668 5516 1464 S  2.7  1.1   0:00.44 httpd
 3192 apache    20   0 25668 5516 1464 S  2.7  1.1   0:00.18 httpd
 3180 apache    20   0 25668 5516 1464 S  2.3  1.1   0:00.99 httpd
 3186 apache    20   0 25668 5516 1464 S  2.3  1.1   0:00.52 httpd
 3189 apache    20   0 25668 5516 1464 S  2.3  1.1   0:00.30 httpd
 3193 apache    20   0 25668 5516 1464 S  2.3  1.1   0:00.17 httpd
 3195 apache    20   0 25668 5516 1464 S  2.3  1.1   0:00.28 httpd
 3183 apache    20   0 25668 5516 1464 S  2.0  1.1   0:00.91 httpd
 3194 apache    20   0 25668 5516 1464 S  2.0  1.1   0:00.18 httpd
 3197 apache    20   0 25668 5516 1464 S  1.3  1.1   0:00.04 httpd
 2493 shin      20   0 61016  12m 9.9m S  0.7  2.6   0:00.55 gnome-terminal
  331 root      20   0     0    0    0 S  0.3  0.0   0:00.38 jbd2/sda1-8
 1508 dbus      20   0  3432 1572  828 S  0.3  0.3   0:00.39 dbus-daemon
```

5-2-2 プロセスが消費するメモリ量とプロセス数の限界

Apache が消費するメモリ量の算出は困難です。画像や HTML ファイルといった静的コンテンツの場合と、Perl や PHP といった動的コンテンツの場合では、メモリ消費量の見積もり方法も変わります。多くの場合、静的コンテツで数 M バイト、動的コンテンツで 20～30M バイトと、経験をもとに判断することになります。あとは ps や top などのコマンドで、スワップへの書き込みが発生しないよう、サーバを稼働させながら調整する必要があります。なお、プロセス数には OS の限界があります。Linux では **ulimit** コマンドで起動可能なプロセス数の上限を確認できます（図 5-2-3）。必要なら変更することもできます。

図 5-2-3 ulimit によるシステムリソース変更

・現在値の確認

```
# ulimit -a         (「-a」で現在の値を確認)
core file size          (blocks, -c) 0
data seg size           (kbytes, -d) unlimited
scheduling priority             (-e) 0
file size               (blocks, -f) unlimited
pending signals                 (-i) 3893
max locked memory       (kbytes, -l) 64
max memory size         (kbytes, -m) unlimited
open files                      (-n) 1024
pipe size            (512 bytes, -p) 8
POSIX message queues     (bytes, -q) 819200
real-time priority              (-r) 0
stack size              (kbytes, -s) 10240
cpu time               (seconds, -t) unlimited
max user processes              (-u) 1024    ←最大プロセス数
```

```
virtual memory          (kbytes, -v) unlimited
```

・最大プロセス数の変更
```
# ulimit -u 10000       ←「max user processes」の値を 10000 に変更）
# ulimit -a             ←再度確認
... 省略 ...
max user processes              (-u) 10000      ←変更されていることを確認
... 省略 ...
```

5-2-3　mod_status の利用

　httpd.conf の設定値が適切なものかどうか、どれくらいリソースを消費しているか、こうした Apache の稼働ステータスをモニタするには、拡張モジュールの「mod_status」をインストールし設定します。Apache をバイナリパッケージで導入している場合、たいてい mod_status はインストール済みです。ソースからインストールしている場合、configure 実行時に「--enable-module=status」オプションを付けておく必要があります。モジュールファイルをインストールした後、httpd.conf に図 5-2-4 のような設定を加えます。

図 5-2-4 Apache のステータスモニタを設定する
```
# モジュールの読み込み。パスは適宜変更します。
LoadModule status_module modules/mod_status.so

ExtendedStatus On                               ←追加情報を表示

<Location /server-status>
    SetHandler server-status
    Order deny,allow
    Deny from all
    Allow from 192.168.0. 10.0.1.2 127.0.0.1    ←ホスト認証によるアクセス制限（詳細は 11 章を参照）
</Location>
```

　不正アクセスされないよう、クライアントの IP アドレスやネットワークアドレスでアクセス制限を設定します。なお「**ExtendedStatus On**」を追加することで、1 秒あたりのリクエスト処理数をはじめ、より詳細な情報を見ることができます。設定完了後、apachectl（または apache2ctl）を使って Apache を再起動し、アクセスを許可されたクライアントから「**http:// ホスト名 /server-status**」に接続します（図 5-2-5）。

図 5-2-5 mod_status によるステータス表示

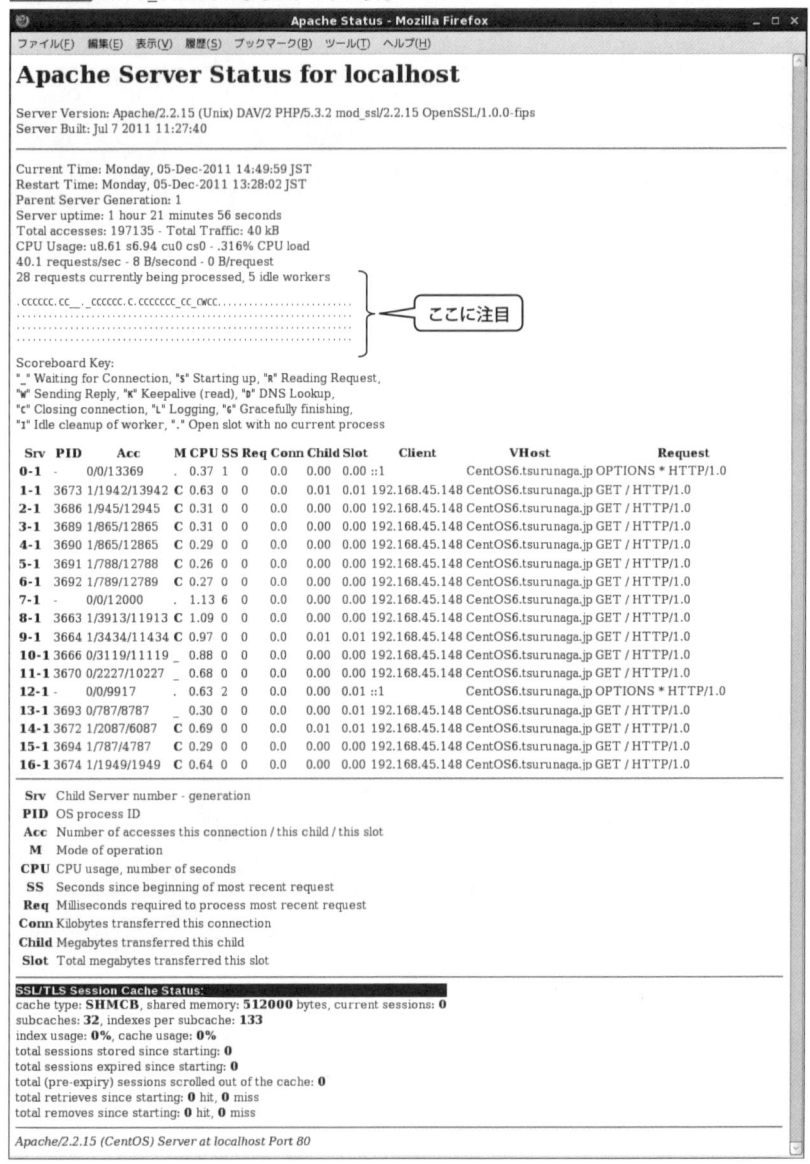

```
Apache Server Status for localhost

Server Version: Apache/2.2.15 (Unix) DAV/2 PHP/5.3.2 mod_ssl/2.2.15 OpenSSL/1.0.0-fips
Server Built: Jul 7 2011 11:27:40

Current Time: Monday, 05-Dec-2011 14:49:59 JST
Restart Time: Monday, 05-Dec-2011 13:28:02 JST
Parent Server Generation: 1
Server uptime: 1 hour 21 minutes 56 seconds
Total accesses: 197135 - Total Traffic: 40 kB
CPU Usage: u8.61 s6.94 cu0 cs0 - .316% CPU load
40.1 requests/sec - 8 B/second - 0 B/request
28 requests currently being processed, 5 idle workers

.CCCCCC.CC__._CCCCCC.C.CCCCCC_CC_CWCC.....................    ← ここに注目
............................................................
............................................................

Scoreboard Key:
"_" Waiting for Connection, "S" Starting up, "R" Reading Request,
"W" Sending Reply, "K" Keepalive (read), "D" DNS Lookup,
"C" Closing connection, "L" Logging, "G" Gracefully finishing,
"I" Idle cleanup of worker, "." Open slot with no current process
```

Srv	PID	Acc	M	CPU	SS	Req	Conn	Child	Slot	Client	VHost	Request
0-1	-	0/0/13369	.	0.37	1	0	0.0	0.00	0.00	::1	CentOS6.tsurunaga.jp	OPTIONS * HTTP/1.0
1-1	3673	1/1942/13942	C	0.63	0	0	0.0	0.01	0.01	192.168.45.148	CentOS6.tsurunaga.jp	GET / HTTP/1.0
2-1	3686	1/945/12945	C	0.31	0	0	0.0	0.00	0.00	192.168.45.148	CentOS6.tsurunaga.jp	GET / HTTP/1.0
3-1	3689	1/865/12865	C	0.31	0	0	0.0	0.00	0.00	192.168.45.148	CentOS6.tsurunaga.jp	GET / HTTP/1.0
4-1	3690	1/865/12865	C	0.29	0	0	0.0	0.00	0.00	192.168.45.148	CentOS6.tsurunaga.jp	GET / HTTP/1.0
5-1	3691	1/788/12788	C	0.26	0	0	0.0	0.00	0.00	192.168.45.148	CentOS6.tsurunaga.jp	GET / HTTP/1.0
6-1	3692	1/789/12789	C	0.27	0	0	0.0	0.00	0.00	192.168.45.148	CentOS6.tsurunaga.jp	GET / HTTP/1.0
7-1	-	0/0/12000	.	1.13	6	0	0.0	0.00	0.00	192.168.45.148	CentOS6.tsurunaga.jp	GET / HTTP/1.0
8-1	3663	1/3913/11913	C	1.09	0	0	0.0	0.00	0.00	192.168.45.148	CentOS6.tsurunaga.jp	GET / HTTP/1.0
9-1	3664	1/3434/11434	C	0.97	0	0	0.0	0.01	0.01	192.168.45.148	CentOS6.tsurunaga.jp	GET / HTTP/1.0
10-1	3666	0/3119/11119	_	0.88	0	0	0.0	0.00	0.00	192.168.45.148	CentOS6.tsurunaga.jp	GET / HTTP/1.0
11-1	3670	0/2227/10227	_	0.68	0	0	0.0	0.00	0.00	192.168.45.148	CentOS6.tsurunaga.jp	GET / HTTP/1.0
12-1	-	0/0/9917	.	0.63	2	0	0.0	0.00	0.01	::1	CentOS6.tsurunaga.jp	OPTIONS * HTTP/1.0
13-1	3693	0/787/8787	_	0.30	0	0	0.0	0.00	0.01	192.168.45.148	CentOS6.tsurunaga.jp	GET / HTTP/1.0
14-1	3672	1/2087/6087	C	0.29	0	0	0.0	0.01	0.01	192.168.45.148	CentOS6.tsurunaga.jp	GET / HTTP/1.0
15-1	3694	1/787/4787	C	0.29	0	0	0.0	0.00	0.00	192.168.45.148	CentOS6.tsurunaga.jp	GET / HTTP/1.0
16-1	3674	1/1949/1949	C	0.64	0	0	0.0	0.00	0.00	192.168.45.148	CentOS6.tsurunaga.jp	GET / HTTP/1.0

```
 Srv  Child Server number - generation
 PID  OS process ID
 Acc  Number of accesses this connection / this child / this slot
   M  Mode of operation
 CPU  CPU usage, number of seconds
  SS  Seconds since beginning of most recent request
 Req  Milliseconds required to process most recent request
Conn  Kilobytes transferred this connection
Child  Megabytes transferred this child
Slot  Total megabytes transferred this slot
```

SSL/TLS Session Cache Status:
cache type: **SHMCB**, shared memory: **512000** bytes, current sessions: **0**
subcaches: **32**, indexes per subcache: **133**
index usage: **0%**, cache usage: **0%**
total sessions stored since starting: **0**
total sessions expired since starting: **0**
total (pre-expiry) sessions scrolled out of the cache: **0**
total retrieves since starting: **0** hit, **0** miss
total removes since starting: **0** hit, **0** miss

Apache/2.2.15 (CentOS) Server at localhost Port 80

mod_status では次の点に着目し、場合によっては設定を見直します。

・「W」や「R」で埋め尽くされ、プロセス数の上限に達していないか確認します。達している場合には、「MaxClients」ディレクティブ[※]の値を上げます。

- 「.」が多いようなら、「MaxClients」ディレクティブの値が大き過ぎるため、減らします。（「.」の最大数は「MaxClients」で指定した個数ではなく、「ServerLimit」※で指定した個数を表示しています。そのため MaxClients より ServerLimit の値が大きいと、使い切らない「.」が残ります。）
- 「_」で埋め尽くされるようなら、無駄な待機プロセスが起動しています。「MinSpareServers／MaxSpareServers」※ディレクティブの値を下げてサーバリソースの消費を抑えるようにします。
- 「D」の表示が見られるようなら DNS 問い合わせでボトルネックが発生しています。通常は一瞬で終わる作業のため、長く表示されることはありません。log 出力などで DNS 問い合わせを行わないようにするには、httpd.conf で「HostnameLookups」ディレクティブで「Off」とします※。

※この後、「5-4-7　DNS 問い合わせを無効にする」で解説します。

　URL に「?auto」を付加した「**http://ホスト名/server-status?auto**」を指定することで、HTML タグを省いた文字列としてサーバステータスを取得できます（図5-2-6）。文字列を処理するスクリプトを自作してデータを定期的に取得するなど、さまざまな方法でデータを活用できます。

図 5-2-6 文字列で取得した Apache のステータス

```
Total Accesses: 267531
Total kBytes: 53
CPULoad: .440583
Uptime: 6042
ReqPerSec: 44.2786
BytesPerSec: 8.98246
BytesPerReq: .202862
BusyWorkers: 15
IdleWorkers: 7
Scoreboard: CCCCCC_C_C__..._.....C...CC.C.CC_..W.................................省略....
```

5-2-4　ログの設定

　Apache の稼働状況をモニタする上で、日々のログ確認は欠かせません。Apache はアクセスログやエラーログのほか、さまざまなロギングに対応しています。またログのフォーマットを独自に定義した「**カスタムログ**」を用いることで、URL 参照元やクライアント情報などをログ出力に加えることができます（図 5-2-7）。

図 5-2-7 Apache のログ設定例

```
# モジュールの読み込み。パスは適宜変更します。
LoadModule log_config_module modules/mod_log_config.so
LoadModule logio_module modules/mod_logio.so
```

```
# エラーログの設定
ErrorLog logs/error_log          ←エラーログの出力先を設定
LogLevel warn                    ←ログレベルを設定

# カスタムログの設定
LogFormat "%h %l %u %t ¥"%r¥" %>s %b ¥"%{Referer}i¥" ¥"%{User-Agent}i¥" %T" combined
←フォーマット「combined」の定義
CustomLog logs/access_log combined
←ログの出力パスと使用するフォーマットに「combined」を指定
```

Apacheは「**mod_log_config**」拡張モジュールを使ってログ機能を拡張できます。アクセスログには通常、「**TransferLog**」ディレクティブを使用しますが、「**CustomLog**」ディレクティブでカスタムログを指定できます（**図5-2-8**）。引数にログファイルのパスと、使用する書式のニックネームを指定します。ログのファイルのパスは「/」で始まらない限り、「**ServerRoot**」ディレクティブで指定されたパスからの相対パスとして扱われます。

図 5-2-8 httpd.conf（ログのカスタマイズ）

```
# モジュールの読み込み。パスは適宜変更します。
LoadModule log_config_module modules/mod_log_config.so
LoadModule logio_module modules/mod_logio.so

# 通常のアクセスログ設定（※フォーマットが指定されていないときは
「Common Log Format（CLF）」が使われます）
TransferLog logs/access_log

# 独自フォーマットのアクセスログを使用する場合
LogFormat "%h %l %u %t ¥"%r¥" %>s %b ¥"%{Referer}i¥" ¥"%{User-Agent}i¥"" combined
CustomLog logs/access_log combined
```

ログのフォーマットには「**combined ／ common ／ combinedio ／ referer ／ agent**」[注2]といったものをデフォルトで利用できます。より詳細な情報が必要な場合は「**combined**」または「**combinedio**」を使用します（**図5-2-9**）。「**combinedio**」は「**combined**」ログに送受信バイト数のフィールドを追加したものですが、「**mod_logio**」拡張モジュールが必要になります。

図 5-2-9 combined ／ common ／ combinedio ／ referer ／ agent によって出力されるログの例

・combined
```
192.168.45.128 - - [05/Dec/2011:15:20:33 +0900] "GET / HTTP/1.1" 403 5039 "-" "Mozilla/5.0 (Windows NT 5.1) AppleWebKit/534.52.7 (KHTML, like Gecko) Version/5.1.2 Safari/534.52.7"
```

・common
```
192.168.45.128 - - [05/Dec/2011:15:22:47 +0900] "GET / HTTP/1.1" 403 5039
```

[注2] Apacheのインストール方法によっては、referer ／ agent が定義されていない場合があります。

・combinedio

```
192.168.45.128 - - [05/Dec/2011:15:22:47 +0900] "GET / HTTP/1.1" 403 5039 "-" "Mozilla/5.0
(Windows NT 5.1) AppleWebKit/534.52.7 (KHTML, like Gecko) Version/5.1.2 Safari/534.52.7"
332 5187
```

・referer

```
- → /
http://192.168.45.148/ → /icons/apache_pb.gif
http://192.168.45.148/ → /icons/poweredby.png
```

・agent

```
Mozilla/5.0 (Windows NT 5.1) AppleWebKit/534.52.7 (KHTML, like Gecko) Version/5.1.2
Safari/534.52.7
```

ログのフォーマットを独自に定義するには、「**LogFormat**」ディレクティブを使って、**図 5-2-10** のように設定します。フォーマットの定義には、「**% h**」や「**% l**」のようなフォーマット記述子を使用します（**図 5-2-11**）。使用したフォーマット記述子の内容は、**表 5-2-1** のとおりです。

図 5-2-10 「LogFormat」ディレクティブで独自フォーマットを定義

```
LogFormat "%h %l %u %t ¥"%r¥" %>s %b" common     ←「common」フォーマットを定義
CustomLog logs/access_log common
```

図 5-2-11 独自フォーマットのログとフォーマット記述子の対比

```
127.0.0.1 - frank [10/Oct/2000:13:55:36 -0700] "GET /apache_pb.gif HTTP/1.0" 200 2326
    %h   %l %u          %t                         ¥"%r¥"              %>s  %b
```

表 5-2-1 図 5-2-11 で使用したフォーマット記述子の意味

フォーマット内容	内容
%h	これはサーバへリクエストをしたクライアント（リモートホスト）の IP アドレスです。HostnameLookups が On の場合は、サーバはホスト名を調べて、IP アドレスが書かれているところに記録します。しかし、この設定はサーバをかなり遅くするので、あまりお勧めできません。そうではなく、logresolve のようなログの後処理を行うプログラムでホスト名を調べるのが良いでしょう。ここに報告される IP アドレスは必ずしもユーザが使っているマシンのものであるとは限りません。ユーザとサーバの間にプロキシサーバがあれば、このアドレスは元のマシンのものではなく、プロキシのアドレスになります。
%l	出力中の「ハイフン」は要求された情報が手に入らなかったということを意味します。この場合、取得できなかった情報はクライアントのマシンの identd により決まる RFC 1413 のクライアントのアイデンティティです。この情報はあまり信用することができず、しっかりと管理された内部ネットワークを除いては使うべきではありません。Apache は IdentityCheck が On になっていない限り、この情報を得ようとすらしません。

%u	これは HTTP 認証による、ドキュメントをリクエストした人のユーザ ID です。CGI スクリプトには通常同じ値が REMOTE_USER 環境変数として与えられます。リクエストのステータスコード（以下を参照）が 401 であった場合は、ユーザは認証に失敗しているので、この値は信用できません。ドキュメントがパスワードで保護されていない場合は、このエントリは前のものと同じように「-」になります。
%t	サーバがリクエストの処理を終えた時刻です。ログのフォーマット文字列に「% {format} t」を指定することで、別の形式で時刻を表示させることもできます。
¥"%r¥"	クライアントからのリクエストが二重引用符の中に示されています。リクエストには多くの有用な情報があります。まず、この場合クライアントが使ったメソッドは GET です。次に、クライアントはリソース /apache_pb.gif を要求しました。そして、クライアントはプロトコル HTTP/1.0 を使用しました。リクエストの各部分を独立にログ収集することもできます。例えば、フォーマット文字列「% m % U% q % H」はメソッド、パス、クエリ文字列、プロトコルをログ収集し、結局「% r」とまったく同じ出力になります。
%>s	サーバがクライアントに送り返すステータスコードです。この情報は、リクエストが成功応答（2 で始まるコード）であったか、リダイレクション（3 で始まるコード）であったか、クライアントによるエラー（4 で始まるコード）であったか、サーバのエラー（5 で始まるコード）であったか、を現すので非常に大切です。ステータスコードの完全なリストは HTTP 規格（RFC2616 第 10 節）にあります。
%b	この最後のエントリはクライアントに送信されたオブジェクトの、応答ヘッダを除いたサイズを表します。コンテントがクライアントに送られなかった 場合は、この値は「-」になります。コンテントが無い場合に「0」をログ収集するには、% b ではなく% B を使ってください。

※ http://httpd.apache.org/docs/2.2/ja/logs.html より引用

ほかにも、**表 5-2-2** のようなフォーマット記述子を使用できます。

表 5-2-2 その他のフォーマット記述子

フォーマット文字列	説明
%%	パーセント記号
%a	リモート IP アドレス
%A	ローカル IP アドレス
%B	レスポンスのバイト数。HTTP ヘッダは除く
%b	レスポンスのバイト数。HTTP ヘッダは除く。CLF 書式。すなわち、1 バイトも送られなかったときは 0 ではなく、「-」になる
%{Foobar}C	サーバに送られたリクエスト中のクッキー Foobar の値
%D	リクエストを処理するのにかかった時間、マイクロ秒単位
%{FOOBAR}e	環境変数 FOOBAR の内容
%f	ファイル名
%h	リモートホスト
%H	リクエストプロトコル
%{Foobar}i	サーバに送られたリクエストの Foobar: ヘッダの内容
%l	(identd からもし提供されていれば) リモートログ名。これは mod_ident がサーバに存在して、IdentityCheck ディレクティブが On に設定されていない限り、「-」になります。
%m	リクエストメソッド
%{Foobar}n	他のモジュールからのメモ Foobar の内容
%{Foobar}o	応答の Foobar: ヘッダの内容

%p	リクエストを扱っているサーバの正式なポート	
%P	リクエストを扱った子プロセスのプロセスID	
%{format}P	リクエストを扱ったワーカーのプロセスIDかスレッドID。formatとして有効な値はpid、tid、hextidです。hextidを使うにはAPR 1.2.0以降が必要です。	
%q	問い合せ文字列（存在する場合は前に「?」が追加される。そうでない場合は空文字列）	
%r	リクエストの最初の行	
%s	ステータス。内部でリダイレクトされたリクエストは、元々のリクエストのステータス --- 最後のステータスは「%>s」	
%t	リクエストを受け付けた時刻。CLFの時刻の書式（標準の英語の書式）	
%{format}t	formatで与えられた書式による時刻。formatはstrftime[注3]の書式である必要がある（地域化されている可能性がある）	
%T	リクエストを扱うのにかかった時間、秒単位	
%u	リモートユーザ（認証によるもの。ステータス「(%s)」が401のときは意味がないものである可能性がある）	
%U	リクエストされたURLパス。クエリ文字列は含まない	
%v	リクエストを扱っているサーバの正式なServerName	
%V	UseCanonicalNameの設定によるサーバ名	
%X	応答が完了したときの接続ステータス： X =応答が完了する前に接続が異常終了 + =応答が送られた後に接続を持続することが可能 - =応答が送られた後に接続が切られる	
%I	リクエストとヘッダを含む、受け取ったバイト数。0にはならない。これを使用するためにはmod_logioが必要	
%O	ヘッダを含む、送信したバイト数。0にはならない。これを使用するためにはmod_logioが必要	

※ http://httpd.apache.org/docs/2.2/ja/mod/mod_log_config.html より引用

　Apacheのエラーログには、リクエスト処理で発生するエラー以外にも動作に関する重要なエラーが記録されます。フォーマットを変更することはできませんが、LogLevelディレクティブでログレベルを変えることができます。通常は「**warn**」レベルより深刻なエラーだけが出力されますが、ログレベルを「**info**」に引き下げることで、より詳細にエラーを記録できます（**図5-2-12**）。

図5-2-12　httpd.conf（ログのカスタマイズ）

```
#エラーログの出力設定
ErrorLog /var/log/httpd/error_log
LogLevel info          ←ログレベルを引き下げる（warnがデフォルト）
```

　ログを有効に活用するには、単に記録するだけでなく、記録されたファイルを適切に保管し整理しておくことも重要になります。Apacheのデフォルトでは永久に1つのファイルの末尾に新たなログを追加し続けます。そのため稼働時間が長くな

[注3] C言語のstrftime関数を参考にします。

れば、それに比例し、巨大なログファイルを生成することになります。単に保存しているという状態では、日付でログを検索したり、日毎のアクセス状況を確認するにも支障をきたします。Linuxでは「**logrotate**」などの外部ツールによって、日毎にログローテーションを行い、古いログは消去されます。

ログローテーションに、Apacheに付属する「**rotatelogs**」コマンドを使うことができます。rotatelogsの引数にはファイル名とローテーション間隔秒数を指定します（図5-2-13）。秒数のほか、ファイルサイズを指定することもできます。ファイルサイズが指定したサイズに達すると、ローテーションを実施するよう設定できます（図5-2-14）。なお指定されたファイル名にタイムスタンプを付加したものが、ログのファイル名として使用されます。タイムスタンプではなく「20111210」のように、日常的な日付を用いるには図5-2-15のように設定します。日付フォーマットの詳細は「**$ man rotatelogs**」などで確認します。なおrotatelogsは古くなったファイルを自動で削除しないため、管理者が手動で削除します。

図 5-2-13 httpd.conf（1日（86400秒）毎にローテーションを実施する場合）

```
CustomLog "|rotatelogs /var/log/httpd/access_log 86400" combined
ErrorLog "|rotatelogs /var/log/httpd/error_log 86400"
```

※ Apacheのインストール方法によってはrotatelogsをフルパスで指定します

図 5-2-14 httpd.conf（ログファイルが5Mを超えたときにローテーションを実施する場合）

```
CustomLog "|rotatelogs /var/log/httpd/access_log 5M" combined
```

※ Apacheのインストール方法によってはrotatelogsをフルパスで指定します

図 5-2-15 httpd.conf（ログファイル名にYYYYMMDDを用いる場合）

```
CustomLog "|rotatelogs /var/log/httpd/access_log.%Y%m%d 86400" combined
```

※ Apacheのインストール方法によってはrotatelogsをフルパスで指定します

Apache独自のログ出力を使用せず、「**Syslog（シスログ）**」に集約することもできます。ローカルホストのSyslogデーモンにApacheのエラーログを出力するには、図5-2-16のように設定します。デフォルトでは、Syslogファシリティに「**local7**」を使用しますが、図5-2-17のように変更することもできます。

図 5-2-16 Syslogを介してエラーログを出力

```
ErrorLog syslog
```

図 5-2-17 Syslogのファシリティを変更する場合

```
ErrorLog syslog:local7
```

5-3 ベンチマーク

　ベンチマークソフトには、市販製品のほか、オープンソースのものもあります。本書はオープンソース系ベンチマークを2つ取り上げます。1つは定番の「**ApacheBench**」、もう1つは高機能な「**JMeter**」です。

5-3-1　ApacheBench による手軽なベンチマーク

　「**ApacheBench**」はApacheに付属しており、Apacheがインストールされていれば ApacheBench は利用できます。ベンチマークを実行するには、コマンドラインで「**ab**」を実行します。リクエスト数や同時接続数をコマンドラインオプションに指定できるため、目的に応じて負荷を調整できます。しかしベンチマークの対象になるWebサーバを、単一のURLでしか指定できません。実際には、画像やドキュメントなどの静的コンテンツや、CGIやSSIを使った動的コンテンツなど、さまざまなコンテンツが1つのWebサーバに混在しており、システム全体の性能評価を行うには、各URLを使用頻度に則った割合で参照させるなどの細工が必要です。ApacheBench では、そうした複雑な計測を行えませんが、面倒なインストールや、複雑なシミュレーションシナリオを用意する手間は不要です。**図 5-3-1** のようにWebサーバのURLを引数に指定し「**ab**」コマンドを実行します。abのコマンドラインオプションは**表 5-3-1** のとおりです。

図 5-3-1 ApacheBench の実行例

```
$ ab -n 1000 -c 10 http://192.168.○.○/
(※「-n」でリクエスト回数を、「-c」で同時アクセス数を指定します。)
This is ApacheBench, Version 2.4 <$Revision: 655654 $>
Copyright 1996 Adam Twiss, Zeus Technology Ltd, http://www.zeustech.net/
Licensed to The Apache Software Foundation, http://www.apache.org/

Benchmarking 192.168.○.○ (be patient)
Completed 100 requests
Completed 200 requests
Completed 300 requests
Completed 400 requests
Completed 500 requests
Completed 600 requests
Completed 700 requests
Completed 800 requests
Completed 900 requests
Completed 1000 requests
```

```
Finished 1000 requests


Server Software:        Apache/2.2.15
Server Hostname:        192.168.○.○
Server Port:            80

Document Path:          /
Document Length:        6 bytes

Concurrency Level:      10
Time taken for tests:   0.465 seconds
Complete requests:      1000
Failed requests:        0
Write errors:           0
Total transferred:      272897 bytes
HTML transferred:       6042 bytes
Requests per second:    2149.86 [#/sec] (mean)
Time per request:       4.651 [ms] (mean)
Time per request:       0.465 [ms] (mean, across all concurrent requests)
Transfer rate:          572.94 [Kbytes/sec] received

Connection Times (ms)
              min  mean[+/-sd] median   max
Connect:        0    2   2.0      2      26
Processing:     1    3   2.0      2      26
Waiting:        0    2   1.8      1      20
Total:          3    5   2.9      3      29

Percentage of the requests served within a certain time (ms)
  50%      3
  66%      4
  75%      5
  80%      6
  90%      8
  95%      9
  98%     11
  99%     26
 100%     29 (longest request)
```

表 5-3-1 ab の主なコマンドラインオプション

オプション	内容
-n 数値	リクエスト回数を指定
-c 数値	同時アクセス数を指定
-t 数値	サーバレスポンスの待ち時間を指定（単位：秒）
-p ファイル名	サーバへ送信するファイルがある場合に指定
-T コンテンツタイプ	サーバへ送信するコンテンツヘッダを指定
-v 数値	指定した数値に応じた動作情報を表示
-w	結果を HTML で出力

-C 'Cookie 名称 = 値 '	Cookie 値を渡してテストする場合に指定
-A ユーザー名 : パスワード	ベーシック認証が必要な場合に指定
-X プロキシサーバ名 : ポート番号	プロキシ経由でリクエストする場合に指定
-V	ab のバージョンを表示
-k	HTTP KeepAlive を有効にする
-g ファイル名	「Percentage of the requests...」の結果を gnuplot のフォーマットでファイルに書き出す
-e ファイル名	「Percentage of the requests...」の結果を CSV フォーマットでファイルに書き出す
-h	ab のヘルプを表示

表 5-3-2 ab のレポート内容

項目	内容
Server Software:	評価対象となる Web サーバが使用しているソフトウェア
Server Hostname:	評価対象のホスト名または IP アドレス
Server Port:	評価対象のサービスポート番号
Document Path:	評価対象となる Web サーバのドキュメント
Document Length:	評価対象となる Web サーバのドキュメントの容量
Concurrency Level:	同時アクセス数 (-c オプションで指定した値)
Time taken for tests:	評価に要した総時間数
Complete requests:	総リクエスト数※
Failed requests:	失敗したリクエスト数※
Write errors:	書き込みエラー
Non-2xx responses:	「URL で指定されたファイルが無い (404 File Not Found)」のようにレスポンスコードが 200 番台でなかった応答数(0 の場合は表記されない)
Total transferred:	送受信した総バイト数
HTML transferred:	HTML を送受信したバイト数
Requests per second:	1 秒あたりの平均処理リクエスト数※
Time per request:	1 リクエストあたりの平均処理時間※
Transfer rate:	1 秒あたりに受け取ったバイト数※
Connection Times (ms)	接続時間 (Connect) ／処理時間 (Processing) ／待ち時間 (Wait) の最小値 (min) ／平均値と標準偏差 (mean[+/-sd]) ／中央値 (median) ／最大値 (max)※
Percentage of the requests served within a certain time (ms)	ある時間内に処理されたリクエストの割合。"50"　98" なら 50%のリクエストが 98ms 以内に処理されたことを表す

※ とくに注目すべき値

　出力されたレポートの内容は**表 5-3-2** のとおりです。**図 5-3-1** の出力例では、「**Failed requests:**」の値が「0」となっており、すべてのリクエストが問題なく処理されたことがわかります。もしこの値が高ければ、リクエストの処理に失敗しているため、「**Requests per second:**」や「**Time per request:**」といったほかの評価値の信憑性が低くなります。リクエスト処理が失敗する原因として、同時接続数がサー

バの処理能力に追いついていないことが考えられます。

「Non-2xx responses:」が表示されるようなら、評価対象として指定した URL が正しくない可能性があります。CGI などの動的コンテンツを評価対象にしているのなら、アプリケーションが何らかの理由で 200 番台以外のレスポンスコードを返していることが考えられます。サーバのパフォーマンスの問題の前に、アプリケーションエラーの問題を解決する必要があります。「Non-2xx responses:」が高くなると、ほかの評価値の信憑性が低くなります。

「Requests per second:」はパフォーマンスの指標として利用します。この値が高くなるように、サーバの最適化やチューニングを行います。

「Connection Times (ms)」を見ることで、一連のリクエスト処理で、接続時間／処理時間／待ち時間のどこに一番時間を要しているかみることができます。また標準偏差から、それぞれの「時間」のばらつきを見るとことができるため、処理ムラがおきているかどうか調べることができます。同時処理が多くなると処理ムラが発生する傾向にあります。

より実体にそったベンチマークには、複数のクライアントから ApacheBench を行う必要があります。たとえば、あるクライアントは画像や HTML ファイルなどの静的コンテンツに、別のクライアントは CGI のような動的コンテンツに対して行うようにします。CGI やアプリケーションで排他処理[注4]を使用している場合にも、複数のクライアントから ApacheBench を同時に実行し、排他処理を行っている CGI がどういう結果を返してくるか見極めるようにします。そうすることで、アプリケーションの処理性能も含めた Web サーバのパフォーマンスを測ることができます。

5-3-2　JMeter による高度なベンチマーク

「JMeter」は Apache 同様、Apache ソフトウェア財団が提供している Java で作られたベンチマークソフトです。GUI を通してすべての操作が行えます。ApacheBench とは異なり、一度に複数のコンテンツに対しベンチマークを行え、より実体に近いパフォーマンス評価を行うことができます。最新の JMeter なら、HTTP や HTTPS 以外にも、データベースや LDAP、SOAP といったプロトコルのベンチマークもできます。

JMeter を動作させるには、Java の実行環境が必要になるため、事前にインストールしておきます（図 5-3-2）。本書では Linux ディストリビューションの Fedora で JMeter を実行していますが、ほかの Linux ディストリビューションや Windows、Mac でも Java の実行環境さえ整えば、JMeter を実行できます。

[注4] 1つのファイルやデータに同時に更新処理が発生した場合、ファイルの一意性が損なわれるよう、一方の処理が終わるまで、もう一方の処理が待機状態になるようにします。

図 5-3-2 Fedora 16 に Java 実行環境をオンラインインストールする

```
# yum install java-1.6.0-openjdk
# which java            ←javaにパスが通っていることを確認
/usr/bin/java
```

下記サイトから JMeter をダウンロードします。執筆時の最新版は「2.5.1」です。ダウンロードしたアーカイブを展開し、カレントディレクトリ移動後、JMeter を起動します（**図 5-3-3**）。実行にあたっては「**java**」コマンドにパスが通っていることをあらかじめ確認しておきます。実行に成功すると、**図 5-3-4** のような GUI が起動します。文字化けを起こすようなら環境変数 LANG を「**C**」に変更し、英語表記に切り替えます（**図 5-3-5**）。

● 「Apache JMeter」
http://jmeter.apache.org/

図 5-3-3 JMeter のインストールと実行

```
$ tar xvfz jakarta-jmeter-2.5.1.tgz
$ cd jakarta-jmeter-2.5.1/bin/
$ ./jmeter
```

図 5-3-4 JMeter のメイン画面

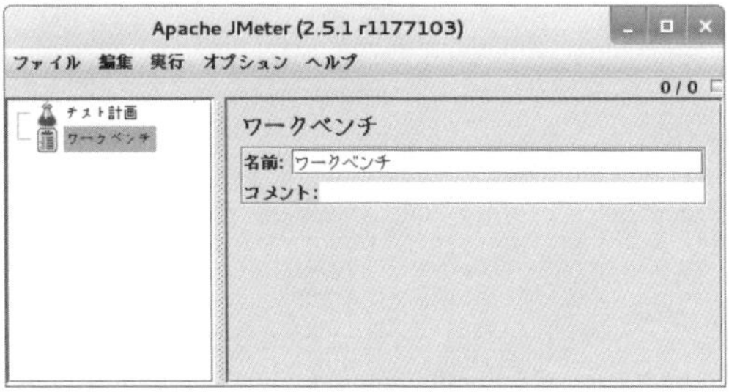

図 5-3-5 環境変数 LANG の変更

```
$ export LANG=C （bash系シェルの場合）
$ setenv LANG C （csh系シェルの場合）
```

JMeter でベンチマークを実行するには、「**テスト計画**」を用意します。ベンチマークで何をするか、時間軸に沿ってテスト内容を設定します。多数の Web ページに対して負荷テストを行う場合など、テスト計画を 1 から作成するのはたいへん面倒です。そこで、JMeter の「**プロキシサーバ**」機能を利用します。JMeter を一時的なプロキシサーバとして稼働させ、プロキシサーバ経由でアクセスした Web ページを、自動的にテスト計画に追加できます。ここでは次の手順で作業をすすめます。

1) スレッドグループの作成・設定
2) HTTP プロキシサーバの作成
3) ブラウザのプロキシ設定、評価対象 URL の参照
4) テスト計画の編集
5) リスナの追加
6) テスト計画の保存
7) テストの実行

● 1) スレッドグループの作成・設定

　まず「**テスト計画**」の中にスレッドグループを作成します。「**テスト計画**」を右クリック→「**追加**」→「Threads(Users)」→「**スレッドグループ**」を選択します。図 5-3-6 のように「テスト計画」アイコンの下に「**スレッドグループ**」が追加されます。スレッドグループをクリックし、「**スレッド数**」と「**ループ回数**」を設定します。ここではそれぞれ 10、100 としています。この値は ApacheBench 同様、同時アクセス数と連続アクセス数になるため、テスト内容に合わせ、一般的な値から高負荷値まで試行錯誤を繰り返しながら設定します。

図 5-3-6 スレッドグループの作成・設定

● 2) HTTP プロキシサーバの作成

　HTTP プロキシサーバをとおして行われたリクエストを、自動的にテスト計画に追加できるよう、JMeter 内部に HTTP プロキシを立ち上げます。ブラウザと Web サーバとの間に介在させ、ブラウザから Web サーバに対し行われるリクエストをトレースし記録します。「**ワークベンチ**」を右クリック→「**追加**」→「**Non-Test エレメント**」→「**HTTP プロキシサーバ**」を選択します。記録を開始する場合は「**開始**」を、記録を終了させる場合には「**停止**」をクリックします。必要であれば「**挿入するパターン**」や「**除外するパターン**」を設定し、記録の対象となる URL を絞り込むようにします。図 5-3-7 の例では末尾が「.gif」や「.jpg」となっている URL は

記録の対象にしないようにしています。

図 5-3-7 HTTP プロキシサーバの作成

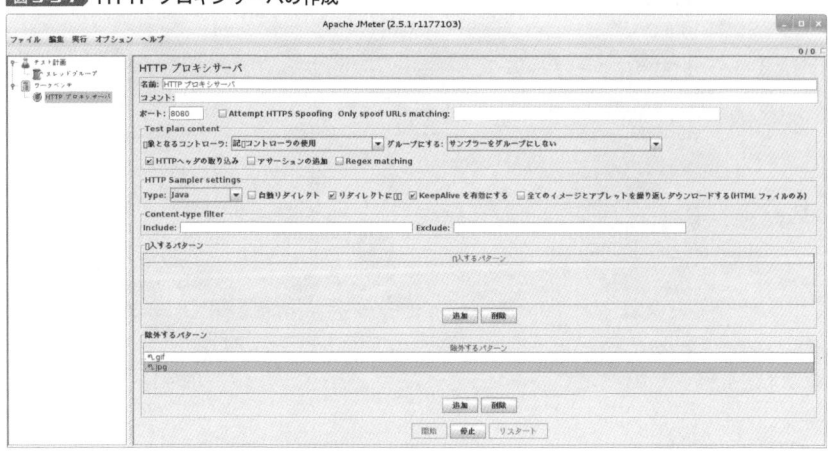

● 3) ブラウザのプロキシ設定、評価対象 URL の参照

　ブラウザの設定を変更し、JMeter 内部の HTTP プロキシサーバを参照するように設定します。プロキシサーバに JMeter を起動したサーバのアドレスを、ポート番号に 8080 番を指定します。設定後、評価対象となるコンテンツに対し、ブラウザでアクセスします。すると閲覧した URL がトレースされ、JMeter の「**スレッドグループ**」アイコンの下に配置されます。もし URL にミスがあったり余分なページを閲覧してしまっても、手動で修正できます。ブラウザによるアクセス完了したところで、JMeter 側の自動トレースを停止します。それには、「**HTTP プロキシ**」の「**停止**」をクリックします。

● 4) テスト計画の編集

　自動で追加された「**スレッドグループ**」アイコン配下の「**リクエスト**」で余分なものがあれば削除します。削除は、対象となるリクエスト上で右クリックし「**削除**」を選択します。削除以外にも URL の修正も「**リクエスト**」をクリックすることで行います。CGI などの動的コンテンツで、サーバに渡すパラメータがある場合にはここで指定します（**図 5-3-8**）。

図 5-3-8 テスト計画の編集

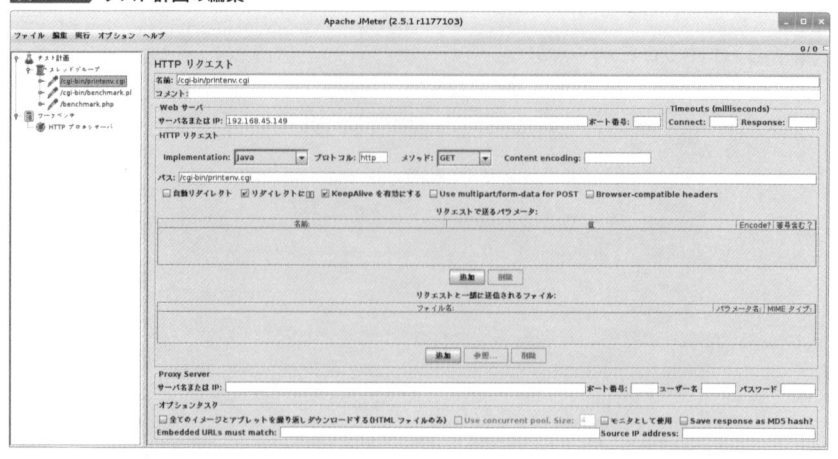

● 5) リスナの追加

評価結果を表示できるよう、「**リスナ**」を追加します。「スレッドグループ」アイコンで右クリック→「追加」→「リスナ」から「**グラフ表示**」や「**統計レポート**」をクリックし、追加します。リスナはスレッド単位だけではなく、リクエスト単位でも作成できます。各リクエストアイコンを右クリックし同じ要領でリスナを追加します。全体の評価とは別に、個々のリクエストごとにレポートを見るような場合に使用します。

● 6) テスト計画の保存

作成したテスト計画を保存します。メニューの「ファイル」→「**テスト計画を保存**」で任意のディレクトリに保存します。

● 7) テストの実行

メニューの「実行」→「**開始**」で作成したテスト計画にしたがいベンチマークを実行します（**図 5-3-9**、**図 5-3-10**）。再度ベンチマークを行う際は、前回のテストの結果をクリアしてからにします。結果のクリアを実行するにはメニューの「実行」→「**すべて消去**」を選択します。

5-3 ベンチマーク

図 5-3-9 実行結果の統計レポート

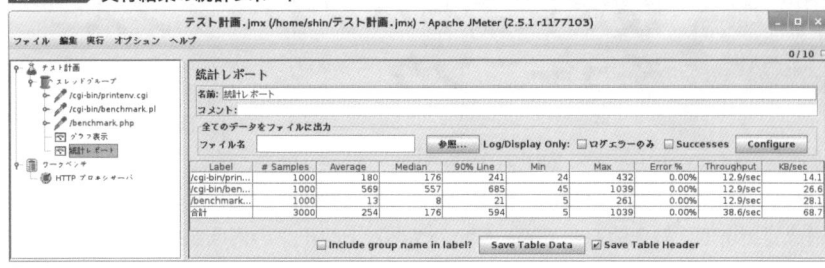

図 5-3-10 実行結果のグラフ表示

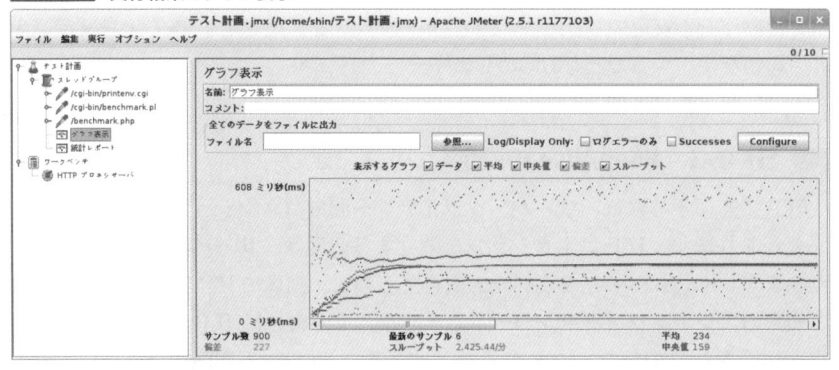

ここでリスナとして追加した「**グラフ表示**」や「**統計レポート**」では図のような結果が表示されます。値の見方や対処法は ApacheBench で紹介したものを参考にします。ApacheBench との違いは、評価対象が単一 URL だけでなく、システム全体の評価も得られる点です。

テスト計画ファイルが保存されていれば、コマンドラインでベンチマークを実行できます。それには、jmeter 実行時に「**-n**」オプションを指定し、「**-t**」オプションでテスト計画ファイルを指定します（**図 5-3-11**）。

図 5-3-11 コマンドラインで JMeter を実行

```
$ ./jmeter -n -t /.../テスト計画.jmx
```

5-4 設定によるパフォーマンスチューニング

　パフォーマンスの見直しは、設定の見直しから始まり、サーバやネットワークの構成変更まで、幅広いものです。サーバやネットワークの構成変更によるパフォーマンスチューニングは、効果は大きいもののコストがかさみます。設定見直しによるチューニングは、コストをかけずに効果を上げるとができます。なお、不用意な設定は動作を不安定にし、かえってパフォーマンスを悪化させます。ひとまずデフォルトの値を使用することをお勧めします。

5-4-1　KeepAlive の設定

　TCP で通信するには、サーバ・クライアント間でコネクションを確立しておく必要があります。TCP コネクションを確立する処理は、サーバに大きな負担がかかります。ホームページを 1 ページ取得するのに、画像や HTML ドキュメントなど複数のコンテンツをダウンロードしますが、そのたびに TCP コネクションの確立と切断を行うのはたいへん非効率です。そこで「**Keep Alive**」を利用します。Keep Alive は 1 つのコネクションを使い回し、1 回の接続で複数のコンテンツを転送します。Keep Alive を利用すれば、TCP コネクションの確立にかかる負担を軽くできます。また、コネクションを効率よく利用でき、同時接続可能なクライアント数を増やすこともできます。

　Apache で Keep Alive を設定するには、「**KeepAlive ／ MaxKeepAliveRequests ／ KeepAliveTimeout**」といったディレクティブ[注5]を使用します（図 5-4-1）。

図 5-4-1 Keep Alive に関する設定項目

```
KeepAlive On
MaxKeepAliveRequests 80
KeepAliveTimeout 15
```

● KeepAlive（デフォルト：On）

　「**On**」にすることで Keep Alive が有効になり、同一クライアントに対しコネクションを使い回すことが可能になります。デフォルトで「On」が指定されており、通常設定を変更する必要はありませんが、古いブラウザを使用した際に、互換性の問題が発生するケースがあり、そうしたケースでは「**Off**」にします。

[注5] Apache の設定では、httpd.conf や .htaccess で行います。設定には「ディレクティブ（Directive）」と呼ばれる記述子を使用します。詳細は 3 章を参考にします。

● MaxKeepAliveRequests（デフォルト：100）

1つのKeep Aliveで受け付けるリクエストの数を指定します。大きな値を設定することで一度の接続で処理できるリクエスト数を増やせる一方、ほかのコネクションが割り込むタイミングが遅れます。1ページの読み込みが完了したらKeep Aliveを終了するように、「**Webページ1つ当たりの平均的なコンテンツ数＋α**」を設定するようにします。なお「**0**」を指定すると、無制限にリクエストを受け付けます。

● KeepAliveTimeout（デフォルト：15）

Keep Aliveが有効だと、コネクションを確立しているクライアントからのリクエストがなくても、「**KeepAliveTimeout**」ディレクティブで指定された秒数の間、コネクションを維持します。長過ぎると、Webページの転送が完了したあともクライアントとのコネクションを維持したままになります。まずはデフォルトの15秒を使用し、コネクション数の過不足を見ながら少しずつ減らすようにします。未使用のコネクションが無駄に残留し、サーバのリソースが消費されることを避ける場合には、2秒といった短い値を設定することもあります。

5-4-2　mod_deflate

「**mod_deflate**」はコンテンツの圧縮転送を可能にする拡張モジュールです。WebクライアントへコンテンツをCPUリソースを消費しますが、転送速度を向上できます。モジュールのインストールや設定は、**9章**を参考にしてください。

5-4-3　不要なモジュールの削除

Apacheは多くのリクエストに応じるため、プロセスやスレッドを複数立ち上げます。プログラムサイズ数kバイトの違いでも、多重起動によりリソースの大量消費につながります。必要な拡張モジュールだけ組み込むことで、プログラムサイズを小さくし、Apacheのパフォーマンスを改善します。DSO方式の拡張モジュールなら、設定ファイルで簡単に有効／無効を切り替えることができます。不要なモジュールを無効にするには、該当するモジュールの「**LoadModule**」ディレクティブをコメントアウトします（**図5-4-2**）。設定を変更した後、Apacheを再起動し、モジュール一覧を表示し確認します（**図5-4-3**）。

図 5-4-2 不要なモジュールを削除する

```
#LoadModule proxy_module modules/mod_proxy.so
#LoadModule proxy_balancer_module modules/mod_proxy_balancer.so
... 省略 ...
```

図 5-4-3 拡張モジュールの一覧表示

```
# httpd -M
```

※ 無効にしたモジュールが一覧にないことを確認します。
※ 実行例は Red Hat 系 Linux ディストリビューションの場合。openSUSE では「httpd2」、Debian ／ Ubuntu では「apache2」コマンドを使用します。

5-4-4 シンボリックリンク先の参照を許可する

　Web コンテンツとして、シンボリックリンク先の参照を許可するには、「**Options**」ディレクティブで「**FollowSymLinks**」を設定しますが、安全性の問題からシンボリック先を参照しないよう設定するのが一般的です。ただし、シンボリックリンクを参照しないように設定すると、リクエストが発生するたびに、対象のファイルやディレクトリがシンボリックかどうかチェックします。UNIX 系 OS では、シンボリックリンクのチェックにシステムコールの「**lstat**」が使われ、その結果はキャッシュされません。そのためパフォーマンスが低下します。パフォーマンスを優先するには、全コンテンツに対し、シンボリックリンク先の参照を許可するように「**FollowSymLinks**」を設定します（図 5-4-4）。

　シンボリックリンクファイルの持ち主とリンク先ファイル / ディレクトリの持ち主が同じだった場合にリンク先を参照することを許可する、「**SymLinksIfOwnerMatch**」も同様です。パフォーマンスを優先するには、「**SymLinksIfOwnerMatch**」を設定しないようにします。どうしても必要なら、必要となるディレクトリにのみ設定します。

図 5-4-4 シンボリックリンクの参照を許可する

```
<Directory />
    Options FollowSymLinks
</Directory>

# シンボリックリンクの参照を不可とする、ディレクトリのみ個別に設定する。
<Directory /home/user/html>
    Options -FollowSymLinks +SymLinksIfOwnerMatch
</Directory>
```

5-4-5 .htaccess を無効にする

Apache の設定には、httpd.conf のほか、.htaccess を利用することもできます[注6]。それには、「**AllowOverride**」ディレクティブで .htaccess で設定可能な項目を指定しますが、リクエストのたびに .htaccess ファイルの有無をチェックするため、パフォーマンスが低下します。パフォーマンスを優先するには、.htaccess を無効にします（図 5-4-5）。

図 5-4-5 .htaccess を無効にする

```
<Directory />
    AllowOverride None
</Directory>
```

5-4-6 Timeout の設定

「TimeOut」ディレクティブを設定すると、次の 3 つの待ち時間を同時に変更します。デフォルトで「300」が指定されており、待ち時間は 5 分に設定されています。より多くのリクエストを処理するには、待ち時間を短くします（図 5-4-6）。ただし、短くし過ぎてクライアントとの接続が頻繁に中断しないようにします。

・GET リクエストを受け取るのにかかる総時間
・POST や PUT リクエストにおいて、次の TCP パケットが届くまでの待ち時間
・レスポンスを返す際、TCP の ACK が帰ってくるまでの時間

図 5-4-6 Timeout の設定

```
Timeout 45        ←単位は秒
```

5-4-7 DNS 問い合わせを無効にする

Apache はクライアントのアドレスをアクセスログやエラーログに記録する際、ドメイン付きホスト名を使用するか、IP アドレスを使用します。その設定を切り替えるには、「**HostnameLookups**」ディレクティブを使用します（図 5-4-7）。デフォルトでは「**Off**」が指定されており、IP アドレスのまま記録されます。「**On**」に変更することでドメイン付きホスト名で記録できますが、DNS サーバへの問い合わせ処理が発生します。パフォーマンスを優先するには、「Off」のまま変更しないようにします。

[注6] 3 章参照。

図 5-4-7　DNS 問い合わせを無効にする

```
HostnameLookups off
```

なお、IP アドレスで記録されたログは、Apache に付属する「**logresolve**」コマンドで、ホスト名に変換できます（図 5-4-8）。

図 5-4-8　アクセスログの変換

```
# logresolve < 変換前のログファイル > 変換後のログファイル
```

またホスト認証では「**Order ／ Allow ／ Deny**」ディレクティブを使ってアクセス制限を実施しますが、クライアントのアドレス指定には、IP アドレスでもホスト名でも指定可能です。ただしパフォーマンスを優先するには、IP アドレスを使用し、DNS 問い合わせを行わないようします（図 5-4-9）。

図 5-4-9　ホスト認証で IP アドレスを使用

```
<Directory /var/www/html/>
    Order Deny,Allow
    Deny from all
    Allow from 192.168.0.1 10.0.0.0/16
</Directory>
```

5-4-8　prefork MPM のチューニング

Apache は 2.0 以降、**マルチプロセッシングモジュール（MPM）**を採用しています。MPM を切り替えることで、Apache のコア機能を変更できます。使用している MPM によって見直す設定内容も異なります。「**prefork**」MPM を使用している場合、子プロセスに関する設定が重要になります。

prefork MPM は、複数の子プロセスを起動し、多くのリクエストを同時に処理します。子プロセスの起動には時間を要するため、リクエストが発生してから新たな子プロセスを立ち上げているようでは、レスポンスが悪化します。そこでスペアの子プロセスを常時起動しておくことで、レスポンスを改善します。ただし待機プロセスが多過ぎると、サーバリソースを無駄に消費することになります。prefork MPM に関する設定は、図 5-4-10 のようなディレクティブで行います。なお Apache では、プロセス処理が最適化されており、動的に子プロセス数を調整します。まずはデフォルトのまま使用することをお勧めします。

図 5-4-10　prefork MPM に関する設定項目

```
<IfModule prefork.c>
    StartServers        8
    MinSpareServers     5
```

```
    MaxSpareServers        20
    ServerLimit            256
    MaxClients             256
    MaxRequestsPerChild    0
</IfModule>
```

- **StartServers**（デフォルト：5）

　Apache を立ち上げた際に起動する、最初の子プロセス数を指定します。サーバ起動時に待機プロセスの準備が間に合わないほどのアクセスが発生するようなら、StartServers ディレクティブの値を引き上げます。しかし待機プロセスは、「MinSpareServers ／ MaxSpareServers」ディレクティブの値に応じて動的に調整されるため、デフォルトの 5 〜 10 の値で十分です。

- **MinSpareServers**（デフォルト：5）
- **MaxSpareServers**（デフォルト：10）

　子プロセスを「MinSpareServers」ディレクティブで指定した値から、「MaxSpareServers」ディレクティブで指定した値の間で自動的に調整します。Apache は過度に待機プロセスが発生しないよう、「MinSpareServers < MaxSpareServers」となるよう待機プロセスを生成します。待機プロセスの消費が激しく、新たな子プロセスの起動が間に合わない場合は、徐々に値を引き上げます。高過ぎる値を設定すると、無駄な待機プロセスでサーバリソースを消費するため注意します。

- **ServerLimit**（デフォルト：256）
- **MaxClients**（デフォルト：256）

　起動可能な子プロセス数が上限に達するほどのアクセスが発生するケースでは、「MaxClients」ディレクティブの値を引き上げます。子プロセス数が上限に達すると「erro_log」に図 5-4-11 のようなエラーが表示されます。なお、MaxClients ディレクティブには、ServerLimit ディレクティブで指定した値より大きな値を設定できないため、MaxClients ディレクティブの指定値を上げる際は、ServerLimit ディレクティブの値も同時に引き上げる必要があります。高い値を設定しがちですが、高い値を設定するとアクセスが集中した際にサーバリソースを使い果たします。「Apache に割り当て可能なサーバのメモリ量」を「子プロセスが消費するメモリ量」で割った値を目安に設定します。

図 5-4-11 MaxClients を越えた場合の erro_log

```
[Mon Dec 05 16:24:10 2011] [error] server reached MaxClients setting, consider raising the
MaxClients setting
```

- **MaxRequestsPerChild**（デフォルト：10000）

　CGI や PHP などを使った動的コンテンツで、Apache の子プロセス数は増えていないのに、使用メモリだけが増えていく現象が稀に発生します。これはメモリリークを引き起こすようなプログラムを動的コンテンツで使用している場合に発生します。解決には問題を引き起こしている CGI や PHP プログラムを見直すことが第一ですが、Apache の設定で、問題を防ぐことができます。

　それには、「**MaxRequestsPerChild**」ディレクティブで子プロセスの終了タイミングを設定します。デフォルトでは「10000」が指定されており、子プロセスは 10000 回リクエストを受け付けた後終了し、新たな子プロセスが起動します。子プロセスの起動はサーバに負担がかかり、パフォーマンスが低下します。そのため「5000」や「6000」といった大きな値を設定し、頻繁に再起動しないようにします。「0」を指定すると子プロセスは終了しません。画像や HTML ドキュメントだけの静的ドキュメントでは「0」のまま使用します。

5-4-9　woker MPM のチューニング

　woker MPM を使用している場合、サーバスレッドに関するの設定を見直すことでパフォーマンスを向上できる場合があります（図 5-4-12）。ただし prefork MPM 同様、設定しだいでパフォーマンスを悪化させる場合があります。また Apache ではスレッド処理が最適化されているため、まずはデフォルトのまま使用するようにします。

図 5-4-12 worker MPM 関連の設定項目

```
<IfModule worker.c>
    ServerLimit           16
    StartServers           3
    MaxClients           400
    MinSpareThreads       75
    MaxSpareThreads      250
    ThreadsPerChild       25
    MaxRequestsPerChild    0
</IfModule>
```

- **ServerLimit**（デフォルト：16）

　「**ThreadLimit**」ディレクティブと組み合わせて、「**MaxClients**」ディレクティブに設定可能な上限値を設定します。MaxClients ディレクティブの値を ThreadsPerChild ディレクティブの値で割った値以上に設定します。必要以上に大きな値を設定し、余計な未使用メモリを割り当てないようにします。

- ThreadLimit（デフォルト：64）

　「ThreadsPerChild」ディレクティブに設定可能な、子プロセス毎のスレッド数の上限を設定します。ThreadsPerChild とかけ離れた大きな値を設定しないようにします。

- StartServers（デフォルト：3）

　Apache を立ち上げた際に最初に起動する子プロセス数を指定します。worker MPM ではリクエストに対してスレッドを用いるため、大きな値を設定する必要はありません。

- MaxClients（デフォルト：400）

　スレッド数の最大値を指定し、処理可能な同時リクエスト数を設定します。デフォルト値は「ServerLimit」ディレクティブで指定した値の 25 倍です。引き上げる場合、「ServerLimit」ディレクティブの値も引き上げる必要があります。高過ぎる値を設定するとアクセスが集中した際にサーバリソースを使い果たします。

- MinSpareThreads（デフォルト：75）
- MaxSpareThreads（デフォルト：250）

　待機スレッドを「MinSpareThreads」ディレクティブで指定した値から、「MaxSpareThreads」ディレクティブで指定した値の間で自動的に調整します。「MinSpareServers < MaxSpareServers」となるよう待機スレッドが生成されます。

- ThreadsPerChild（デフォルト：25）

　子プロセス毎に生成されるスレッド数を設定します。Windows ではプロセスを 1 つしか起動できないため、この値を多く設定する必要があります。しかし Linux のように子プロセスを複数起動できる場合、サーバの通常負荷を十分扱える程度にします。

5-5 MPM の選択

Apache は 2.0 以降、マルチプロセッシングモジュール（MPM）を採用しています。MPM を切り替えることで、Apache のコア機能を変更し、パフォーマンスを改善できます。

5-5-1 Linux で選択可能な MPM

Apache の特徴として、コア機能をモジュール化した、「**マルチプロセッシングモジュール（MPM）**」を採用している点が挙げられます。OS 毎の差異を MPM に切り出すことで、コードの共通化が図られ Apache のマルチプラットフォーム化を実現しています。さらに UNIX 系 OS の Apache では、MPM を切り替えることで、安定性を重視したり、スケーラビリティを追求したりといったことができます。

たとえば、「**worker**」MPM を使用すると、プロセスの替わりにスレッドでリクエストを処理します。スレッドはプロセスに比べ、消費するメモリ量が少なく、高速起動が可能なため、パフォーマンスを改善します。ただ、スレッドには親プロセスを共有する兄弟スレッドが多数あり、もし親プロセスが不調になった場合に、その子スレッドすべてに影響がおよび、安定性が損なわれるケースが希にあります。UNIX 系プラットフォームで選択可能な MPM は、次の 4 タイプです。

- worker

  マルチプロセス、マルチスレッドに対応しており、各プロセスに対し決められた数のスレッドを用意します。スレッド動作はリソースあたりの処理能力がプロセス動作よりも高くなり、一般に性能を向上させます。

- prefork（デフォルト）

  Apache1.3 と同様の動作を行い、あらかじめ httpd 子プロセスをいくつか生成してクライアントからの要求を処理します。マルチスレッドはなく、マルチプロセスでのみ動作します。

- perchild

  このタイプは、マルチプロセス、マルチスレッドに対応し、かつプロセスそれぞれに個別のユーザ ID を割り当てることができます。開発途上でしたが、Apache 2.3 で廃止されました。

● event（Apache 2.2 より利用可能）

よりスケーラビリティに優れ MPM です。worker MPM のようなマルチスレッド処理に加え、Keep-Alive リクエストの処理に、コネクションを処理するスレッドとは別のスレッドを割り当てることができます。そのため、より大規模な用途にも対応できます。Apache 2.2 までの event MPM は評価用とされ、安定して利用できませんでしたが、Apache 2.4 で改善されています。

UNIX 以外のプラットフォームでは、Windows 向けに最適化された「**mpm_winnt**」、BeOS 用の「**beos**」、NetWare 用の「**mpm_netware**」、OS/2 用の「**mpmt_os2**」があります。

5-5-2 MPM を変更するには（ソースインストールの場合）

ソースから Apache をインストールした場合、デフォルトでは「**prefork**」MPM が使用されます。ほかの MPM を使用するには、再ビルドが必要です。configure 実行時に図 5-5-1 のように「--with-mpm」オプションで使用する MPM を指定します。

図 5-5-1 Apache ビルド時に MPM を指定する

```
# cd /..Apache のソース../
# ./configure --with-mpm=<MPM のタイプ ※ >
```

※ Linux では、event ／ worker ／ prefork のいずれかを指定します
※その他のインストール手順は、**2 章**を参照

Apache 2.4 からは MPM を動的に変更することができます。それには、configure 実行時に「--enable-mpms-shared=all」オプションを追加し、httpd.conf で使用する MPM を指定します。

図 5-5-2 Apache 2.4 の場合

・prefork の場合
```
LoadModule mpm_prefork_module modules/mod_mpm_prefork.so
```

・worker の場合
```
LoadModule mpm_worker_module modules/mod_mpm_worker.so
```

・event の場合
```
LoadModule mpm_event_module modules/mod_mpm_event.so
```

5-5-3　MPMを変更するには（パッケージインストールの場合）

　LinuxディストリビューションでApacheをバイナリパッケージでインストールした場合、MPMを切り替えるには追加パッケージをインストールするか、設定を変更します。

　CentOS／Fedoraでは、すでにworker／prefork／eventといったMPMがインストールされているため、設定を変更するだけでMPMを切り替えることができます。MPMを切り替えるには、「**/etc/sysconfig/httpd**」ファイルを図5-5-3のように修正します。

図5-5-3 CentOS／FedoraでMPMを変更する（/etc/sysconfig/httpdの編集）

```
HTTPD=/usr/sbin/httpd.worker    ←prefork MPMを使用するならhttpdを、worker MPMならhttpd.
                                 workerを、event MPMならhttpd.eventを指定します。
```

　openSUSEでMPMを切り替えるには、「**/etc/sysconfig/apache2**」ファイルを図5-5-4のように修正します。デフォルトでは空欄が指定され「**prefork**」MPMが使われます。使用するMPMを「prefork／worker／event／itk」から選択します。なお設定に先立ち、それぞれのMPMがインストールされている必要があります。たとえばprefork MPMでは「**apache2-prefork**」パッケージを、worker MPMでは「**apache-worker**」パッケージをインストールしておきます[注7]。

図5-5-4 openSUSEでMPMを変更する（/etc/sysconfig/apache2の編集）

```
APACHE_MPM=""
```

※prefork／workerなどを指定

　Ubuntu／Debianの場合、MPM毎にApacheのバイナリパッケージが用意されています。デフォルトでは、worker MPMがインストールされますが、パッケージ名を指定することで、デフォルト以外のMPMをインストールできます（図5-5-5）[注7]。

図5-5-5 Debian／UbuntuでMPMをオンラインインストール

```
$ sudo apt-get install apache2-mpm-prefork   ←prefork MPM版Apacheをインストールする場合
$ sudo apt-get install apache2-mpm-worker    ←worker MPM版Apacheをインストールする場合
$ sudo apt-get install apache2-mpm-event     ←event MPM版Apacheをインストールする場合
```

※その他のインストール手順は、2章を参照

　MPMを切り替えたあと、Apacheを再起動し設定を反映します。

[注7] その他に、仮想ホスト毎にuid／gidを変えることができる、「itk」MPMもインストールできます。

紙面版 **電脳会議** **一切無料**
DENNOUKAIGI

今が旬の情報を満載して
お送りします!

『電脳会議』は、年6回の不定期刊行情報誌です。A4判・16頁オールカラーで、弊社発行の新刊・近刊書籍・雑誌を紹介しています。この『電脳会議』の特徴は、単なる本の紹介だけでなく、著者と編集者が協力し、その本の重点や狙いをわかりやすく説明していることです。現在200号に迫っている、出版界で評判の情報誌です。

毎号、厳選ブックガイドもついてくる!!

『電脳会議』とは別に、1テーマごとにセレクトした優良図書を紹介するブックカタログ（A4判・4頁オールカラー）が2点同封されます。

電子書籍がご購読できます!

パソコンやタブレットで書籍を読もう!

電子書籍とは、パソコンやタブレットなどで読書をするために紙の書籍を電子化したものです。弊社直営の電子書籍販売サイト「Gihyo Digital Publishing」(https://gihyo.jp/dp) では、弊社が発行している出版物の多くを電子書籍として購入できます。

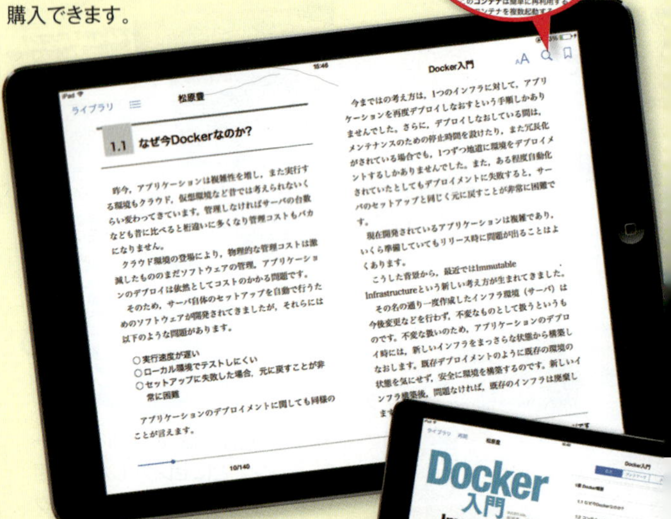

▲上図はEPUB版の電子書籍を開いたところ。電子書籍にも目次があり、全文検索ができる

第6章

Apacheの
セキュリティ対策

セキュリティ対策は、要件を定義しポリシーを策定するといった上流プロセスと、システムを構築し運用に取りかかるといった下流プロセスに分けられます。本章では下流プロセスとなるシステム構築や運用に使えるセキュリティ対策を解説します。

6-1 セキュリティに対する留意事項

PHP や CGI といった Web アプリケーションに比べれば、Apache のセキュリティ対策は比較的容易で即実戦可能です。

■ 6-1-1 Apache のセキュリティ対策

セキュリティ対策と聞いただけで、身構えてしまう人も少なくないでしょう。実際セキュリティ対策は、コンテンツ、サーバ、インフラといったさまざまな要素を含み、どれだけ対策を施しても、対策が尽きることはありません。常にインシデント情報を収集し、対策を怠らないようにします。

Apache に関する脆弱性も、たびたび報告されています。そうした報告にいち早く対応し、セキュリティホールを塞ぐことはもちろん、事前に対抗処置を講じ、何かあったときの被害を抑えることも重要になります。そうした観点から、本章では次のような内容で、Apache のセキュリティ対策を紹介します。

・設定の見直しによるセキュア化
・HTTP over SSL/TLS の利用
・DoS／DDoS 対策
・Web アプリケーションファイアウォールの利用

サーバ構成見直しによるセキュリティ対策は、**7 章**で解説します。リバース Proxy を使って、コンテンツサーバを内部ネットワークに隠蔽する方法も **7 章**で解説しています。

6-2 httpd.conf でセキュリティ対策

Apache インストール後、設定の多くは httpd.conf ファイルによって行います。設定しだいで攻撃の標的になることも、防ぐこともできます。httpd.conf でできるセキュリティ対策を解説します。

6-2-1 サーバ情報の隠蔽

セキュリティホールが見つかり、最新ファイルが配布された場合、即座にバージョンアップを実施する必要があります。しかし保守作業上の制約で、簡単にバージョンアップできない場合、脆弱性を放置したままになります。そのようなケースをはじめ、どのバージョンの Apache を使用しているか知られることで、バージョン固有の脆弱性を突かれる危険性が高くなります。攻撃者はあらゆる可能性を総当たりで探り、放置されたままの脆弱性を発見します。そのため Apache のバージョンが露呈していると、脆弱性を突かれやすくなります。Apache のデフォルトでは、HTTP レスポンスの「**Server**」ヘッダフィールドを見ることで、バージョン情報をはじめ稼働しているサーバタイプを簡単に取得できます（図 6-2-1）。

図 6-2-1 HTTP レスポンスを利用した Apache のバージョン情報の確認

```
$ telnet サーバのアドレス 80          ←サーバへアクセス
... 省略 ...
GET / HTTP/1.1                        ← GET コマンドを入力
Host: サーバのアドレス                ←サーバのアドレスを入力
<リターン>                            ←改行入力

... 省略 ...

HTTP/1.1 200 OK
Date: Fri, 14 Oct 2011 15:40:25 GMT
Server: Apache/2.2.15 (CentOS)   ← Apache のバージョンや OS が知られてしまう
Last-Modified: Fri, 30 Sep 2011 19:43:59 GMT
... 省略 ...
```

こうした情報を基に攻撃の機会を与えてしまわないよう、Apache のバージョンをはじめとするプラットフォーム情報を極力隠蔽します。サーバ情報を隠蔽するに

は、httpd.conf を図 6-2-2 のように修正します[注1]。「ServerTokens」ディレクティブには「ProductOnly／Major／Minor／Minimal／OS／Full」から1つを選択し指定します。デフォルトで「Full」が使用されます。情報を最小限にするには「ProductOnly」を指定します。設定終了後 Apahche を再起動し図 6-2-1 の方法で正しく設定されていることを確認します。

図 6-2-2 httpd.conf（サーバ情報の隠蔽）

```
ServerTokens ProductOnly    ←サーバ情報を限定する。Server ヘッダフィールドには「Apache」とだけ
                             表示される
```

サーバ情報は、HTTP レスポンス以外にも図 6-2-3 のようなエラーページのフッタにも表示されます。フッタからサーバ情報を消すには、図 6-2-4 のように「ServerSignature」ディレクティブで「Off」を指定します。なお「On」が指定されると「ServerTokens」ディレクティブで指定されたものが表示されます。

図 6-2-3 フッタに表示される Apache のバージョン情報

```
404 Not Found - Mozilla Firefox

Not Found

The requested URL /not was not found on this server.

Apache/2.2.20 (Ubuntu) Server at localhost Port 80
```

図 6-2-4 httpd.conf（フッタの隠蔽）

```
ServerSignature Off    ←フッタにサーバ情報を表示させない
```

バージョン情報や製品情報にオリジナルのものを使用し攻撃者を混乱させることもできます。任意のバージョン名や製品名を使用するには、Apache のソースファイル（ソースアーカイブ中、include ディレクトリ下の ap_release.h ファイル）の修正と再インストールが必要です。

ネットワーク機器やプラットフォームの脆弱性を足がかりに、Apache を間接的に狙う場合があります。そうしたケースを防ぐためにも、ネットワーク構成やプラットフォームに関する情報も外部に漏れないよう注意します。また攻撃者はサービスポートを総当たりでスキャンするなどし、起動しているサービスから OS を類推します。不要なサービスは停止するようにします。

[注1] Ubuntu や Debian で Apache をバイナリパッケージでインストールすると、セキュリティ対策のための設定ファイルとして「/etc/apache2/conf.d/security」が組み込まれます。そのため本章で紹介しているディレクティブのいくつかは、すでに設定されています。設定を修正する場合、「/etc/apache2/conf.d/security」を修正します。

6-2-2　URLエンコードで「/（スラッシュ）」を許可する

　明示的に表示されるサーバ情報のほかに、特定の動作パターンからApacheを使用していることを知られてしまう場合があります。たとえば「http://www.example.jp/%2f」を指定した場合、ほかのWebサーバでは「%2f」が「/（スラッシュ）」に変換されます。一方Apacheのデフォルトでは、URLエンコードでスラッシュを許可しないため、HTTPレスポンスコード404とともに「Not Found」を返します（図6-2-5）。ほかのWebサーバと同等の動作をさせるには「AllowEncodeSlashes」ディレクティブで「On」を指定します（図6-2-6）。

図 6-2-5　「%2f」を含むURLが指定された場合のApacheの動作

```
Not Found
The requested URL // was not found on this server.
Apache/2.2.20 (Ubuntu) Server at 192.168.45.138 Port 80
```

図 6-2-6　URLエンコードでスラッシュを許可する

```
AllowEncodedSlashes On    ← URLエンコードでスラッシュを許可する
```

6-2-3　デフォルトコンテンツの置換

　Apacheをバイナリパッケージでインストールすると、オリジナルのエラーページやルートドキュメントがインストールされます。そうしたコンテンツから使用しているOSやパッケージを類推されないようにするには、コンテンツを置き換える必要があります。置き換えるコンテンツは図6-2-7のとおりです。

図 6-2-7　置き換えるコンテンツ

・ソースからインストールした場合

```
/usr/local/apache2
    ├─ cgi-bin    CGIスクリプト
    ├─ error      エラーメッセージファイル
    ├─ htdocs     Webサイトのドキュメントルート
    └─ icons      アイコンファイル
```

・Red hat／CentOS／Fedora の場合

```
/var/www/
    ├─ cgi-bin
    ├─ error
    ├─ html
    └─ icons
```

第 6 章　Apache のセキュリティ対策

・Debian ／ Ubuntu の場合

```
/usr/share/apache2
   ├ error
   └ icons
/var/www
```

・openSUSE の場合

```
/srv/www
   ├ cgi-bin
   └ htdocs
/usr/share/apache2/
   ├ error
   └ icons
```

6-2-4　.htaccess を無効にする

　Apache の設定には、httpd.conf のほか、「.htaccess」を利用することもできます。.htaccess ファイルを設置することで、httpd.conf で行われるグローバル設定とは別に、そのディレクトリに限定したローカル設定が可能になります。ユーザごとに用意されたホームディレクトリに「.htaccess」を設けることで、一般ユーザでもサーバ設定が可能になります。管理者が関知しないところでサーバ設定が行われないようにするには、.htaccess を無効にします（**図 6-2-8**）。最低限必要なディレクトリに対してのみ、個別に .htaccess の設置を許可するようにします。.htaccess については 3 章も併せて参考にします。

図 6-2-8　.htaccess を無効にする

```
# デフォルトで「.htaccess」を無効にする
<Directory />
  ... 省略 ....
    AllowOverride None          ← htaccess による制限上書きを禁止
</Directory>

# 最低限必要なディレクトリに対してのみ個別に設置を許可する
<Directory / 許可するディレクトリのフルパス />
  ... 省略 ....
    AllowOverride AuthConfig    ← htaccess による制限上書きを許可。「AuthConfig」は認証機能だけを
                                  有効にする。（※ 3 章を参考）
</Directory>
```

6-2-5　ユーザホームの公開を特定ユーザに限定する

　一般ユーザのユーザホームを Apache で公開するには、図 6-2-9 のように「**UserDir**」ディレクティブを使って、ディレクトリ名を指定します。

図 6-2-9　httpd.conf（コンテンツの公開を禁止するユーザの指定）

```
<IfModule mod_userdir.c>
    UserDir public_html
</IfModule>
```

　ただしこの方法では、ユーザホーム下に「**public_html**」ディレクトリが作成されると、否応なくその配下のコンテンツが公開されます。公開を特定ユーザに限定するには、図 6-2-10、図 6-2-11 のように禁止するユーザや許可するユーザを個別に指定します。

図 6-2-10　デフォルトでユーザホームの公開を禁止し、許可するユーザを個別に追加する

```
<IfModule mod_userdir.c>
    UserDir disabled                   ←デフォルトで禁止
    UserDir enabled user1 user2 user3  ←許可したいユーザを個別に指定
    UserDir public_html
</IfModule>
```

図 6-2-11　デフォルトでユーザホームの公開を許可し、禁止するユーザを個別に追加する

```
<IfModule mod_userdir.c>
    UserDir enabled                     ←デフォルトで許可
    UserDir disabled user4 user5 user6  ←禁止したいユーザを個別に指定
    UserDir public_html
</IfModule>
```

6-2-6　ドキュメントルートの変更

　OS やプラットフォームの脆弱性が原因で、サーバへの侵入を許してしまい、サイト上のコンテンツが書き換えられる事例が少なからず報告されています。こうした攻撃では、デフォルトパスのまま配置されているコンテンツが狙われます。少しでも攻撃を困難なものにするには、トップページをはじめとする Web コンテンツの配置先を、デフォルト以外の場所に変更します。たとえばドキュメントルートを変更するには、図 6-2-12 のように設定し、新たなドキュメントルートにコンテンツを用意します。なおドキュメントルートを変更した場合、同時に「**icons ／ cgi-bin ／ error**」などのディレクトリとその中身も移動します。

図6-2-12 ドキュメントルートの変更

```
# 新たなドキュメントルートを指定
DocumentRoot "/home/new_www/html"
<Directory /home/new_www/html>
    ... 省略 ...          ←新たなドキュメントルートに合わせ変更
</Directory>

#icons ディレクトリの修正
Alias /icons/ "/home/new_www/icons/"
<Directory /home/new_www/icons>
    ... 省略 ...
</Directory>

#cgi-bin ディレクトリの修正
ScriptAlias /cgi-bin/ "/home/new_www/cgi-bin/"
<Directory /home/www/cgi-bin>
    ... 省略 ...
</Directory>

#error ディレクトリの修正
Alias /error/ "/home/www/error/"
<Directory /home/www/error>
    ... 省略 ...
</Directory>
```

6-2-7 画像の直リンクを禁止する

　自サイトで公開している画像などのコンテンツが、第3者のホームページでURLを参照され、インラインで表示されるような「**直リンク**」によって、サーバに大きな負担がかかる場合があります。直リンクを禁止するには、HTTPレスポンスの「**Referer**」ヘッダをチェックします。Refererヘッダには参照元URLが含まれています。Refererヘッダ中に指定されたURLやドメインが含まれているか確認し、含まれていなければコンテンツの転送を拒否するようにします（図6-2-13）。

図6-2-13 httpd.conf（画像の直リンクを禁止する）

```
# 参照元 URL として許されるドメインの設定
SetEnvIf Referer example¥.com authoritative_site
SetEnvIf Referer example¥.jp authoritative_site
SetEnvIf Referer localhost authoritative_site

# 単一ファイルの指定
<Files *.gif>
    order deny,allow
    Deny from all
    Allow from env=authoritative_site
</Files>
```

```
# 正規表現を使って複数ファイルを指定する場合
<FilesMatch "¥.(gif|jpe?g|png)$">
    order deny,allow
    Deny from all
    Allow from env=authoritative_site
</FilesMatch>
```

図6-2-13では「**SetEnvIf**」ディレクティブを使い、HTTPリクエストのRefererヘッダに特定ドメイン（図6-2-13では「**example.com / example.jp / localhost**」）が含まれていれば、環境変数「**authoritative_site**」を設定します。次に<Files>または<FilesMatch>コンテナ指示子で、指定された拡張子のファイルのリクエストに対して、環境変数authoritative_siteが設定されているか調べます。authoritative_siteが設定されている場合にはコンテンツを転送します。なおRefererは必ず正しいものが送られてくるとは限りません。偽装されたり、Refererヘッダが削除されている場合もあるため注意が必要です。

6-3 HTTP over SSL/TLS の利用

HTTP はサーバとクライアント間で送受信されるデータは、平文のままネットワーク上に流れます。データを暗号化するには、HTTP over SSL/TLS を使用します。

6-3-1 SSL 暗号化通信のしくみ

SSL（Secure Sockets Layer）や TLS（Transport Layer Security）で、送受信データを暗号化しネットワーク経路上での盗聴を防ぐことができます。また、サーバ／クライアント認証にも対応しているため「**なりすまし**」を防ぎ、外部からの攻撃を防ぎます。

SSL/TLS 暗号化通信は図 6-3-1 のような手順で行われます。通信データの暗号化に「**共通鍵**」を使用し、共通鍵の交換手順に「**公開鍵暗号方式**」を使用します。

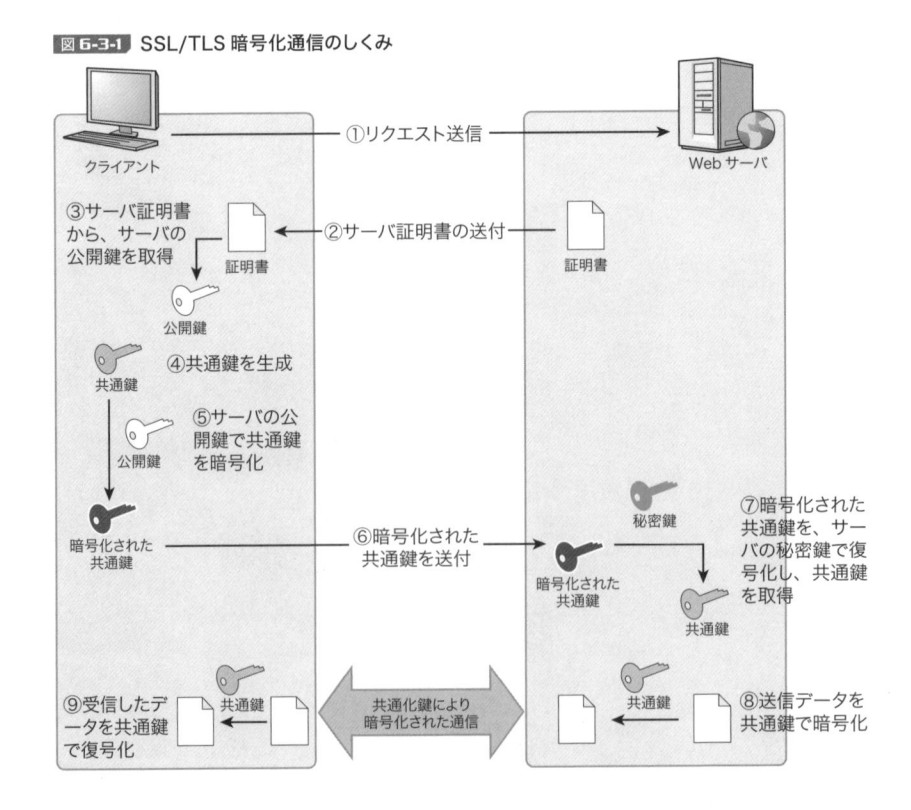

図 6-3-1 SSL/TLS 暗号化通信のしくみ

① リクエスト送信
② サーバ証明書の送付
③ サーバ証明書から、サーバの公開鍵を取得
④ 共通鍵を生成
⑤ サーバの公開鍵で共通鍵を暗号化
⑥ 暗号化された共通鍵を送付
⑦ 暗号化された共通鍵を、サーバの秘密鍵で復号化し、共通鍵を取得
⑧ 送信データを共通鍵で暗号化
⑨ 受信したデータを共通鍵で復号化

共通化鍵により暗号化された通信

SSL/TLS暗号化通信では、まずサーバ側で「**秘密鍵**」と「**公開鍵**」を作成し、リクエストがあったクライアントに「**公開鍵つきサーバ証明書**」を送信します。クライアント側は「**共通鍵**」を作成しサーバに渡します。ただし、そのまま送信するとネットワーク経路上で共通鍵が盗聴する危険性があるため、サーバの公開鍵で暗号化します。これをもとに戻せるのはサーバの秘密鍵だけになります。サーバは秘密鍵で復号化し、共通鍵を取得します。これでサーバ／クライアント間で共通鍵を使った暗号化通信が可能になります。

6-3-2 mod_ssl のインストール

ApacheでHTTPSを実装するには、拡張モジュールの「**mod_ssl**」を使用します。Apacheのインストール方法によっては、組み込まれていない場合があるため、図6-3-2の方法で確認します。

図6-3-2 mod_ssl の確認

```
# httpd -M | grep ssl
 ssl_module (shared)
Syntax OK
... 省略 ...
```

※実行例は Red Hat 系 Linux ディストリビューションの場合。openSUSE では「httpd2」、Debian ／ Ubuntu では「apache2」コマンドを使用します

mod_ssl がインストールされていない場合、モジュールを別途インストールします。Apache をバイナリパッケージでインストールした場合、mod_ssl を図6-3-3の方法でオンラインインストールします。Apache をソースからインストールした場合、configure 実行時に「**--enable-ssl**」を指定し、再インストールします（図6-3-4）。

図6-3-3 mod_ssl のオンラインインストール

・Fedora ／ CentOS ／ Red Hat の場合

```
# yum install mod_ssl
```

※ Debian ／ Ubuntu の場合 Apache をインストールすると、mod_ssl も同時にインストールされます

図6-3-4 mod_ssl のソースインストール

```
# ./configure --enable-ssl

    --enable-ssl:SSL 通信を有効にする
```

※その他のオプションも任意で指定します
※ DSO で組み込むときは「--enable-ssl=shared」を指定します。その他の手順は 2 章を参照

mod_sslをバイナリパッケージでインストールすると、専用の設定ファイルが用意されます。Fedora／CentOS／Red Hatでは「/etc/httpd/conf.d/ssl.conf」を、Debian／Ubuntuでは「/etc/apache2/sites-available/default-ssl」を使用します。

6-3-3　公開鍵／秘密鍵／サーバ証明書の用意

HTTPSに必要な「**公開鍵／秘密鍵**」のペアと「**サーバ証明書**」を用意します。これらのファイルはOpenSSLに付属するコマンドで生成します。なお、mod_sslをバイナリパッケージでインストールすると、こうしたファイルがあらかじめ用意されます。本来サーバ証明書は公的機関で署名されたものを使用する必要がありますが、暗号化通信を実現するだけなら、私的に用意したサーバ証明書を使用できます。すでに公開鍵／秘密鍵／サーバ証明書が用意されている場合、設定を追加するだけでApacheでHTTPSを利用できます。

正式なサーバ証明書は「**認証局（Certificate Authority、以下CA）**」で発行されます。**VeriSign**のような公的なCAで発行されたサーバ証明書を使用する場合、それぞれのCAの指示に従い、各ファイルを用意します。ここでは公的CAを使わずに、自己署名したサーバ証明書を利用する手順を解説します。

次の3つのファイルを生成します。

・server.key（秘密鍵）
・server.csr（CSRファイル（公開鍵と、認証局での署名に必要な情報が含まれています））
・server.crt（サーバ証明書）

各ファイルの作成には「**パスフレーズ**」が必要になります。パスフレーズはパスワードと同様に認証に必要な文字列です。パスワードに使用する文字列より、長いものを使用します。各ファイルは任意のディレクトリで作成しますが、Apacheのhttpdデーモンや管理者以外アクセスできないようにします。

● **秘密鍵（server.key）の作成**
opensslコマンドでserver.key（秘密鍵）を作成します（**図6-3-5**）。

図6-3-5　秘密鍵（server.key）の作成

```
# openssl genrsa -aes128 1024 > server.key
Generating RSA private key, 1024 bit long modulus
................................++++++
```

```
.................................++++++
e is 65537 (0x10001)
Enter pass phrase:              ←パスフレーズを入力
Verifying - Enter pass phrase:  ←パスフレーズを再入力


   genrsa   ：RSA 形式の秘密鍵を作成します
   -aes128  ：128 ビットの AES 方法で暗号化します
   1024     ：1024 バイト長の鍵を作成します
```

● server.csr（CSR ファイル）の作成

　同じく openssl コマンドで server.csr（CSR ファイル）を作成します（図 6-3-6）。CSR（Certificate Signing Request）ファイルには、公開鍵とともに、認証局でサーバ証明書を発行するのに必要な情報を付加します。そのため表 6-3-1 のような情報の入力が必要になります。ここで重要なのが「**Common name**」です。ホスト名が DNS に登録されているなら、DNS 名を使用しますが、DNS に登録されていない場合でも、「host.example.jp」のようにドメイン名を含んだ FQDN 形式のホスト名を使用するか、IP アドレスを指定します。

図 6-3-6 server.csr（CSR ファイル）の作成

```
# openssl req -new -key server.key > server.csr
Enter pass phrase for server.key:   ←パスフレーズを入力
You are about to be asked to enter information that will be incorporated
into your certificate request.
What you are about to enter is what is called a Distinguished Name or a DN.
There are quite a few fields but you can leave some blank
For some fields there will be a default value,
If you enter '.', the field will be left blank.
-----
Country Name (2 letter code) [XX]:JP
State or Province Name (full name) []:SomeState
Locality Name (eg, city) [Default City]:Somewhere
Organization Name (eg, company) [Default Company Ltd]:SomeOrg      入力内容は
Organizational Unit Name (eg, section) []:SomeOU                   表 6-3-1 を
Common Name (eg, your name or your server's hostname) []:www.example.jp  参照します
Email Address []:foo@example.jp

Please enter the following 'extra' attributes
to be sent with your certificate request
A challenge password []:          ←空行（エンター）を入力
An optional company name []:      ←空行（エンター）を入力


    req           ：CSR ファイルを作成する際に指定します
    -new          ：新規に CSR を作成します
    -key 秘密鍵ファイル ：秘密鍵ファイルを指定します
```

表 6-3-1 server.csr（CSRファイル）の作成に必要な情報

項目	内容	入力例
Country Mame	国内であれば JP	JP
State or Province Mame	都道府県名	SomeState
Locality Name	市町村名	Somewhere
Organization Name	組織名や団体名	SomeOrg
Organizational Unit Name	部署名	SomeOU
Common Name	サーバの FQDN などサーバ固有の名称	wwww.example.jp
Email Address	メールアドレス	foo@example.jp

● サーバ証明書（server.crt）の作成

自己署名ではプライベート CA を使って、サーバ証明書（server.crt）を発行します。図 6-3-7 の手順で openssl コマンドを実行します。

図 6-3-7 サーバ証明書（server.crt）の作成

```
# openssl x509 -in server.csr -days 365 -req -signkey server.key > server.crt
Signature ok
subject=/C=JP/ST=SomeState/L=Somewhere/O=SomeOrg/OU=SomeOU/CN=www.example.jp/emailAddress=
foo@example.jp
Getting Private key
Enter pass phrase for server.key:    ←パスフレーズを入力
unable to write 'random state'

    x509              ：X.509 形式の証明書を作成します
    -in CSR ファイル   ：CSR ファイルを指定します
    -days 日数        ：証明書の有効期限を指定します
    -req              ：入力ファイルが CSR ファイルであることを明示します
    -signkey 秘密鍵ファイル ：自己証明書作成時に使用するオプション。秘密鍵ファイルを指定
                         します
```

6-3-4　Apache の設定

次に Apache の設定を修正します。mod_ssl の設定には図 6-3-8 のようなファイルを使用し、図 6-3-10 のように設定します。サーバ証明書／秘密鍵はフルパスで指定します。

図 6-3-8　mod_ssl の設定に使用するファイル

・ソースからインストールした場合

```
/usr/local/apache2/conf/extra/httpd-ssl.conf
```

※ ただし、「/usr/local/apache2/conf/httpd.conf」を図 6-3-9 のように修正しておく必要があります

・バイナリパッケージでインストールした場合（Fedora ／ CentOS ／ Red Hat の場合）

```
/etc/httpd/conf.d/ssl.conf
```

6-3 HTTP over SSL/TLS の利用

・バイナリパッケージでインストールした場合（Debian／Ubuntu の場合）

```
/etc/apache2/sites-available/default-ssl
```

※ただし、以下のようなコマンドを実行しておく必要があります

```
$ sudo a2enmod ssl
$ sudo a2ensite default-ssl
```

図 6-3-9 /usr/local/apache2/conf/httpd.conf の修正

・修正前

```
#Include conf/extra/httpd-ssl.conf
```

・修正後

```
Include conf/extra/httpd-ssl.conf
```

図 6-3-10 mod_ssl を設定し HTTPS を有効にする

```
... 省略 ...
<VirtualHost _default_:443>
... 省略 ...
SSLCertificateFile ".../../server.crt"     ←サーバ証明書の指定
... 省略 ...
SSLCertificateKeyFile ".../../server.key"  ←秘密鍵の指定
... 省略 ....
```

　設定完了後、apachectl（または apache2ctl）を使って Apache を起動（または再起動）します（図 6-3-11）。起動時にパスフレーズの入力が必要になります。

図 6-3-11 Apache の起動

```
# apachectl -t         (httpd.conf の構文チェック)
# apachectl start      (Apache の起動。再起動では「restart」を指定)
... 省略 ...
Server www.example.jp:443 (RSA)
Enter pass phrase:              ←パスフレーズを入力

OK: Pass Phrase Dialog successful.
```

※実行例は Red Hat 系 Linux ディストリビューションの場合。openSUSE／Debian／Ubuntu では「apache2ctl」コマンドを使用します

　Apache 起動後、ブラウザを使っクライアントからアクセスします。ここではプライベート CA を使って自己署名したサーバ証明書を使用しているため、図 6-3-12 のようにサーバ証明書の信憑性でエラーになります。エラーを回避するには、公的 CA で発行されたサーバ証明書を使用します。自己署名したサーバ証明書でも通信データの暗号化には対応しています。図 6-3-13 のようにサーバ証明書の詳細を表示し、図 6-3-6 で入力したような組織情報やサーバ情報が表示されているのを確認

します。

図 6-3-12 サーバ証明書のエラー（Firefox の例）

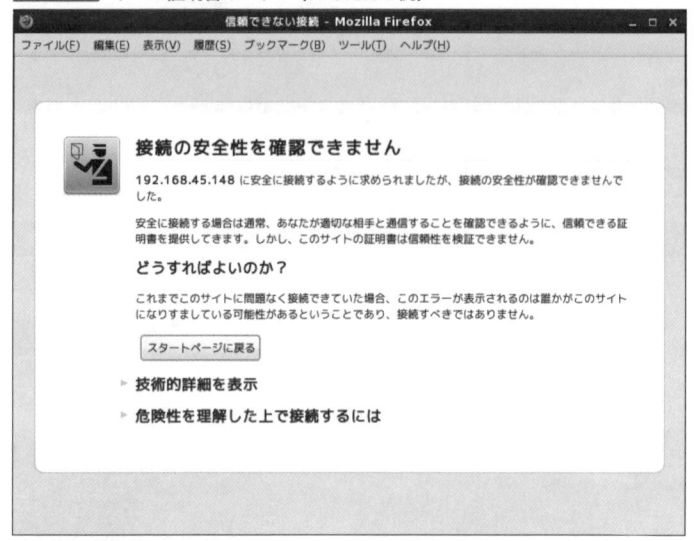

図 6-3-13 サーバ証明書の詳細

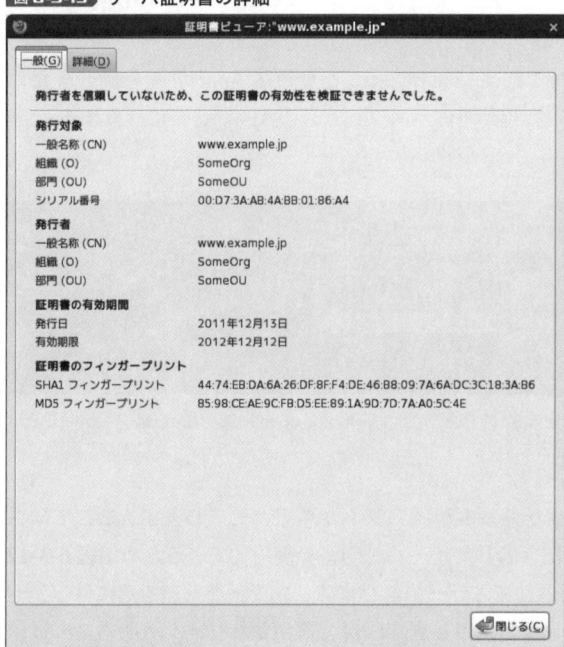

6-3-5　Apache 起動時にパスフレーズの入力を省略する

　HTTPS を有効にした Apache は、起動時にパスフレーズの入力が必要になります。サーバが不意に再起動した場合に、パスフレーズを入力できないと、**Web サービスが起動できない**事態が発生します。

　Apache 起動時にパスフレーズの入力を省略するには、図 6-3-14 の手順で、秘密鍵からパスフレーズを削除します。

図 6-3-14　秘密鍵からパスフレーズを削除する

① server.key の名前を変更し退避します

```
# mv server.key server.key.org
```

② openssl コマンドでパスフレーズを削除します

```
# openssl rsa -in server.key.org > server.key
Enter pass phrase for server.key.org:        ←パスフレーズを入力
writing RSA key
```

6-4 サービス停止を狙った攻撃に対する防御

サービス停止を狙った攻撃では、大量のリクエストでサーバのリソースを消費させ、ほかのリクエストのサービスを妨害します。Apache ならそうした攻撃に対し、設定の変更や拡張モジュールの追加で対策できます。

6-4-1 サービス停止を狙った攻撃

「**DoS 攻撃**」のように攻撃元が 1 ヵ所なら、ブラックリストを生成するなどし、アクセスリストで接続を制限できますが、「**DDoS 攻撃**」のように攻撃元が複数におよぶ場合、ブラックリストをリアルタイムで生成し、即座にアクセス制御に反映するしくみが必要です。ほかにも多量の SYN パケットを送信し、攻撃対象サーバの接続キューを飽和させる「**SYN フラッド攻撃**」や、送信元アドレスを詐称したパケットを利用した攻撃など、サービス停止を狙った攻撃の手段は数多く存在します。またそれらの攻撃を助長するツールもネット上で簡単に入手できます。

最近ではネットワーク機器や OS レベルで、これらの攻撃に備えることもできます。たとえば Linux では、SYN フラッド攻撃に対し、SYN クッキーで対策できます。Apache でこうした攻撃に備えるには、特定クライアントにリソースを消費されないよう、クライアント単位でリクエストを制限するなどの手段を講じます。また、仮に Apache が停止しても OS まで被害がおよぶことがないよう、Apache が使用できるメモリや CPU といったリソースを制限しておきます。

6-4-2 TCP タイムアウト時間を短くする

TCP コネクションは、TCP のタイムアウト時間まで維持されるため、大量のリクエストを処理するサーバでは、TCP コネクションを限界まで消費する場合があります。そこで、TCP タイムアウト時間を短くし、TCP コネクションの生成サイクルを早めます（**図 6-4-1**）。Apache では「**TimeOut**」ディレクティブで TCP タイムアウトに関する次の 3 つの時間を変更します。デフォルトで「300」が指定されており、タイムアウト時間は 5 分に設定されています。

・GET リクエストを受け取るのにかかる総時間
・POST や PUT リクエストにおいて、次の TCP パケットが届くまでの待ち時間
・レスポンスを返す際、TCP の ACK が帰ってくるまでの時間

図6-4-1 TCPタイムアウト時間の短縮

```
TimeOut 60
```

6-4-3 Apacheのプロセス数/スレッド数を制限する

　Apacheは複数のリクエストを同時に処理するのに、プロセスやスレッドを起動します。DoSやDDoS攻撃が行われると、プロセスやスレッドを大量に起動し、サーバリソースを限界まで消費します。DoS／DDoS攻撃でサーバを停止させないようにするには、Apacheが消費するリソースを抑えるよう、同時起動可能なプロセス数やスレッド数を設定します。

　Apacheは「**prefork**」MPMを使用することで、複数のリクエストをプロセスで処理します。プロセス数に関連するパラメータは**図6-4-2**のとおりです（**5章**も併せて参考にしてください）。

　Apache起動時、最初に起動するプロセス数を「**StartServers**」ディレクティブで指定します。起動と同時にアクセスが集中するようなら、この値は「**MaxClients**」ディレクティブで指定した値に近いものを設定します。待機プロセスは「**MinSpareServers／MaxSpareServers**」ディレクティブで指定した値に応じて動的に調整されるため、デフォルトの5〜10の値で十分です。Apacheは待機プロセスが消費されそうになると、新たなプロセスを生成します。過度な待機プロセスが発生しないように「**MinSpareServers < MaxSpareServers**」の範囲で値を設定します。待機プロセスを使い切り、新たなプロセスの起動が間に合わない状況なら、徐々に値を上げ、消費されるプロセス数と起動するプロセス数のバランスを保つように設定します。無駄に高い値を設定し、待機プロセスの常駐でサーバのリソースを無駄に消費しないようにします。

　「**MaxClients**」ディレクティブではApacheの最大プロセス数を指定します。「**使用可能なサーバのメモリ量**」を「**Apacheの1プロセスが使用するメモリ量**」で割った値を指定します。「**MaxRequestsPerChild**」ディレクティブでは、プロセスを使い回す頻度を指定します。Apacheではいったん起動したプロセスを再利用しますが、CGIやPHPなどを使った動的コンテンツでは、プロセスを定期的に再起動することでメモリリークを解消できます。画像やHTMLドキュメントのような静的ドキュメントしか扱わないケースでは「**0**」を指定しプロセスを無制限に使い回すようにします。

図6-4-2 httpd.conf（prefork（プロセスベース）MPMを使用している場合のリソース設定）

```
<IfModule prefork.c>
    StartServers         8
    MinSpareServers      5
    MaxSpareServers     20
```

```
    ServerLimit         256
    MaxClients          256
    MaxRequestsPerChild 4000
</IfModule>
```

「woker」MPM を使用することで、複数のリクエストをスレッドで処理します。スレッドを使用することでパフォーマンスを向上します。スレッドに関する設定は図 6-4-3 のとおりです（5 章も併せて参照してください）。

「MinSpareThreads / MaxSpareThreads」ディレクティブでは、待機スレッドの起動数の範囲を設定します。「ThreadsPerChild」ディレクティブで、1 つのプロセスで生成可能なスレッド数を設定します。Windows では使用できるプロセスが1 つしかないため、この値を多くする必要がありますが、Linux の場合、複数のプロセスを起動し、それぞれのプロセスに、「ThreadsPerChild」ディレクティブで指定した個数のスレッドを生成できるため、Windows ほど大きな値を設定する必要はありません。最大スレッド数は「MaxClients」ディレクティブで指定した値で決まるため、高負荷時でもサーバリソースを使い果たさないような値を指定します。

図 6-4-3 httpd.conf（worker（スレッドベース）MPM を使用している場合のリソース設定）

```
<IfModule worker.c>
    StartServers         4
    MaxClients         300
    MinSpareThreads     25
    MaxSpareThreads     75
    ThreadsPerChild     25
    MaxRequestsPerChild  0
</IfModule>
```

6-4-4　クライアント単位でトラフィック量を制限する「mod_bw」

Apache が使用するサーバリソースを制限することで、OS まで被害が及ぶのを防ぐことができますが、Apache の停止は免れません。そこでクライアント単位でトラフィック量を制限し、特定のクライアントによるサービス停止攻撃を防ぎます。それには、サードパーティモジュールの「mod_bw」を使用します。

mod_bw はクライアントごとにトラフィック量やコネクション数を制限できます。またファイル拡張子別に最大コネクション数を設定することもできます。クライアントの識別には IP アドレスやブラウザタイプを指定できます。またバーチャルホストコンテキスト内に指定が可能なため、バーチャルホスト単位で設定を行うこともできます。なお制限に達したクライアントには、HTTP ステータスコードの「503」を返すことで、制限が実施されたことを通知します。mod_bw モジュールの特徴は次のとおりです。

- クライアント単位でトラフィック量の制限ができる
- ファイル種別やサイズによってトラフィック量の制限ができる
- クライアント単位でコネクション数を設定できる
- バーチャルホストにも設定ができる
- ディレクトリごとに設定を使い分けることができる
- 制限が実施された際のクライアントへの通知内容（のHTTPステータスコードやエラー画面）を自由に変更できる

mod_bwの詳細やインストール方法は、**10章**を参考にしてください。

6-4-5　Linuxのiptablesを使ったパケットフィルタ

Apacheでできる対策には限界があります。ネットワーク機器やOSレベルの対策も合わせて実施する必要があります。Linuxであれば「**iptables**」を使ったパケットフィルタリングが利用できます[注2]。iptablesを用いてパケットのステートフル性をチェックすることで「**ステートフルパケットインスペクション（SPI：Stateful Packet Inspection）**」を実現します。

iptablesでSPIを実現するには、外部からACKパケットを受信した際に、そのパケットに対応するデータがWebサーバ側から送信されたかどうか、セッションログを用いて確認します。もし外部から送信されてきたパケットとセッションログが一致しない場合、そのパケットを破棄します。

一例として次のような条件（図6-4-4）でiptablesのフィルタリングを実行します。実行には図6-4-5のようなシェルスクリプトを用意し、管理者権限で図6-4-6のように実行します。

- 受信パケットは破棄。ただしステートフル性を確認しサーバから送信されたパケットに関連するものは許可 …………………………………………………………… (1)
- 送信パケットは基本的にすべて許可 ……………………………………………… (2)
- ループバックアドレスに関してはすべて許可 …………………………………… (3)
- メンテナンスホストからのping、メンテナンスホストへのpingを許可 ………… (4)
- メンテナンスホストからのssh（TCP 22）を許可 ………………………………… (5)
- すべてのホストからのHTTP（TCP 80）を許可 …………………………………… (6)
- サーバからのDNS問い合わせ（UDP 53）を許可 ………………………………… (7)

[注2] Linuxディストリビューションには、ファイアウォールとして既にiptablesを使用しているものがあります。設定が重複しないよう注意します。

第6章 Apacheのセキュリティ対策

図6-4-4 フィルタ条件

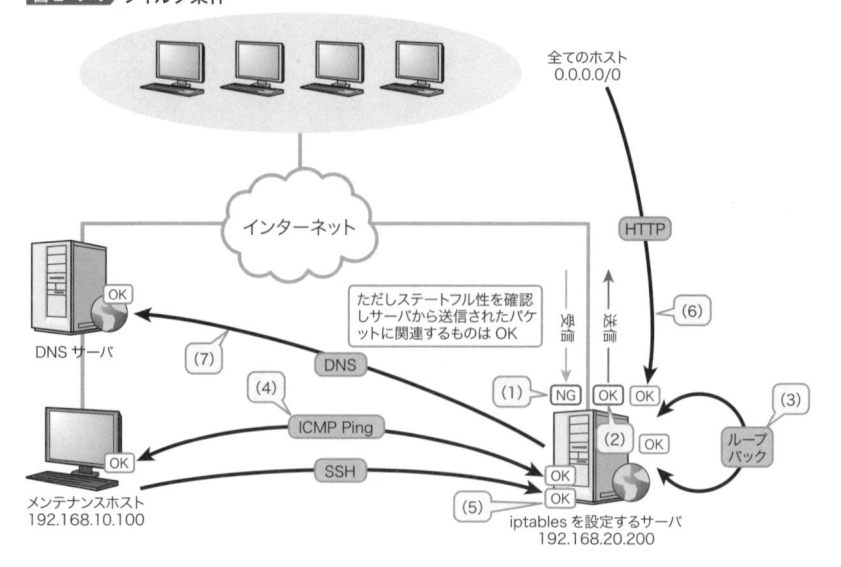

図6-4-5 iptables.sh

```
#! /bin/sh

trusthost='192.168.10.100'      ←メンテナンスホストを指定
myhost='192.168.20.200'         ←自ホストのIPアドレスを指定
any='0.0.0.0/0'                 ←すべてのホスト

#############
#Flush & Reset
#############
/sbin/iptables -F
/sbin/iptables -Z
/sbin/iptables -X
#############
#Deafult Rule
#############
/sbin/iptables -P INPUT DROP
/sbin/iptables -P OUTPUT ACCEPT
/sbin/iptables -P FORWARD DROP

#########
#loopback
#########
/sbin/iptables -A INPUT -i lo -j ACCEPT
######################
#ICMP trusthost->myhost
######################
/sbin/iptables -A INPUT -p icmp --icmp-type echo-request -s $trusthost -d $myhost -j ACCEPT
```

```
######################
#ICMP myhost->trusthost
######################
/sbin/iptables -A INPUT -p icmp --icmp-type echo-reply -s $trusthost -d $myhost -j ACCEPT
#########
#TCP ALL
#########
/sbin/iptables -A INPUT -p tcp -m state --state ESTABLISHED,RELATED -j ACCEPT
######################
#ssh trusthost-> myhost
######################
/sbin/iptables -A INPUT -p tcp --syn -m state --state NEW -s $trusthost -d $myhost --dport
 22  -j ACCEPT
################
#www ANY-> myhost
################
/sbin/iptables -A INPUT -p tcp --syn -m state --state NEW -s $any -d $myhost --dport 80 -j
 ACCEPT
#########
#DNS
#########
/sbin/iptables -A INPUT -p udp -s $any --sport 53 -d $myhost -j ACCEPT
#########
#logging
#########
/sbin/iptables -N LOGGING
/sbin/iptables -A LOGGING -j LOG --log-level warning --log-prefix "DROP:" -m limit
/sbin/iptables -A LOGGING -j DROP
/sbin/iptables -A INPUT -j LOGGING
```

図 6-4-6 シェルスクリプトの実行

```
# sh iptables.sh
```

6-4-6　DoS ／ DDoS ／ brute force 攻撃に有効な「mod_evasive」

　攻撃元を絞れる DoS 攻撃なら、不正アクセスを行うクライアントを絞り込み、ブラックリストでアクセスを拒絶することもできます。一方、分散型の攻撃を行う DDoS 攻撃では、世界中のクライアントを踏み台に利用するため、クライアントを特定するのが難しくなります。たとえ特定できたとしても、また別の踏み台から攻撃が行われるなど堂々巡りの繰り返しです。そこで拡張モジュールの「**mod_evasive**」を使って、アクセス拒否を自動的に設定します（mod_evasive は Apache 2.4には対応していません）。mod_evasive なら DoS ／ DDoS 攻撃だけでなく、「**brute force 攻撃**」に対しても有効です。brute force 攻撃はパスワードを解読するために文字列の組み合わせを総当たりで試そうと、多量のアクセスを行う攻撃手法です。

　mod_evasive をソースファイルからインストールし、DSO で動的に組み込みます。

mod_evasive の配布元（http://www.zdziarski.com/blog/?page_id=442）にアクセスし、ソースアーカイブをダウンロードします。2011 年 12 月時点の最新版は「mod_evasive_1.10.1.tar.gz」です。**図 6-4-7** の手順で、ソースアーカイブを展開し、「**apxs**」コマンドで組み込みます。openSUSE ／ Debian ／ Ubuntu では「**apxs2**」コマンドを使用します。拡張モジュールのインストール方法については、**4 章**を参考にします。

図 6-4-7 mod_evasive のソースインストール
```
# tar xvfz mod_evasive_1.10.1.tar.gz
# cd mod_evasive
# apxs -i -a -c mod_evasive20.c
```
※ 実行例は Red Hat 系 Linux ディストリビューションの場合。openSUSE ／ Debian ／ Ubuntu では「apxs2」コマンドを使用します

Fedora や Ubuntu ではバイナリパッケージをオンラインインストールすることもできます（**図 6-4-8**）。

図 6-4-8 mod_evasive のバイナリパッケージをオンラインインストール
・**Fedora の場合**
```
# yum install mod_evasive
```

・**Ubuntu ／ Debian の場合**
```
$ sudo apt-get install libapache2-mod-evasive
```

インストールは以上です。設定もデフォルトのまま使用するなら修正は不要です。モジュールを有効にするには Apache を起動（または再起動）します（**図 6-4-9**）。

図 6-4-9 Apache の再起動／起動
```
# apachectl restart      （Apache の再起動）
# apachectl start        （Apache の起動）
```
※ 実行例は Red Hat 系 Linux ディストリビューションの場合。openSUSE ／ Debian ／ Ubuntu では「apache2ctl」コマンドを使用します

動作を確認するには、ソースアーカイブに含まれる「**test.pl**」を利用します。「test.pl」は Perl スクリプトです。サーバ上で**図 6-4-10** のように実行します。アクセス制限が実施されるまで「**200 OK**」（アクセス可）を表示し、アクセス制限が実施されると「**403 Forbidden**」（アクセス不可）を表示します。Fedora では「**/usr/share/doc/mod_evasive-1.10.1/test.pl**」を、Ubuntu ／ Debian では「**/usr/share/doc/libapache2-mod-evasive/examples/test.pl**」を利用します。

図 6-4-10 test.p で動作確認

```
# perl test.pl
HTTP/1.1 200 OK        ← アクセス可
HTTP/1.1 200 OK
HTTP/1.1 200 OK
HTTP/1.1 200 OK
HTTP/1.1 403 Forbidden ← アクセス不可
HTTP/1.1 403 Forbidden
HTTP/1.1 403 Forbidden
HTTP/1.1 403 Forbidden
...
```

ApacheBench を使って確認することもできます。図 6-4-11 のように ab コマンドを使用します。ApacheBench の詳細は 5 章を参考にしてください。

図 6-4-11 ApacheBench で DoS 攻撃をシミュレーション

```
# ab -n 1000 -c 100 http:// サーバのアドレス /
-n 試行回数、-c 同時接続数
```

Apache のエラーログには、アクセス制限が実施されたことが図 6-4-12 のように記録されます。また「/var/log/messages（または /var/log/messages）」には図 6-4-13 のような 1 行を見つけることができます。

図 6-4-12 アクセス制限が実施された場合のログ

```
[Fri Dec 16 20:43:31 2011] [error] [client ○.○.○.○] client denied by server
configuration: /var/www/
[Fri Dec 16 20:43:31 2011] [error] [client ○.○.○.○] client denied by server
configuration: /var/www/
...
```

（○.○.○.○は攻撃元アドレス）

図 6-4-13 DoS 攻撃が行われた際に出力されるログ

```
Dec 16 20:43:31 ホスト名 mod_evasive[2521]: Blacklisting address ○.○.○.○: possible DoS
attack.
5.254 port 67
```

（○.○.○.○は攻撃元アドレス）

mod_evasive のデフォルト設定では、次のような内容で不正アクセスリストを作成し、アクセス制御を行います。

・1 秒間に**同一ページ**に対し 2 回以上のアクセスがあった場合、不正アクセスリストに追加します
・1 秒間に**同一サイト**に対し 50 回以上のアクセスがあった場合、不正アクセスリストに追加します

・最後のアクセスから10秒後に、不正アクセス対象リストから除外します

デフォルト値を変更するには、図6-4-14のようにhttpd.confを修正します。

図6-4-14 mod_evasiveの設定例

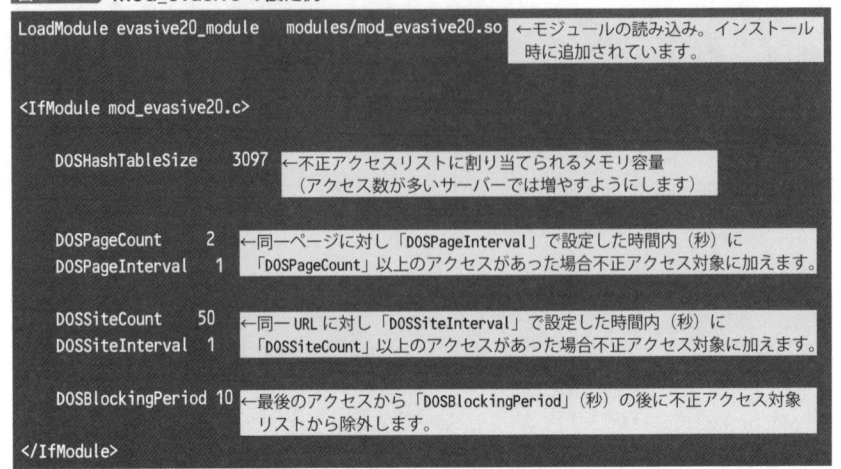

```
LoadModule evasive20_module    modules/mod_evasive20.so   ←モジュールの読み込み。インストール
                                                            時に追加されています。

<IfModule mod_evasive20.c>

    DOSHashTableSize   3097    ←不正アクセスリストに割り当てられるメモリ容量
                                （アクセス数が多いサーバーでは増やすようにします）

    DOSPageCount       2       ←同一ページに対し「DOSPageInterval」で設定した時間内（秒）に
    DOSPageInterval    1        「DOSPageCount」以上のアクセスがあった場合不正アクセス対象に加えます。

    DOSSiteCount       50      ←同一URLに対し「DOSSiteInterval」で設定した時間内（秒）に
    DOSSiteInterval    1        「DOSSiteCount」以上のアクセスがあった場合不正アクセス対象に加えます。

    DOSBlockingPeriod  10      ←最後のアクセスから「DOSBlockingPeriod」（秒）の後に不正アクセス対象
                                リストから除外します。
</IfModule>
```

ほかにも図6-4-15のようなディレクティブを使ってmod_evasiveを設定します。不正アクセスリストに新たなIPアドレスが追加された際に、メールで通知するには「**DOSEmailNotify**」ディレクティブで送付先を指定します。また外部コマンドと連携させるには「**DOSSystemCommand**」ディレクティブでコマンドを指定します。mod_evasiveはクライアントのIPアドレスごとにログファイルを作成します。デフォルトでは「**/tmp/**」ディレクトリにログファイルを作成します。ディレクトリを変更するには「**DOSLogDir**」ディレクティブでほかのディレクトリを指定します。ディレクトリを変更した場合、Apache httpdデーモンの権限でディレクトリに書き込めるよう、ディレクトリの所有者を変更します（図6-4-16）。

図6-4-15 mod_evasiveを設定するディレクティブ

```
DOSEmailNotify      foo@example.jp              ←メール通知の送付先
DOSSystemCommand    "su - someuser -c '/sbin/... %s ...'"   ←外部コマンドの起動
                                                             %sはクライアントのIPアドレス
DOSLogDir           "/var/lock/mod_evasive"     ←DOSEmailNotify, DOSSystemCommandで使用する
                                                  ロックファイルを置くディレクトリ

DOSWhitelist        127.0.0.1                   ←ホワイトリスト（不正アクセスリストから除外）

DOSWhitelist        192.168.0.*                 ←クラスC単位のみ   192.168.*は駄目
```

図 6-4-16 ログファイルが出力できるようディレクトリの所有者を変更する

```
# mkdir /var/lock/mod_evasive
# chown apache.apache /var/lock/mod_evasive
```

※ Apache httpd デーモンのユーザ／グループが「apache」の場合

　Apache httpd デーモンのユーザ／グループ名は httpd.conf で確認できます。たとえば、「**User apache**」「**Group apache**」などと記されているものを使用します。

　メール通知を使用するには、「**/bin/mail**」コマンドでメールが送れるか事前に確認しておきます（図 6-4-17）。

図 6-4-17 /bin/mail の送信テスト

```
$ echo 'test' | /bin/mail -s 'Test Mail' foo@example.jp
```

※「-s」で題名を指定します

　メールを送信するには SMTP サーバが起動している必要があります。なおメール送信に「**/bin/mail**」コマンドを使用します。ほかのコマンドで代用するには、mod_evasive のソースコードを修正し、再インストールする必要があります。

　ローカルネットワークのクライアントなど、特定のクライアントを不正アクセスリストから除外するには「**DOSWhitelist**」ディレクティブを使用します。指定には IP アドレスを使用し、ネットワーク単位で指定するには「192.168.0.*」とします。なお「*」を使って指定できるのはクラス C[注3]のみです。クラス B[注3]以上の指定はできません。

　mod_evasive を使えば、手軽に不正アクセスを防止でき、DoS や DDoS といったサービス停止攻撃に対し効果を上げることができます。ただし mod_evasive が管理する不正アクセスリストは、プロセスごとに 1 つずつ作成されます。そのため複数プロセス方式で Apache を起動している場合、プロセス間で不正アクセスリストを共有できません。そのため同一サーバであっても、あるプロセスで不正アクセスに加えられた IP アドレスが、別のプロセスではリストに追加されないため、サーバ全体としては設定どおりに働かない場合があります。

　mod_evasive は、トラフィック量でアクセス制御したり、同時アクセス数を調整するといったことには対応していません。そうしたアクセス制御には、先に紹介した「**mod_bw**」を使用します。

[注3]【クラス C ／クラス B】クラス C はネットマスク「255.255.255.0」や「/24」などと表現されるアドレス範囲で、たとえば 192.168.0.0 ～ 192.168.0.255 までのアドレス空間を指します。クラス B はネットマスク「255.255.0.0」や「/16」などと表現されるアドレス範囲で、たとえば 172.16.0.0 ～ 172.16.255.255 までのアドレス空間を指します。

6-5 WAF（Webアプリケーションファイアウォール）を実装する

アプリケーションレベルで、クライアントからのデータを検証する方法として、Webアプリケーションサーバとクライアントの間に、サーバを介在させ、そのサーバで入出力データを検証する方法が考えられます。そうしたWebアプリケーションサーバのための防御システムを「**WAF（Webアプリケーションファイアウォール）**」と呼びます。

6-5-1 WAFの必要性

金融、流通、医療、教育などさまざまな分野でWebアプリケーションが利用されています。Webアプリケーションには Perl、PHP、Ruby、Javaといったプログラミング言語が使われています。こうしたプログラム特有の脆弱性を狙った攻撃にも対応する必要があります。たとえば「**XSS（クロスサイトスクリプティング）攻撃**」ではソフトウェアのセキュリティーホールを突き、危険なコードをサーバのコンテンツに混入します。こうして書き換えられたコンテンツでフィッシングサイトに誘導したり、データの送信先を変更し、クライアントが入力したデータを第三者に送信するなどの被害を発生させます。

ほかにも「**インジェクション攻撃**」と言われる手法では、プログラムが受け取るデータの中にセキュリティを侵害するコマンドや文字列を注入（インジェクション）し、サーバ内部で意味のあるコードを組み立て不正な操作を行います。たとえばWebフォームとデータベースが連携しているようなシステムでは、データベースを操作するためのクエリがWebフォームを通じて入力され、秘匿情報が漏えいしてしまうなどの事例が報告されています。

XSSやインジェクション攻撃の標的にならないよう、ソフトウェアのセキュリティーホールは確実に塞いでおくようにします。またWebアプリケーションは、クライアントの入力に対しさまざまなパターンを考慮し、偽装された悪意のあるコードが実行されないよう、入力データの検証を十分に行う必要があります。

ネットワークレベルの不正アクセス対策と異なり、XSSやインジェクション攻撃では、クライアントから送信されるデータを、Webサーバが処理する前に検閲するといった、アプリケーションレベルの対策が必要になります。アプリケーションレベルで、クライアントからのデータを検証する方法として、Webアプリケーションサーバとクライアントの間に、サーバを介在させ、そのサーバでデータを検証す

る方法が考えられます。そうした Web アプリケーションサーバのための防御システムを「WAF（Web アプリケーションファイアウォール）」と呼びます（図6-5-1）。

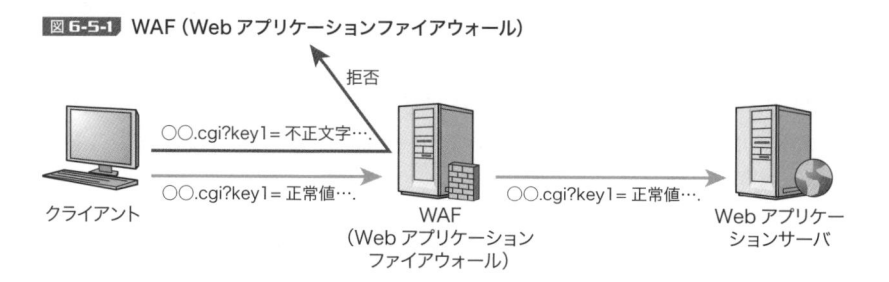

図 6-5-1 WAF（Web アプリケーションファイアウォール）

6-5-2　mod_security で WAF を実装する

Apache で WAF を導入するには拡張モジュールの「mod_security」を使用します。mod_security なら、専用サーバを用意することなく、低コストで導入できます。mod_security の主な機能は次のとおりです。

- HTTP リクエストがサーバで処理される前に、監査を実施できます
- フォームデータ、リクエストヘッダの中身など、監査対象を細かく設定できます
- 監査ルールに引っ掛かった際の動作を細かく設定できます
- 監査内容に、正規表現を使用できます
- HTTP レスポンスに対して、監査を実施できます
- 監査ログを記録できます

mod_security をソースファイルからインストールし、DSO で組み込みます。配布元（http://www.modsecurity.org/）にアクセスし、ソースアーカイブをダウンロードします。2011 年 12 月時点の最新版は「modsecurity-apache_2.6.2.tar.gz」です。図 6-5-2 の手順で、ソースアーカイブを展開し、congfigure や make コマンドを実行します。なお mod_security のインストールに、「libxml2」「lua」や「curl」といったものが必要です。インストール中にエラーが出るようなら、別途追加インストールします。

図 6-5-2 mod_security のソースインストール

```
# tar xvfz modsecurity-apache_2.6.2.tar.gz
# cd modsecurity-apache_2.6.2/
# ./configure
# make
# make test
```

```
.. 省略 ..
All tests passed (530).      ←テスト結果を確認します（ビルドに成功していてもテストに失敗する場合
                              があります）
# make install
```

※ APR を「/usr/local」にインストールしている場合、「./configure --with-apu=/usr/local/apr/bin」のように指定する必要があります。

　Fedora ／ Ubuntu ／ Debian ／ openSUSE ではバイナリパッケージをオンラインインストールすることもできます（図 6-5-3）。依存パッケージも自動でインストールされます。

図 6-5-3 mod_evasive のバイナリパッケージをオンラインインストール

・**Fedora の場合**
```
# yum install mod_security
```
※実行例は Fedora の場合

・**Ubuntu 11.10 の場合**
```
$ sudo apt-get install libapache2-modsecurity
```

・**Debian の場合**
```
$ sudo apt-get install libapache-mod-security
```
※ Ubuntu 11.04 も同様

・**openSUSE の場合**
```
# yast2 --install apache2-mod_security2
```

　mod_security を使用するには、Apache モジュールの「mod_uniq_id」が必要です。モジュールディレクトリ[注4]に mod_unique_id.so ファイルがあるか確認します。モジュールファイルがない場合、ソースファイルを使って DSO で組み込みます。mod_unique_id.so のソースファイルは Apache のソースアーカイブ中、「modules/metadata/」ディレクトリにあります。作業ディレクトリを移動し、図 6-5-4 のように apxs で組み込みます。openSUSE ／ Debian ／ Ubuntu では apxs2 コマンドを使用します。

図 6-5-4 mod_unique_id のインストール
```
# cd ..../Apache のソースディレクトリ /
# cd modules/metadata/
```

[注4] バイナリパッケージで Apache をインストールした場合、モジュールファイルは、Fedora ／ Red Hat ／ CentOS では「/usr/lib/httpd/modules/」に、openSUSE では「/usr/lib/apache2/」に、Debian ／ Ubuntu では「/usr/lib/apache2/modules/」にインストールされます。Apache をソースからインストールした場合、DSO モジュールは「/usr/local/apache2/modules/」にインストールされます。

```
# apxs -i -a -c mod_unique_id.c
```

※実行例は Red Hat 系 Linux ディストリビュージョンの場合。openSUSE ／ Debian ／ Ubuntu では
「apxs2」コマンドを使用します

　mod_security を設定するには、図 6-5-5 のように httpd.conf ファイルを修正し
ます。なおバイナリパッケージで mod_security をインストールしている場合、専
用の設定ファイルが用意されます。Fedora では「**/etc/httpd/conf.d/mod_security.
conf**」、Ubuntu ／ Debian で　は「**/etc/apache2/mods-enabled/mod-security.
conf**」、openSUSE では「**/etc/apache2/conf.d/mod_security2.conf**」として用意さ
れます。そちらを使用するようにします。

図 6-5-5 mod_security の設定例

```
#モジュールファイルのパスは適宜変更します。
LoadModule security2_module modules/mod_security2.so
LoadModule unique_id_module modules/mod_unique_id.so

<IfModule mod_security2.c>
    #基本設定
    SecRuleEngine On
    SecRequestBodyAccess On
    SecResponseBodyAccess Off

    #デフォルトアクションの指定
    SecDefaultAction phase:2,log,auditlog,deny

    #デバッグログ
    SecDebugLog logs/modsec_debug.log
    SecDebugLogLevel 3

    #監査ログ
    SecAuditEngine RelevantOnly
    SecAuditLog logs/modsec_audit.log

    #監査ルールの設定
    #IP アドレスをチェック
    SecRule REMOTE_ADDR "^10¥.0¥.0¥.[0-9]{1,3}$" "log,deny"
    SecRule REMOTE_ADDR "^192¥.168¥.[0-9]{1,3}¥.[0-9]{1,3}$" "log,deny"

    #GET メソッドパラメータをチェック
    SecRule ARGS_GET "atack" "log,deny"

    #POST メソッドパラメータをチェック
    SecRule ARGS_POST "evil" "log,deny"

    #GET ／ POST ともにチェック
    SecRule ARGS "(¥"|>|<|'|script|onerror)" "log,deny"
    SecRule ARGS "foo" "log,pass"
</IfModule>
```

mod_securityを有効にするのに、「SecRuleEngine」ディレクティブで「On」を指定します。「SecRequestBodyAccess On」でクライアントからサーバに送信されるデータ（リクエストデータ）に対し監査を実施します。サーバからクライアントへ送信されるデータ（レスポンスデータ）に対して監査を実施するには、「SecResponseBodyAccess On」とします、今回は不要なため「Off」にしています。

監査処理で疑わしいものが見つかった場合の対処方法は、監査ルールを定める際に同時に指定しますが、デフォルトの対処方法を「SecDefaultAction」で指定しておくことができます。「SecDefaultAction phase:2,log,auditlog,deny」と指定した場合、Apacheのエラーログと監査ログへの記録のあと、アクセスを拒否します。「phase:2」は動作タイミングを表しており、この場合はクライアントからのリクエストを受け付けた後（サーバからレスポンスを返す前）になります。

デバッグログは、動作を確認する際に利用します。「SecDebugLog」で出力先ログファイルを指定し、「SecDebugLogLevel」でデバッグレベルを指定します。レベルは「0～9」まで指定可能で、「0」を指定すると何も出力しません。数字が上がるほど出力される情報が多くなり、「9」ですべての情報を出力します。

監査を実施した記録を残すために、「SecAuditEngine」ディレクティブで「RelevantOnly」を指定します。「SecAuditEngine On」とした場合すべての監査記録が出力されます。監査に引っ掛かったものだけ出力するために「RelevantOnly」を指定します。

監査ルールの設定は「SecRule」ディレクティブで行います。「SecRule 監査対象 一致内容 アクション」のように指定します。監査ルールについては、この後解説します。

設定終了後Apacheを起動または再起動します（図6-5-6）。その後、Apacheのログディレクトリ[注5]に、監査ログ用のファイル「modsec_audit.log」とデバッグログ用のファイル「modsec_debug.log」が作成されていることを確認します（図6-5-7）。

図6-5-6 Apacheの再起動／起動

```
# apachectl restart      （Apacheの再起動）
# apachectl start        （Apacheの起動）
```

※実行例はRed Hat系Linuxディストリビューションの場合。openSUSE／Debian／Ubuntuでは「apache2ctl」コマンドを使用します

[注5] ログの出力先は、Apacheのインストール方法によって異なります。ソースアーカイブを使ってインストールした場合は「/usr/local/apache2/logs/」ディレクトリに、Fedora／Red Hat／CentOSでパッケージインストールした場合は「/var/log/httpd/logs/」ディレクトリに、openSUSE／Debian／Ubuntuでパッケージインストールした場合は「/var/log/apache2/」ディレクトリになります。

図 6-5-7 監査ログとデバッグログの確認

```
#ls /var/log/httpd/modsec_*
/var/log/httpd/modsec_audit.log   /var/log/httpd/modsec_debug.log
```

※ Fedora16 での実行例

　監査ルールの設定方法を、監査ログを照らし合わせながら解説します。図 6-5-5 の「**SecRule REMOTE_ADDR ...**」ではクライアントのアドレスで制限を実施します。IP アドレスやホスト名を正規表現を使って指定します。アクションに「**"log,deny"**」を指定しているため、ログファイルへの記録と、アクセス拒否が実行されます。指定したクライアントがアクセスできないことを確認し、「**modsec_audit.log**」に図 6-5-8 のような監査ログが出力されていることを確認します。監査ログには監査対象にマッチしたパターンや、どのタイミングで監査が実施されたかなど出力されます。

図 6-5-8 modsec_audit.log に出力された監査ログ

```
--d3168767-H--
Message: Access denied with code 403 (phase 2). Pattern match "^192¥¥.168¥¥.[0-9]{1,3}¥¥.[0-9]{1,3}$" at REMOTE_ADDR. [file "/etc/httpd/conf/httpd.conf"] [line "1038"]
Action: Intercepted (phase 2)
Stopwatch: 1324097630965408 1078 (- - -)
Stopwatch2: 1324097630965408 1078; combined=45, p1=1, p2=41, p3=0, p4=0, p5=2, sr=0, sw=1, l=0, gc=0
Producer: ModSecurity for Apache/2.6.2 (http://www.modsecurity.org/).
Server: Apache/2.2.15 (CentOS)

--d3168767-Z--
```

　監査ルールを「SecRule ARGS_GET "atack" "log,deny"」と設定すると、GET メソッドを使ったフォームデータの中に、「atack」という文字列を見つけた場合に、ログへの記録とアクセス拒否を実施するようになります。「http:// サーバのアドレス /index.html?key=atack」のように、GET メソッドパラメータを URL に付け加えアクセスします。設定どおり監査ログへの記録とアクセス拒否が実行されるのを確認します。

　POST メソッドを使ったフォームデータに対して監査ルールを設定するには、「SecRule ARGS_POST "evil" "log,deny"」のようにします。先ほど GET メソッドでの監査ルールには「**ARGS_GET**」を使用しましたが、POST メソッドでは「**ARGS_POST**」を使用します。この設定では POST メソッドを使ったフォームデータ中に、文字列「**evil**」が含まれていた場合に、ログへの記録とアクセス拒否を実施します。設定を確認するには、フォームデータを POST メソッドでサーバに送信できるよう、図 6-5-9 のような Web フォームを作成します。作成した Web フォームにアクセスし、テキスト入力フィールドに「evil」とタイプし、送信ボタンをクリックします。

設定どおりに監査ログへの記録とアクセス拒否が実行されのを確認します。なお action に実在しない CGI を指定しても、テストを行うことができます。

図 6-5-9 POST メソッドでデータを送信するのに使用する Web フォーム

```html
<html>
<body>
<form action=/cgi-bin/not_found.cgi method=post>
<input type=text name=test>
<input type=submit>
</form>
</body>
</html>
```

POST ／ GET メソッドのどちらにも対応する監査ルールを設定するには、「SecRule ARGS ...」とします。監査ルールに引っかかった際に、ログの記録だけ行い接続を許可するには、アクションの指定で「"log,pass"」とします。

以上のように、mod_security は細かな内容を設定できるため、記述が面倒です。インジェクション対策では SQL クエリに有害な文字列をはじめ、メールヘッダや OS コマンドなど、さまざまなシステムを考慮し条件を設定する必要があります。そのため有害な文字列をすべて列挙するのはたいへんな作業です。そこで、あらかじめ用意されたルールセットを使用します。

mod_security をバイナリパッケージでインストールすると、サンプルルールが自動的に組み込まれます[注6]。サンプルルールは、Fedora では「**/etc/httpd/modsecurity.d/**」に、Ubuntu では「**/etc/modsecurity/**」に用意されます。

mod_security をソースからインストールした場合、「**ModSecurity Core Rule Set (CRS)**」を利用します。CRS は「http://www.modsecurity.org/」からダウンロードできます。2011 年 12 月時点の最新ファイルは「modsecurity-crs_2.2.2.tar.gz」です。図 6-5-10 の手順でアーカイブを展開し、ルールセットをコピーして使用します。httpd.conf を図 6-5-11 のように修正し、サンプルルールを取り込みます。

図 6-5-10 CRS の用意

```
# tar xvfz modsecurity-crs_2.2.2.tar.gz
# cd modsecurity-crs_2.2.2
# cp modsecurity_crs_10_config.conf.example /etc/httpd/conf/modsecurity_crs_10_config.conf
# cp -r base_rules /etc/httpd/conf/mod_sec_conf
```

※実行は Fedora 16 の場合

[注6] バイナリパッケージで Apache をインストールした場合、Fedora ／ Red Hat ／ CentOS では「/etc/httpd/conf/」、openSUSE ／ Debian ／ Ubuntu では「/etc/apache2/」が conf ディレクトして利用されます。

図 6-5-11 CRS を有効にする

```
# モジュールファイルのパスは適宜変更します。
LoadModule security2_module modules/mod_security2.so
LoadModule unique_id_module modules/mod_unique_id.so

<IfModule mod_security2.c>
    # コピーしたルールセットファイルを指定。パスは適宜変更します。
    Include conf/modsecurity_crs_10_config.conf
    Include conf/mod_sec_conf/*.conf
</IfModule>
```

　CRS には、「base_rules」のほかにも「optional_rules／experimental_rules／slr_rules」があります。必要に応じてコピーし、用途に合わせカスタマイズします。

第7章

Apache の大規模運用

Apache 2.2 以降、Proxy 機能を拡張した負荷分散機能を利用できます。高価なロードバランサを用いることなく、Apache で冗長性を備えたロードバランサを実現できます。また Apache は強力なキャッシュ機能を備えています。本章では大規模用途に Apache を利用できるよう、負荷分散とキャッシュ機能の活用方法を解説します。

7-1 Apache の負荷分散

バージョン 2.2 以降の Apache なら、冗長性を備えたロードバランサを実現できます

7-1-1 負荷分散と冗長性

サーバ 1 台で処理しきれないほどの大規模なサイトでは、サーバを複数台用意し、「**ロードバランサ**」と呼ばれる負荷分散装置によって負荷を分散し、安定的な運用を実現しています（図 7-1-1）。ロードバランサを利用することで、クライアントからのリクエストを複数のサーバに割り振り、各サーバの負荷を軽減できます。同じ IP アドレスで複数のサーバが応答するしくみを構築する必要があるため、ロードバランサには高価なアプライアンス製品やネットワーク機器が用いられていますが、Apache の拡張モジュールを利用することで、ロードバランサとして利用できます。

図 7-1-1 ロードバランサ（負荷分散装置）

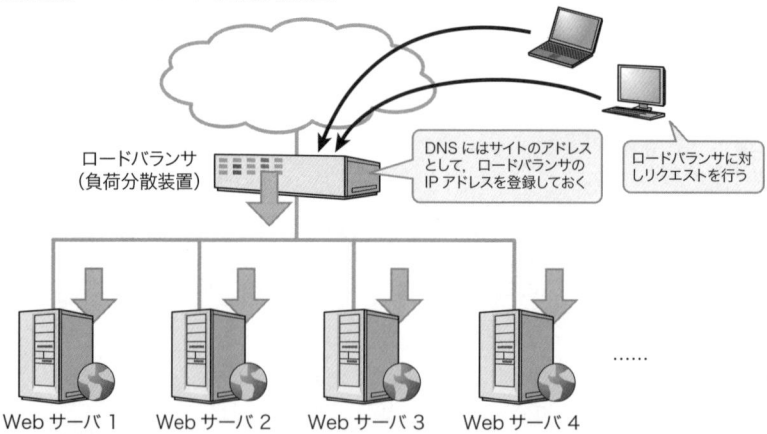

負荷分散の方式には、順番にサーバを割り振ってゆく「**ラウンドロビン方式**」や、応答が最も早いサーバを選択する「**最速応答時間方式**」、接続しているコネクション数が最少のサーバを選択する「**最少コネクション方式**」、一定時間に転送されたデータ量が最も少ないサーバを選択する「**最少トラフィック方式**」が一般的に使用

されます。またロードバランサによっては、ラウンドロビン方式でも順番に割り振らず、決められた割合で割り振っていく「**重み付けラウンドロビン方式**」や、CPUの負荷が一番低いサーバに割り振る「**CPU 負荷分散方式**」、セッション情報を維持するために、クライアントのソース IP や Cookie 情報で、決められたサーバに接続する「**セッション維持方式**」を採用したロードバランサもあります。ロードバランサにより各サーバの負荷を軽減できると同時に、ダウンしたバックエンドサーバを切り離すことで、サービスの冗長性を確保する機能も兼ね備えています。ただしシステム構成が複雑化し、ログが各サーバに分散するなど、メンテナンスにかかるコストが高くなるため、ロードバランサの導入にあたっては十分な検討が必要です。

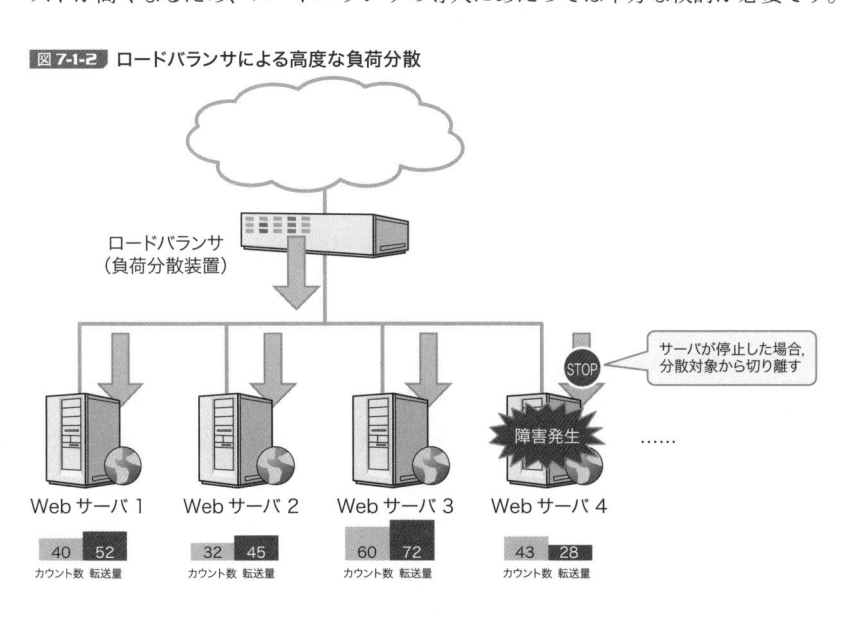

図 7-1-2 ロードバランサによる高度な負荷分散

7-1-2　Apache の Proxy 機能と負荷分散機能

　Apache は従来 Proxy 機能を備えています。負荷分散は Proxy 機能を応用することで実現されており、Apache の負荷分散を理解するには、まず Proxy 機能について知っておく必要があります。

　よく利用される Proxy 機能には、反応の遅いサイトに代わってキャッシュされたデータを Web サーバの代理で返す「**フォワード Proxy**」機能があります（図 7-1-3）。フォワード Proxy 機能は、外部ネットワークとの接続が許可されていないイントラネット内のクライアントが、外部の Web サイトを参照できるようにするといった、クライアントの利便性を高めるために使用されます。

図 7-1-3 フォワード Proxy

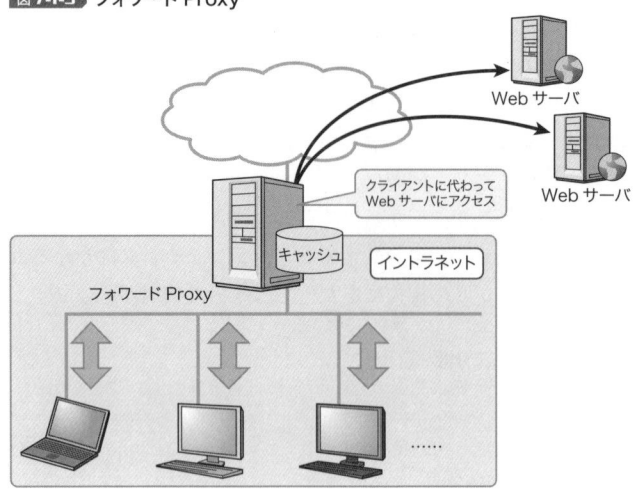

一方ロードバランシングには「**リバース Proxy 機能**」を利用します（**図 7-1-4**）。リバース Proxy はインターネット側からのリクエストをいったん中継し、ほかの Web サーバへリクエストを振り分けます。リバース Proxy は、コンテンツを複数のサーバに分散させる場合や、Web サーバの構成を外部から隠蔽する場合などに使用します。Apache のリバース Proxy 機能は URL マッピングにより実現されています。特定の URL に対し決められた Web サーバにリクエストを割り振ります。このリバース Proxy 機能に、負荷分散や冗長性を兼ね備えることでロードバランサとして利用できます。

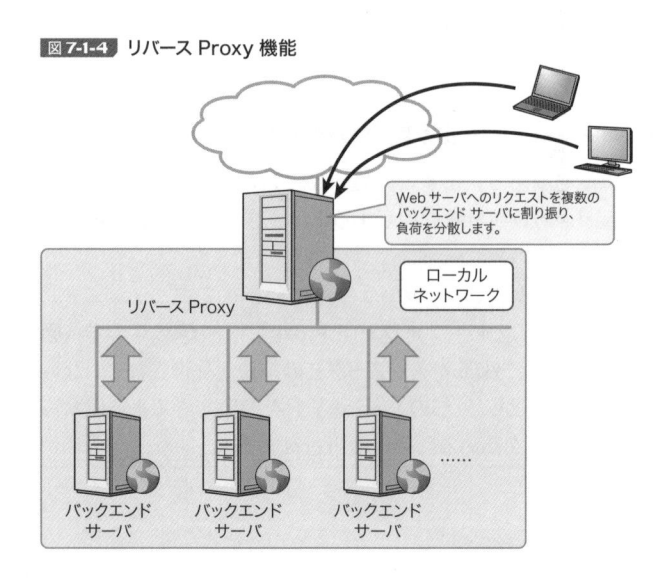

図 7-1-4 リバース Proxy 機能

Apache で Proxy 機能を使用するには、拡張モジュール「**mod_proxy**」を組み込みます。また組み合わせる機能やプロトコルによって、**表 7-1-1** のようなモジュールも使用します。

表7-1-1 Apache の Proxy 関連モジュール

拡張モジュール	説明
mod_proxy	Apache に Proxy 機能を可能にします
mod_proxy_balancer	ロードバランス機能を可能にします
mod_proxy_ftp	FTP プロトコルを Proxy できるようにします
mod_proxy_http	HTTP プロトコルを Proxy できるようにします
mod_proxy_ajp	AJP プロトコル（Tomcat のような Servlet コンテナとの通信で使用します）を Proxy できるようにします
mod_proxy_connect	トンネリングのための CONNECT メソッドを Proxy できるようにします

7-1-3 「mod_proxy_balancer」による負荷分散

負荷分散機能は拡張モジュールの「**mod_proxy_balancer**」によって提供されます。HTTP はもちろん、サーブレットコンテナ Apache Tomcat で使われる AJP13 プロトコルや FTP のバランシングも可能にします。分散方式には、重み付けラウンドロビン方式が利用でき、その重み付けには、一般的なリクエスト回数によるものに加え、トラフィック量による設定もできます。またセッション変数を維持させることもできます。Apache2.2 以降の負荷分散、冗長化機能の特徴は次のようになります。

● 負荷分散
・リクエスト回数をもとに、決められた割合でバックエンドサーバに割り振ることができます。
・トラフィック量をもとに、決められた割合でバックエンドサーバに割り振ることができます。
・セッション変数を利用する場合、セッション情報を保持しているサーバに継続して割り振ることができます。
・設定を動的に変更できるマネージャを利用できます。
・「マネージャ」を使用することで、各バックエンドサーバの状態を確認することができます。
・「マネージャ」は Web ブラウザを通して利用することができます。

● 冗長化機能
・HTTPD サービスを再起動することなく、バックエンドサーバをオンライン／オフラインにすることができます。

- バックエンドサーバのダウンを自動で検知し、分散対象から外すことができます。
- バックエンドサーバが障害から復帰した場合には、自動で分散対象に切り戻すことができます。
- バックエンドサーバのオンライン/オフラインを変更できるマネージャが利用できます。
- 「マネージャ」を使用することで、各バックエンドサーバの状態を確認することができます。
- 「マネージャ」は Web ブラウザを通して利用することができます。

　Java や PHP で作成されたアプリケーションサービスでは、しばしばセッション変数が利用されます。HTTP はコネクションレスなプロトコルのため、Web ブラウザと HTTP サーバとで永続的な処理を行うことができません。たとえばログインページでユーザ認証に成功したとしても、Web ブラウザが次の画面に遷移すれば、違うセッションとして扱われ、認証に成功した情報を引き継ぐことができません。そこでクライアントの IP アドレスや、固有 ID を埋め込んだ Cookie 情報をもとに、サーバ側でクライアントを識別し、クライアントごとの変数をサーバ側で保持するようにします。そうすることで Web ブラウザが画面を遷移しても、ログインなどの情報を引き継ぐことができます。その際サーバ側で保存される情報が「**セッション変数**」です。ロードバランサなどを導入し、アプリケーションサーバが複数台になる場合、サーバ間でセッション変数を共有する必要があります。Apache Tomcat のようなアプリケーションサーバでは、メモリ/ディスク/ RDBMS にセッション情報を保存する「**セッションレプリケーション**」が提供されています。こうしたしくみに頼らなくても、Apache 2.2 以降ではクライアントからのリクエストを、セッション変数が保存されているサーバに固定して割り振ることができます。これは「**スティッキーセッション方式**」と呼ばれ、セッション変数を永続して利用できます。

7-1-4　負荷分散機能のインストール

　すでに Apache がインストールされている場合、負荷分散や冗長性を有効にする Proxy 関連モジュールが有効になっているか、**図 7-1-5** の手順で確認します。

図 7-1-5　Proxy 関連モジュールのインストール確認

```
# httpd -M | grep proxy
 proxy_module (shared)
 proxy_balancer_module (shared)
 proxy_ftp_module (shared)
 proxy_http_module (shared)
 proxy_ajp_module (shared)
 proxy_connect_module (shared)
Syntax OK
```

※すべてのモジュールがインストールされている必要はありません
※実行例は Red Hat 系 Linux ディストリビューションの場合。openSUSE では「httpd2」、Debian / Ubuntu では「apache2」コマンドを使用します)

有効になっていないだけで、モジュールファイルはインストールされている場合もあります。Fedora ／ CentOS ／ Debian ／ Ubuntu ／ openSUSE といった Linux ディストリビューションでは、Apache をバイナリパッケージでインストールすると、Proxy 関連モジュールも同時にインストールされます[注1]。

最低でも「mod_proxy（図 7-1-5 では proxy_module）／ mod_proxy_balancer（図 7-1-5 では proxy_balancer_module）／「mod_proxy_http」（図 7-1-5 では proxy_http_module）」がインストールされている必要があります。「mod_proxy_ftp（図 7-1-5 では proxy_ftp_module）／ mod_proxy_ajp（図 7-1-5 では proxy_ajp_module）」はそれぞれ、FTP や AJP13[注2]プロトコルを負荷分散する場合に必要になり、「**mod_proxy_connect**（図 7-1-5 では proxy_connect_module）」は HTTPS で使用される CONNECT メソッドをサポートさせる場合などに必要になります。もし各モジュールが有効になっていない場合は、このあとの各インストール方法を参考にします。

ソースからインストールした場合、Proxy 機能やロードバランス機能のためのモジュールは、デフォルトでは組み込まれません。負荷分散機能モジュールを静的に組み込むには、configure 実行時にオプションを指定する必要があります（図 7-1-6）。「**--enable-proxy**」オプションで Proxy 機能を有効にし、「**--enable-proxy-balancer**」オプションで負荷分散機能に対応させます。

図 7-1-5 Proxy 関連モジュールのソースインストール

・静的モジュールでインストールする場合

```
# ./configure --enable-proxy --enable-proxy-balancer
```

・DSO でインストールする場合

```
# ./configure --enable-proxy=shared --enable-proxy-balancer=shared
```

※その他の手順は 2 章を参照

7-1-5　負荷分散機能の設定 1（リクエスト URL でバックエンドサーバを割り振る）

図 7-1-7 のようなサーバ構成を例に、リクエスト URL でバックエンドサーバを割り振る方法を解説します。「http:// サーバ /contents1」にアクセスするとバックエンドサーバ「server1.example.jp」にリクエストを転送し、「http:// サーバ /contents2」にアクセスすると、バックエンドサーバ「server2.example.jp」にリク

[注1] バイナリパッケージで Apache をインストールした場合、モジュールファイルは、Fedora ／ Red Hat ／ CentOS では「/usr/lib/httpd/modules/」に、openSUSE では「/usr/lib/apache2/」に、Debian ／ Ubuntu では「/usr/lib/apache2/modules/」にインストールされます。Apache をソースからインストールした場合、DSO モジュールは「/usr/local/apache2/modules/」にインストールされます。

[注2] Tomcat のような Servlet コンテナとの通信で使用します。

エストを転送するには、図 7-1-8 のように設定します。

図 7-1-7 リクエスト URL でバックエンドサーバを割り振る場合

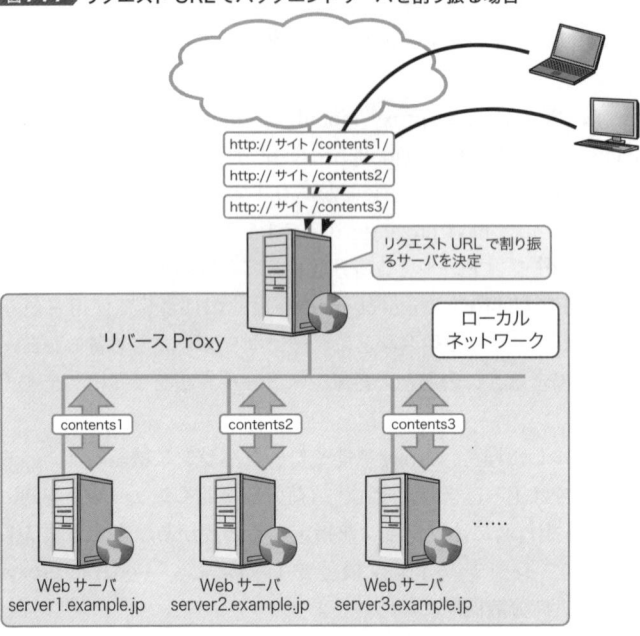

図 7-1-8 設定例 1（リクエスト URL でバックエンドサーバを割り振る）

```
#モジュールファイルの指定。通常自動で追加されます。（モジュールファイルのパスはインストール方法によって異なります。）
LoadModule proxy_module modules/mod_proxy.so
LoadModule proxy_balancer_module modules/mod_proxy_balancer.so
LoadModule proxy_ftp_module modules/mod_proxy_ftp.so
LoadModule proxy_http_module modules/mod_proxy_http.so
LoadModule proxy_ajp_module modules/mod_proxy_ajp.so
LoadModule proxy_connect_module modules/mod_proxy_connect.so

<IfModule mod_proxy.c>
    ProxyRequests Off        ←フォワードプロキシ機能を無効にすることで、リバース Proxy を有効にする

    #「http:// サーバ/contents1」でアクセスした場合、バックエンドサーバ「server1.example.jp」にリクエストを転送
    ProxyPass /contents1 http://server1.example.jp
    ProxyPassReverse /contents1 http://server1.example.jp

    #「http:// サーバ/contents2」でアクセスした場合、バックエンドサーバ「server2.example.jp」にリクエストを転送
    ProxyPass /contents2 http://server2.example.jp
    ProxyPassReverse /contents2 http://server2.example.jp

    #「http:// サーバ/contents3」でアクセスした場合、バックエンドサーバ「server3.
```

```
example.jp」にリクエストを転送
    ProxyPass /contents3 http://server3.example.jp
    ProxyPassReverse /contents3 http://server3.example.jp
</IfModule>
```

　ProxyRequestsディレクティブで「**off**」を指定し、フォワードProxy機能を無効にします。次に「**ProxyPass**」ディレクティブでURLのマッピングを指定します。必要であれば「**ProxyPassReverse**」ディレクティブを使用し、HTTPレスポンスヘッダ中のバックエンドサーバのURLをProxyサーバのものに書き換えるようにします。なおProxyPassReverseディレクティブではHTMLページの中に埋め込まれたバックエンドサーバのURLまで書き換えることはできません。

　バックエンドサーバは図7-1-8では、ローカルネット内に配置していますが、ロードバランサからIPネットワーク的に到達可能であれば、どこにあってもリクエストを振り分けることができます。ただし、バックエンドサーバを外部ネットに設置すると、隠蔽性が損なわれ、外部からの攻撃にさらされる危険性があります。またバックエンド側のWebサーバとして、TomcatやIISのようなApache以外のWebサーバとも連携可能です。

　設定が完了したあと、設定を有効にするのに、図7-1-9の手順でApacheを起動または再起動します。もし設定に間違いがあれば、起動時にエラー個所が表示されます。

図7-1-9 Apacheの再起動／起動

```
# apachectl restart    （Apacheの再起動）
# apachectl start      （Apacheの起動）
```

※実行例はRed Hat系Linuxディストリビューションの場合。openSUSE／Debian／Ubuntuでは「apache2ctl」コマンドを使用します

7-1-6　負荷分散機能の設定2（リクエスト回数を基に決められた割合でバックエンドサーバに割り振る）

　リクエスト回数をもとに決められた割合でバックエンドサーバに割り振るようにします（図7-1-10）。まずApacheサーバにネットワークインターフェースを2つ実装し、バックエンドサーバを外部から隠蔽します。

図7-1-10　リクエスト回数をもとに決められた割合でバックエンドサーバに割り振る場合

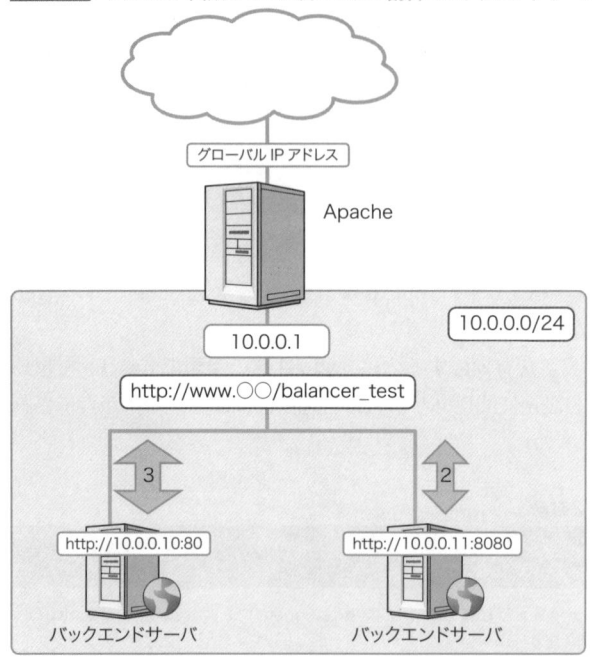

　リクエスト回数をもとに決められた割合でバックエンドサーバに割り振るには、httpd.confファイルを図7-1-11のように設定します。

図7-1-11　設定例2（リクエスト回数をもとに決められた割合でバックエンドサーバに割り振る）

```
#モジュールファイルの指定。通常自動で追加されます。(モジュールファイルのパスはインストール方法によって異なります。)
LoadModule proxy_module modules/mod_proxy.so
LoadModule proxy_balancer_module modules/mod_proxy_balancer.so
LoadModule proxy_ftp_module modules/mod_proxy_ftp.so
LoadModule proxy_http_module modules/mod_proxy_http.so
LoadModule proxy_ajp_module modules/mod_proxy_ajp.so
LoadModule proxy_connect_module modules/mod_proxy_connect.so

ProxyRequests Off        ←フォワードプロキシ機能を無効にすることで、リバースProxyを有効にする
```

```
ProxyPass /balancer_test balancer://mycluster lbmethod=byrequests timeout=1

<Proxy balancer://mycluster>
    BalancerMember http://10.0.0.10 loadfactor=3
    BalancerMember http://10.0.0.11:8080 loadfactor=2
</Proxy>
```

　負荷分散機能を利用する場合、フォワードProxy機能を無効にしておく必要があります。それには「**ProxyRequests**」ディレクトリで「**Off**」を指定します。「**ProxyPass**」ディレクティブは、もともとリモートサーバをローカルサーバのURLにマッピングするために使用しますが、リモートサーバのアドレスに「**balancer://**」を用いることで負荷分散機能が可能になります。図7-1-11では「http://サーバ/cluster_test」にアクセスすると、ロードバランスが働きます。「**lbmethod=byrequests**」でリクエスト回数に基づく負荷分散アルゴリズムを指定し、「**timeout=1**」でバックエンドサーバに接続する際のタイムアウトを1秒に設定しています。アクセスが相当数になりエラーを起こすようなら設定を見直します。

　負荷分散の際、リクエストを割り振られるバックエンドサーバの指定は「**<Proxy balancer://○○>～</Proxy>**」ディレクティブで行います。ここでは2台のサーバを指定しています。「**BalancerMember**」ディレクトリに続けて、バックエンドサーバのURLを指定します。TCPポート80番以外でサービスしているHTTPサーバを指定することもできます。「**loadfactor=3**」で負荷分散アルゴリズムで使用する「重み」を3に指定しています。loadfactorには1～100までの値を指定し、値が大きくなるほど使用頻度が高くなります。省略した場合は「**loadfactor=1**」になります。図7-1-11ではサーバ「10.0.0.10」と「10.0.0.11」に割り振られる割合がリクエスト数に対して「3:2」になり、サーバ「10.0.0.10」には1.5倍の頻度で割り振られることになります。

　設定が完了した後、Apacheを起動または再起動します。クライアントを用意しWebブラウザでアクセスし動作を確認します。ロードバランサに割り当てられたアドレス（図7-1-11では「http://サーバ/cluster_test」）にアクセスします。その後、各サーバのaccess_log[注3]を確認します（図7-1-12）。バックエンドサーバのaccess_logにはクライアントのIPアドレスではなく、ロードバランサのIPアドレスが記録されます。一方ロードバランサには、クライアントのIPアドレスで記録されます。バックエンドサーバにクライアントのIPアドレスを記録する方法は、

[注3] ログの出力先は、Apacheのインストール方法によって異なります。ソースアーカイブを使ってインストールした場合は「/usr/local/apache2/logs/」ディレクトリに、Fedora／Red Hat／CentOSでパッケージインストールした場合は「/var/log/httpd/logs/」ディレクトリに、openSUSE／Debian／Ubuntuでパッケージインストールした場合は「/var/log/apache2/」ディレクトリになります。

「7-1-11 負荷分散機能の設定 7（ログにクライアントアドレスを記録する）」で解説します。

図 7-1-12 access_log の確認
・ロードバランサの access_log
```
クライアントのアドレス - - [22/Dec/2011:22:08:27 +0900] "GET /balancer_test HTTP/1.1" 200 …省略…
```

・バックエンドサーバの access_log
```
ロードバランサのアドレス - - [22/Dec/2011:22:08:26 +0900] "GET / HTTP/1.1" 200 …省略…
```

7-1-7　負荷分散機能の設定 3（トラフィック量をもとに決められた割合でバックエンドサーバに割り振る）

　トラフィック量に応じてリクエストを分散させるには、ProxyPass ディレクティブで「lbmethod=bytraffic」とし、負荷分散アルゴリズムに bytraffic を指定します（図 7-1-13）。その他の設定は図 7-1-11 と同様です。図 7-1-11 では割り振り頻度を算出するのにリクエスト数を使用していましたが、図 7-1-13 では転送されたデータ量をもとに行われます。回数ではなくデータ量を用いることで、よりサーバのパフォーマンスに応じた割り振りが可能になります。

図 7-1-13 設定例 3（トラフィック量をもとに決められた割合でバックエンドサーバに割り振る）
```
ProxyPass /balancer_test balancer://mycluster lbmethod=bytraffic timeout=1
```
※その他の設定は図 7-1-8 と同じ。

　設定が完了した後、Apache を起動または再起動し動作を確認します。それにはクライアントを用意し、Web ブラウザでロードバランサにアクセスします。その後、図 7-1-12 を同じように access_log を確認します。

7-1-8　負荷分散機能の設定 4（冗長性の確保）

　リクエストを単に分散するほか、冗長性を確保することもできます。バックエンドサーバのいずれかがダウンした場合、ロードバランサ側で自動で切り離し、サーバが復旧するとフェールオーバーします。設定例 2（図 7-1-11）でも、すでに冗長性は確保できています。バックエンドサーバがダウンすると、ロードバランサは自動で切り離し、error_log に図 7-1-14 のようなメッセージを出力します。

図7-1-14 バックエンドサーバがダウンした際に記録される、ロードバランサのerror_log

```
[Thu Dec 22 22:15:37 2011] [error] (111)Connection refused: proxy: HTTP: attempt to
connect to ○○ (○○) failed
[Thu Dec 22 22:15:37 2011] [error] ap_proxy_connect_backend disabling worker for (○○)
```

※○○はダウンしたバックエンドサーバのアドレス

　冗長性の確保に関するその他の設定は、図7-1-15のように行います。いずれかのバックエンドサーバがダウンした場合に、ほかのサーバに切り替わるまでの試行回数は、「**ProxyPass**」ディレクティブで「**maxattempts=回数**」のように指定します。maxattemptsのデフォルトは「**1**」になります。

図7-1-15 設定例4（冗長性の確保に関するその他の設定）

```
ProxyPass /balancer_test balancer://mycluster lbmethod=byrequests timeout=1 maxattempts=2
```

7-1-9　負荷分散機能の設定5（セッション情報の維持）

　負荷分散時に、セッション変数を永続的に利用するのに、スティッキーセッション方式が採用されていることは本章冒頭で解説しました。Apacheでスティッキーセッション方式を設定するには、図7-1-16のように設定します。JavaアプリケーションとPHPアプリケーションとでは、設定方法が異なります。「**ProxyPass**」ディレクティブので、Javaアプリケーションなら「**stickysession=JSESSIONID**」を、PHPアプリケーションなら「**stickysession=PHPSESSIONID**」を指定します。またバックエンドサーバでセッションレプリケーション機能をもたない場合、「**nofailover=On**」とする必要があります。これによりバックエンドサーバがダウンし冗長化機能が働いた場合に、いったんセッションを切るようにします。バックエンドサーバがセッションレプリケーションをサポートしていれば、デフォルトの「**off**」のままにします。

図7-1-16 設定5（セッション情報の維持）

```
#Javaアプリケーションの場合
ProxyPass /balancer_test balancer://mycluster lbmethod=byrequests timeout=1 nofailover=On
stickysession=JSESSIONID

#PHPアプリケーションの場合
ProxyPass /balancer_test balancer://mycluster lbmethod=byrequests timeout=1 nofailover=On
stickysession=PHPSESSIONID
```

　Cookieをサポートしていない携帯端末などの中には、URL rewritingを使いセッションIDをURLに加えるものがあります。たとえば「**http://example.jp/test;jsessionid=セッションID**」のようなURLでセッションIDをサーバに引き渡します。

Apacheのスティッキーセッション方式なら、URL rewriting に対応しているため、URL 中のセッション ID を拾うことができます。

セッション ID を表す変数名に任意の文字列を使用し、割り振るバックエンドサーバを固定できます（図 7-1-17）。それには URL 中に「**セッション ID 変数名＝セッション ID. 文字列**」のような値を埋め込みます。URL でバックエンドサーバを固定できるよう「**ProxyPass ... stickysession= 変数名**」と指定します。次に「**BalancerMember**」ディレクティブでバックエンドサーバを指定する際、「**バックエンドサーバの URL ... 変数名＝文字列**」とすることで、文字列に対する割り振り先を固定できます。図 7-1-17 のように設定した場合、「http://ロードバランサのアドレス /sticky_test?testid= セッション ID.A」で「http://10.0.0.10」へ、「http://○○ /sticky_test?testid= セッション ID.B」で「http://10.0.0.11:8080」へリクエストを割り振ります。なお URL にセッション ID を埋め込むと、簡単に第三者に参照されるため注意が必要です。

図 7-1-17 セッション ID で割り振るバックエンドサーバを固定する

```
#モジュールファイルの指定。通常自動で追加されます。（モジュールファイルのパスはインストール方法によって異なります。）
LoadModule proxy_module modules/mod_proxy.so
LoadModule proxy_balancer_module modules/mod_proxy_balancer.so
LoadModule proxy_ftp_module modules/mod_proxy_ftp.so
LoadModule proxy_http_module modules/mod_proxy_http.so
LoadModule proxy_ajp_module modules/mod_proxy_ajp.so
LoadModule proxy_connect_module modules/mod_proxy_connect.so

ProxyRequests Off       ←フォワードプロキシ機能を無効にすることで、リバース Proxy を有効にする
ProxyPass /sticky_test balancer://mycluster2 lbmethod=byrequests timeout=1 nofailover=On stickysession=testid

<Proxy balancer://mycluster2>
    BalancerMember http://10.0.0.10 loadfactor=3 route=A
    BalancerMember http://10.0.0.11:8080 loadfactor=2 route=B
</Proxy>
```

7-1-10　負荷分散機能の設定 6(Load Balancer Manager の使用)

Apache には負荷分散や冗長化機能ためのマネージャが用意されています。マネージャは Web ブラウザを通して簡単に使用できます。

設定を変更したり、各バックエンドサーバの状態を確認したりできます。マネージャで変更した内容は、即座に反映され、サーバを再起動する必要はありません。ただしそこで実施された修正は httpd.conf に反映されないため、サーバを再起動すると元にもどるため注意が必要です。マネージャではほかに、サーバを再起動することなくバックエンドサーバを切り離すことができます。

マネージャを使用するには、拡張モジュールの「**mod_status**」が必要になります。図 7-1-18 の手順で確認します。デフォルトで組み込まれているため、httpd.conf を修正するだけで有効になります（図 7-1-19）。まず「**<Location> 〜 </Location>**」コンテナ指示子でマネージャにアクセスするための URL を指定します。次に「**SetHandler**」ディレクティブで「**balancer-manager**」を指定しマネージャを有効にします。不特定のユーザにマネージャを使用されないよう、「**Allow from ○○**」のように、アクセス制限を設定します。

図 7-1-18 mod_status のインストール確認

```
# httpd -M | grep status
 status_module (shared)
Syntax OK
```

※実行例は Red Hat 系 Linux ディストリビューションの場合。openSUSE では「httpd2」、Debian ／ Ubuntu では「apache2」コマンドを使用します

図 7-1-19 設定 6（Load Balancer Manager の追加）

```
# モジュールファイルの指定。通常自動で追加されます。（モジュールファイルのパスはインストール方法によって異なります。）
LoadModule status_module modules/mod_status.so

#「http://サーバのアドレス/balancer_manager」をマネージャの URL に使用する場合
<Location /balancer_manager>
    SetHandler balancer-manager

    # アクセス制限
    Order Deny,Allow
    Deny from all
    Allow from 127.0.0.1 10.0.0.128 192.168.0.
    ↑管理画面を使用するクライアントやネットワークを指定
</Location>
```

設定完了後、Apache を起動または再起動します。「**http://サーバ/balancer-manager**」にアクセスします。図 7-1-20 のような画面で設定を変更できることを確認します。冗長化機能を試すにはバックエンドサーバのうち 1 台を意図的にダウンさせ、Status が「**Err**」になり、自動的に切り離されているのを確認します。バックエンドサーバ復旧後しばらくして、フェールオーバーが働き、Status が「**Ok**」に戻っていることも確認します。

図 7-1-20 Load Balancer Manager

```
                    Balancer Manager - Mozilla Firefox
ファイル(F) 編集(E) 表示(V) 履歴(S) ブックマーク(B) ツール(T) ヘルプ(H)
```

Load Balancer Manager for 192.168.45.148

Server Version: Apache/2.2.15 (Unix) DAV/2 PHP/5.3.3 mod_ssl/2.2.15 OpenSSL/1.0.0-fips
Server Built: Dec 8 2011 18:07:26

LoadBalancer Status for balancer://mycluster2

StickySession	Timeout	FailoverAttempts	Method
testid	1	1	byrequests

Worker URL	Route	RouteRedir	Factor	Set	Status	Elected	To	From
http://192.168.45.138	A		3	0	Ok	0	0	0
http://192.168.45.148:8080	B		2	0	Ok	0	0	0

Apache/2.2.15 (CentOS) Server at 192.168.45.148 Port 80

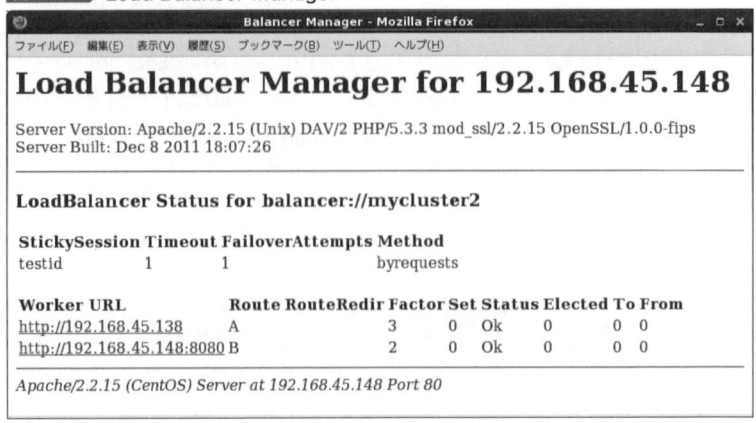

　Load Balancer Manager を誤って使用すると、システムに深刻な障害を与えます。そのためホスト認証に加えユーザ認証もアクセス制限に利用します。Basic 認証を用いてパスワードを設定するには、図 7-1-21 のように設定を変更し、パスワードファイルを図 7-1-22 の手順で作成します。

図 7-1-21 Basic 認証を加えた Load Balancer Manager の設定

```
<Location /balancer_manager>
    SetHandler balancer-manager

    #アクセス制限
    Order Deny,Allow
    Deny from all
    Allow from 127.0.0.1 10.0.0.128 192.168.0.
    AuthUserFile /etc/httpd/conf/htpasswd      ←ユーザ情報ファイルの指定
    AuthGroupFile /dev/null
    AuthName "Balancer Manager"
    AuthType Basic
    require valid-user
</Location>
```

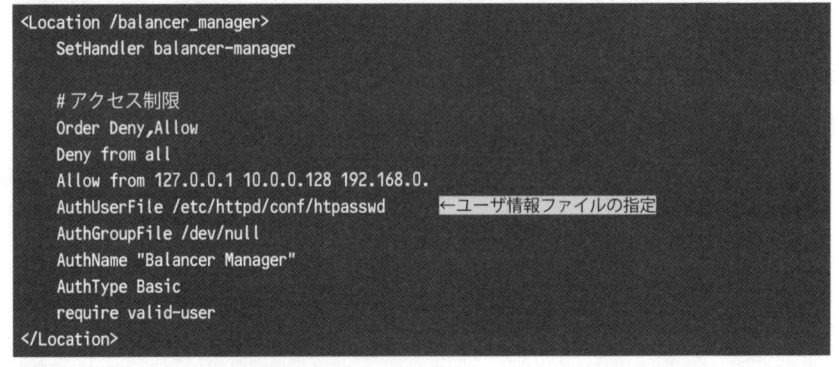

図 7-1-22 ユーザ情報ファイルの作成

```
# htpasswd -c /etc/httpd/conf/htpasswd ユーザ名   ←ユーザ名を入力
New password:                                    ←パスワードを入力
Re-type new password:                            ←パスワードを再入力
Adding password for user user01
```

※実行例は Red Hat 系 Linux ディストリビューションの場合。openSUSE／Debian／Ubuntu では「htpasswd2」コマンドを使用します

7-1-11　負荷分散機能の設定7（ログにクライアントアドレスを記録する）

リバースProxyを経由したリクエストでは、バックエンドサーバのaccess_logやerror_logに、本来リクエスト元のアドレスが記録されるはずですが、実際にはロードバランサのアドレスが記録されます。ロードバランサも同様です。各バックエンドサーバから見れば、ロードバランサやリバースProxyがリクエスト元になるため、クライアントのIPアドレスを直接知ることができません。しかしロードバランサやリバースProxy経由のリクエストには、クライアントのアドレスを記録した「X-Forwarded-For」ヘッダが付加されており、バックエンドサーバで「X-Forwarded-For」ヘッダを参照することで、間接的にクライアントのアドレスを知ることができます。

単純にaccess_logやerror_logの表記を修正するだけなら、httpd.confでログフォーマットを指定しているLogFormatディレクティブで、「%h」の代わりに「%{X-Forwarded-For}i」とします。たとえばaccess_logを修正するには、図7-1-23のようにします。

図7-1-23　バックエンドサーバのaccess_logにクライアントのIPアドレスを記録できるようにする

```
CustomLog logs/access_log common    ← access_logが使用しているフォーマットを確認
```

・access_logのフォーマットに「common」を使用している場合

```
修正前）LogFormat "%h %l %u %t ¥"%r¥" %>s %b" common
修正後）LogFormat "%{X-Forwarded-For}i %l %u %t ¥"%r¥" %>s %b" common
```

7-2 キャッシュ機能の利用

Apache には強力なキャッシュ機能が備わっています。キャッシュ機能を有効活用することで、サーバの負担を軽減しパフォーマンスを改善します。

7-2-1 クライアントサイドキャッシングとサーバサイドキャッシング

キャッシングは頻繁に使用するデータを蓄え、データ読み出しにかかるコストを抑えることで転送速度を改善します。キャッシングには、クライアント側でデータを蓄える「**クライアントサイドキャッシング**」と、サーバ側でデータを蓄える「**サーバサイドキャッシング**」があります。

クライアントサイドキャッシングでは、ブラウザや Proxy サーバを使って、ユーザ側でキャッシュデータを管理します。そのため Web サーバにできることは限られますが、コンテンツのキャッシング可否や、有効期限を HTTP レスポンスヘッダを使って指定できます。また <meta> タグを使って、コンテンツ単位でキャッシュを設定できます。クライアント側のキャッシュデータを有効活用すれば、サーバへの問い合わせ頻度が減り、サーバの負担を軽減できます。

サーバサイドキャッシングでは、キャッシュデータをサーバ側で管理します。クライアントからの問い合わせ頻度を減らすことはできませんが、高速読み出し可能なキャッシュデータを使用することで、問い合わせに対するレスポンスを改善できます。

Apache には、こうしたキャッシングのための機能が用意されています。クライアントキャッシングには「**mod_headers / mod_expires**」、サーバサイドキャッシングには「**mod_cache / mod_disk_cache / mod_mem_cache**」といった拡張モジュールを使用します（mod_mem_cache / mod_disk_cache は Apache 2.4 でモジュールが変更されているため、これ以降の解説は Apache 2.2 に限定しています）。

● **クライアントサイドキャッシングを制御するためのモジュール**
  ・mod_headers
  ・mod_expires

● **サーバサイドキャッシングを制御するためのモジュール**
  ・mod_cache

- mod_disk_cache
- mod_mem_cache

7-2-2 クライアントサイドキャッシングを制御する1（HTTPレスポンスヘッダを使ったキャッシュ制御）

　HTTPプロトコルでは、コンテンツデータに対するキャッシングの有効／無効や、キャッシュ可能な期限といった情報を、HTTPレスポンスヘッダに埋め込むことができます。WebブラウザやProxyサーバは、その情報をもとにキャッシュデータを保存します。コンテンツごとにキャッシングを制御できるため、鮮度が重要なコンテンツはキャッシュせず、更新頻度の少ないデータに対しては、キャッシュするといったことが可能になります。クライアントサイドでコンテンツをキャッシュするため、Webサーバへの問い合わせ回数を減らすことができます。HTTPレスポンスヘッダは、telnetコマンドを使ったWebサーバとの対話モードで確認できます（図7-2-1）。

図7-2-1 telnetコマンドを使って、HTTPレスポンスヘッダ中のキャッシュを制御するヘッダを確認する

```
$ telnet www.yahoo.co.jp 80     ←例としてYahoo!のWebサーバを使用
Trying ...
Connected to www.yahoo.co.jp.
Escape character is '^]'.
GET / HTTP/1.1                  ←GETコマンドを入力
Host: www.yahoo.co.jp           ←サーバ名を入力
                                ←改行入力

HTTP/1.1 200 OK
Date: Thu, 22 Dec 2011 17:09:57 GMT
P3P: policyref=…
Expires: -1                                              ←キャッシュを制御するヘッダ
Pragma: no-cache                                         ←キャッシュを制御するヘッダ
Cache-Control: private, no-cache, no-store, must-revalidate  ←キャッシュを制御するヘッダ
… 省略 …
```

　HTTPプロトコルバージョン1.0（以降、HTTP/1.0）では「**Expires**」や「**Pragma**」といったヘッダでキャッシュデータを制御します。HTTPプロトコルバージョン1.1（以降、HTTP/1.1）では「**Cache-Control**」ヘッダを使用します。通常はCache-Controlヘッダだけで十分ですが、ブラウザやProxyサーバによっては、HTTP/1.1に対応していない場合があるため、互換性を重視するケースでは、HTTP/1.0に対応したExpires／Pragmaヘッダも併用します。

　「**Pragma: 値**」、「**Cache-Control: 値**」のように、それぞれのヘッダに値を指定することで、キャッシュデータの有効性を指定します。Expires／Pragmaの使用方法は表7-2-1、Cache-Controlヘッダに指定できる値は表7-2-2のとおりです。

表7-2-1 HTTPプロトコルバージョン1.0のキャッシュデータ制御ヘッダ「Expires／Pragma」

ヘッダ	説明
Pragma: no-cahe	ブラウザでもProxyサーバでもキャッシュを許可しない
Expires: Fri, 23 Dec 2011 20:51:24 GMT	コンテンツの有効期限の指定

表7-2-2 HTTPプロトコルバージョン1.1ののキャッシュデータ制御ヘッダ「Cache-Control」

Cache-Control: max-age=秒数	キャッシュデータの最大有効期限（単位：秒数）
Cache-Control: s-maxage=秒数	ブラウザに適用されない（Proxyにのみ適用される）点以外はmax-ageと同等（単位：秒数）
Cache-Control: public	ブラウザでのキャッシュ、Proxyサーバでのキャッシュをともに許可
Cache-Control: private	ブラウザでのキャッシュのみ許可する。Proxyサーバでのキャッシュを許可しない
Cache-Control: no-cache	ブラウザでもProxyサーバでもキャッシュを許可しない
Cache-Control: no-store	ブラウザでもProxyサーバでもキャッシュデータを保存しない。キャッシュデータを一時的な場所に保存したとしても、使用後できるだけ早く削除する
Cache-Control: must-revalidate	キャッシュデータを使用する際に有効期限を必ず検証する
Cache-Control: proxy-revalidate	ブラウザに適用されない（Proxyにのみ適用される）点以外はmust-revalidateと同等

※「ブラウザでのキャッシュ」とは非共有型キャッシュ、すなわちブラウザのような個人が利用するキャッシュシステムを指します。
※「Proxyサーバでのキャッシュ」は共有型キャッシュ、すなわちPrxoyサーバのような多人数で利用するキャッシュシステムを指します。

　ApacheでCache-Control／Pragmaヘッダを扱うには、拡張モジュールの「**mod_headers**」を使用します。mod_headersがインストールされているか、**図7-2-2**の手順で確認します。Apacheをバイナリパッケージでインストールするとデフォルトでインストールされますが、モジュールファイルがインストールされていないケースでは、Apacheのソースファイルを使って、**図7-2-3**の手順でmod_headersをインストールします。

図7-2-2 Apacheでmod_headersがインストールされているか確認する

```
# httpd -M | grep headers
 headers_module (shared)
Syntax OK
```

※実行例はRed Hat系Linuxディストリビューションの場合。openSUSEでは「httpd2」、Debian／Ubuntuでは「apache2」コマンドを使用します

図7-2-3 mod_headersのインストール（DSOでインストールする場合）

```
# cd ..../Apacheのソースディレクトリ/
# cd modules/metadata/
# apxs -i -a -c mod_headers.c
```

※実行例はRed Hat系Linuxディストリビューションの場合。openSUSE／Debian／Ubuntuでは「apxs2」コマンドを使用します

インストール後、httpd.confファイルを図7-2-4のように設定します。図7-2-4では、<Directory>コンテナでディレクトリ単位で設定したり、<Files>コンテナでファイル単位で設定したりしています。ヘッダを加えるには「**Header**」ディレクティブを使って、「**Header append ヘッダ**」のように指定します。

図7-2-4 mod_headers を使ったキャッシュ制御ヘッダの設定

```
# モジュールファイルの指定。自動で追加されます。（モジュールファイルのパスはインストール
 方法によって異なります。）
LoadModule headers_module modules/mod_headers.so

# ディレクトリ単位で指定する場合
<Directory /var/www/html>
    Header append Cache-Control no-cache
    Header append Pragma no-cache
    … 省略 …
</Directory>

# 特定ファイル（拡張子）で指定する場合
<Files *.html>
    Header append Cache-Control no-cache
    Header append Pragma no-cache
</Files>

# 正規表現を使って複数ファイル（拡張子）を指定する場合
# 画像系ファイルは
<FilesMatch "¥.(gif|jpe?g|png)$">
    Header append Cache-Control public
</FilesMatch>
```

　キャッシュデータに有効期限を設定するには、HTTPレスポンスに「**Expires: 期限切れ日時**」や「**Cache-Control: max-age= 有効な秒数**」といったヘッダを追加します。それにはApacheモジュール「**mod_expires**」を使用します。mod_expiresがインストールされているか、図7-2-5の手順で確認します。Apacheをバイナリパッケージでインストールするとデフォルトでインストールされますが、モジュールファイルがインストールされていないケースでは、Apacheのソースファイルを使って、図7-2-6の手順でmod_expiresをインストールします。

図7-2-5 Apache で mod_expires がインストールされているか確認する

```
# httpd -M | grep expire
 expires_module (shared)
Syntax OK
```

※ 実行例は Red Hat 系 Linux ディストリビューションの場合。openSUSE では「httpd2」、Debian ／ Ubuntu では「apache2」コマンドを使用します

図7-2-6 mod_expires のインストール（DSO でインストールする場合）

```
# cd ..../Apache のソースディレクトリ /
# cd modules/metadata/
# apxs -i -a -c mod_expires.c
```

※ 実行例は Red Hat 系 Linux ディストリビューションの場合。openSUSE ／ Debian ／ Ubuntu では「apxs2」
　コマンドを使用します

インストール後、httpd.conf ファイルを図 7-2-7 のように設定します。図 7-2-7 では <Directory> コンテナを使ってディレクトリ単位で設定しています。Expires ／ Cache-Control ヘッダを有効にするには、「**ExpiresActive**」ディレクティブで「**On**」を指定します。キャッシュデータの有効期限を設定するには「**ExpiresDefault**」ディレクティブを使用します。また「**ExpiresByType**」ディレクティブで、コンテンツの MIME タイプごとに有効期限を設定することもできます。コンテンツが作成された時刻か、アクセス時刻のどちらかに基づいてキャッシュの有効期限を設定します。

図7-2-7 mod_expires を使ったキャッシュ有効期限の設定

```
#モジュールファイルの指定。通常自動で追加されます。（モジュールファイルのパスはインストー
ル方法によって異なります。）
LoadModule expires_module modules/mod_expires.so

<Directory /var/www/html>
    ExpiresActive On                              ← Expires ／ Cache-Control ヘッダを有効にする
    ExpiresDefault "access plus 1 month"          ←デフォルトでアクセスの１ヶ月後にキャッシュの
有効期限が切れるよう設定
    #ExpiresDefault "access plus 4 weeks"         ← 4 週間後に有効期限が切れるよう設定する場合
    #ExpiresDefault "access plus 30 days"         ← 30 日後に有効期限が切れるよう設定する場合

    ExpiresByType image/gif "access plus 15 minutes"
                ↑ GIF ファイルの場合、アクセス後 15 分でキャッシュの有効期限を切れるよう設定
    ExpiresByType image/jpeg "modification plus 5 hours 3 minutes"
                ↑ JPEG ファイルの場合、ファイル更新日時の 5 時間 3 分後に有効期限を切れるよう設定
    ExpiresByType text/css A3600
                ↑ CSS ファイルの場合、アクセス後 3600 秒（1 時間）でキャッシュの有効期限を切れるよう設定
    ExpiresByType text/html M900
                ↑ html ファイルの場合、ファイル更新日時の 900 秒（15 分）後に有効期限を切れるよう設定
</Directory>
```

mod_expires で追加可能なヘッダは「**Cache-Control: max-age= 秒数**」だけです。「**Cache-Control: s-maxage= 秒数**」のような情報をヘッダに追加するには、mod_headers を使って、図 7-2-8 のように設定します。

図7-2-8 「Cache-Control: s-maxage= 秒数」を HTTP レスポンスヘッダに追加する

```
Header append Cache-Control s-maxage=900  <--900 秒を設定
```

7-2-3 クライアントサイドキャッシングを制御する 2 （<meta> タグを使ったキャッシュ制御）

サーバでキャッシュ制御ヘッダを埋め込む以外に、コンテンツに直接タグを埋め込むことでキャッシュを制御できます。それには図 7-2-9 のような <meta> タグを使用します。なお <meta> タグで指定したキャッシュ情報は、ブラウザレベルで使用されるため、Proxy サーバでは処理されません。

図 7-2-9 各コンテンツでキャッシュを制御するタグを埋め込む場合の例

```
<html>
    <head>
        <meta http-equiv="Content-Type" content="text/html; charset=UTF-8">
        <meta http-equiv="Cache-Control" content="no-cache">
        <meta http-equiv="Pragma" content="no-cache">
        <meta http-equiv="Expires" content="Tue, 26 Aug 2008 05:33:54 GMT">
        <title>Cache Test</title>
    </head>
    <body>
        <h1>キャッシュテストです</h1>
        ...省略...
    </body>
</html>
```

なおクライアントサイドキャッシングはクライアントの機能に依存します。そのため Proxy サーバで制御情報を上書きしたり、無効化したりすることがあるため注意が必要です。

7-2-4 サーバサイドキャッシングを制御する 1 （メモリキャッシュとディスクキャッシュ）

サーバサイドキャッシングでは、頻繁に使用されるコンテンツをキャッシュデータとして蓄え、クライアントからのリクエストにキャッシュデータで返します。Apache でサーバサイドキャッシングを有効にするには、拡張モジュールの「**mod_cache**」を利用します。mod_cache のコンテンツキャッシュは、ファイル I/O の最適化が図られているため、ディスクアクセスで発生する遅延時間を短縮できます。さらにキャッシュデータを高速アクセス可能なメモリに展開することもできます。ディスクにキャッシュデータを保存するには「**mod_disk_cache**」を、メモリ上にキャッシュデータを保存には「**mod_mem_cache**」を、それぞれ mod_cache とともに使用します。

mod_cache を使ったサーバサイドキャッシングでも、先ほど紹介した HTTP レスポンスヘッダを使ったキャッシュ制御に対応しています。「**Cache-Control: no-**

cache」でキャッシュしないようにするなど、ヘッダ情報に従いキャッシングを制御します。

　Apache のキャッシング関連モジュールには、ほかにも「**mod_file_cache**」があります。mod_cache は最初のリクエストでキャッシュデータを生成しますが、mod_file_cache は Apache 起動時にあらかじめキャッシュデータを作成します。またキャッシュデータをメモリ上に保存することもできます。たたし、一度キャッシュされたデータを更新するには、Apache を再起動する必要があるため、コンテンツを頻繁に更新するサイトには不向きです。mod_file_cache について、本書ではこれ以上解説しません。必要なら次の URL を参考にします。

●「Apache Module mod_file_cache」
・Apache 2.2 の場合
　http://httpd.apache.org/docs/2.2/mod/mod_file_cache.html

・Apache 2.4 の場合
　http://httpd.apache.org/docs/2.4/mod/mod_file_cache.html

　「**mod_cache ／ mod_disk_cache ／ mod_mem_cache**」といった拡張モジュールがインストールされているか図 **7-2-10** の手順で確認します。インストールされていない場合、Apache のソースファイルを使って、図 **7-2-11** の手順でインストールします。

図 7-2-10 キャッシュ関連モジュールのインストール確認

```
# httpd -M | grep cache
 cache_module (shared)
 disk_cache_module (shared)
Syntax OK
```

※ 実行例は Red Hat 系 Linux ディストリビューションの場合。openSUSE では「httpd2」、Debian ／ Ubuntu では「apache2」コマンドを使用します

図 7-2-11 キャッシュ関連モジュールのインストール（DSO でインストールする場合）

```
# cd /..Apache のソース ../modules/cache/

(mod_cache のインストール)
# apxs -i -a -c mod_cache.c cache_util.c cache_storage.c

(mod_mem_cache のインストール)
# apxs -i -a -c mod_mem_cache.c cache_cache.c cache_hash.c cache_pqueue.c

(mod_disk_cache のインストール)
```

```
# apxs -i -a -c mod_disk_cache.c
```

※実行例は Red Hat 系 Linux ディストリビューションの場合。openSUSE ／ Debian ／ Ubuntu では「apxs2」
　コマンドを使用します

7-2-5　サーバサイドキャッシングを制御する 2（ディスクキャッシュ）

　Apache でディスクキャッシュを利用するには、拡張モジュールの「**mod_cache**／ **mod_disk_cache**」を使用します。各モジュールをインストール後、図 7-2-12 のような設定を httpd.conf ファイルに追加します。図 7-2-12 では「**<IfModule>** ～ **</IfModule>**」ブロックを使って、各モジュールがインストールされている場合のみ、設定が有効になるようにしています。

　「**CacheEnable**」ディレクティブでは、ディスクキャッシュを利用できるよう「**disk**」を指定し、続けてキャッシングの対象となる URL を指定します。なお特定の URL に対してキャッシングを無効にするには「**CacheDisable /foo/bar**」のように指定します。

　キャッシュデータを格納するディレクトリの階層数を「**CacheDirLevels**」ディレクティブで、ディレクトリ名の文字数を「**CacheDirLength**」で指定します。その際「**CacheDirLevels の値× CacheDirLength の値**」が 20 以下となるよう設定します。ディレクトリの階層を深くする場合には、ディレクトリ名を短くし、ディレクトリ名を長くするにはディレクトリの階層を浅くする必要があります。

　次にキャッシュデータを格納するディレクトリ（図 7-2-12 では「/var/cache/apache」）を、十分な空き容量があるストレージ上に図 7-2-13 のように作成します。その際 Apache httpd デーモンの権限で書き込めるよう、ユーザ名とグループ名を変更します。Apache httpd デーモンのユーザ名／グループ名は、httpd.conf で確認できます（図 7-2-14）。

図7-2-12 ディスクキャッシュのための設定

```
#モジュールファイルの指定。通常自動で追加されます。（モジュールファイルのパスはインストー
ル方法によって異なります。）
LoadModule cache_module          modules/mod_cache.so
LoadModule disk_cache_module     modules/mod_disk_cache.so

<IfModule mod_cache.c>
    #ディスクキャッシュを用いる場合
    <IfModule mod_disk_cache.c>
        #キャッシュデータの保管先
        CacheRoot /var/cache/apache/
        #キャッシュ対象 URL
        CacheEnable disk /
        #キャッシュデータを保管するディレクトリ階層の深さ
        CacheDirLevels 5
        #キャッシュデータを保管するディレクトリ名の文字数
```

```
        CacheDirLength 3
    </IfModule>
</IfModule>
```

図7-2-13 キャッシュディレクトリの準備

```
# mkdir /var/cache/apache
# chown apache.apache /var/cache/apache
```

※ ユーザ/グループには httpd.conf の「User」「Group」で指定されたものを使用します。ここではともに
「apache」を使用しています

図7-2-14 httpd.conf で Apache のユーザ/グループを確認する

```
User apache
Group apache
```

　設定終了後、Apache を再起動または起動します。その後ブラウザでサーバにアクセスし動作を確認します。キャッシュされたドキュメントがキャッシュディレクトリ下に蓄えられていることを確認します。「CacheDirLevels 5（ディレクトリ 5 階層）」、「CacheDirLength 3（ディレクトリ名に 3 文字）」と設定した場合、図 7-2-15 のようなディレクトリ階層にキャッシュデータが保存されます。

図7-2-15 キャッシュディレクトリ内のキャッシュデータの例

```
/var/cache/apache/
└ cwR
    └ 4r_
        └ FGN
            └ t81
                └ 4fo
                    ├ QlMIJ_Q.data      ←キャッシュデータ
                    └ QlMIJ_Q.header    ←キャッシュデータの HTTP ヘッダ情報
```

7-2-6　サーバサイドキャッシングを制御する3（メモリキャッシュ）

　Apache でメモリキャッシュを利用するには、拡張モジュールの「mod_cache / mod_mem_cache」を使用します。各モジュールインストール後、図 7-2-16 のような設定を httpd.conf ファイルに追加します。図 7-2-16 の設定では「<IfModule> ～ </IfModule>」ブロックを使って、各モジュールがインストールされている場合のみ、設定が有効になるようにしています。

　「CacheEnable」ディレクティブには、メモリキャッシュを利用するよう「mem」を指定し、続けてキャッシングの対象となる URL を指定します。なお特定の URL に対してキャッシュを無効にするには「CacheDisable /foo/bar」のように指定します。

　キャッシュメモリの最大値は「MCacheSize」ディレクティブで設定します。単位は K バイトです。設定値が小さ過ぎると、キャッシュヒット率が下がり応答性

が悪くなります。大き過ぎると仮想メモリへのスワップが発生し、メモリキャッシュの利点が活かせません。メモリの消費量を見ながら最適な値を設定します。なお新しいデータをキャッシュする際、キャッシュデータの総量が「**MCacheSize**」ディレクティブで指定したサイズを超えると、古いキャッシュデータから順に削除します。

「**MCacheMaxObjectSize**」ディレクティブを使って、キャッシュ可能なドキュメント1つあたりの最大サイズを指定します。その際、「**MCacheSize の値 > MCacheMaxObjectSize の値**」となるよう、キャッシュメモリの総量を超えない値を設定します。

メモリキャッシュにはファイルデータそのものではなく、「**ファイルディスクリプタ**」と呼ばれるファイル識別子だけキャッシュすることもできます。ファイル識別子だけキャッシュすると、パフォーマンスは落ちますが、メモリの消費量を抑えることができます。ファイル識別子だけキャッシュさせるには、「**CacheEnable fd 対象 URL**」のように設定します。

設定終了後、Apache を再起動または起動します。その後ブラウザで Apache にアクセスし動作を確認します。

図 7-2-16 メモリキャッシュのための設定

```
#モジュールファイルの指定。通常自動で追加されます。(モジュールファイルのパスはインストール方法によって異なります。)
LoadModule cache_module         modules/mod_cache.so
LoadModule mem_cache_module     modules/mod_mem_cache.so

<IfModule mod_cache.c>
        #メモリキャッシュを用いる場合(ファイルそのものをキャッシュする)
        <IfModule mod_mem_cache.c>
            #キャッシュ対象URL
            CacheEnable mem /
            #キャッシュメモリの最大値(Kバイト)
            MCacheSize 65536
            #キャッシュに保管されるドキュメントの最大数
            MCacheMaxObjectCount 100
            #キャッシュに保管されるドキュメントの最小サイズ(バイト)
            MCacheMinObjectSize 1
            #キャッシュに保管されるドキュメント1つあたりの最大サイズ(バイト)
            MCacheMaxObjectSize 2048
    </IfModule>
</IfModule>
```

7-2-7 サーバサイドキャッシングを制御する 4 （リバース Proxy を使ったサーバサイドキャッシング）

本章前半で解説した「**リバース Proxy**」にキャッシュ機能を組み合わせることで、Web サーバのレスポンスをさらに向上できます。リバース Proxy は Web サーバに代わってクライアントからの Web アクセスを中継し、バックエンドに配置された Web サーバへ、リクエストを振り分けます。Web サーバはリクエストに対しレスポンスデータを生成し、リバース Proxy に返します。その後リバース Proxy が Web サーバに代わってクライアントへレスポンスデータを送信します。さらにキャッシングを併用することで、Web ページへのアクセスを高速化する「**Web アクセラレータ**」として機能します。

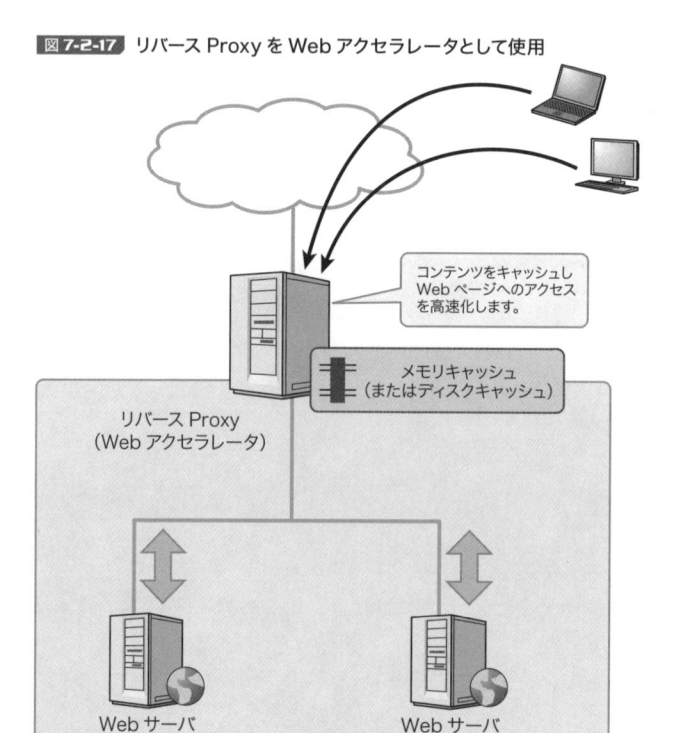

図 7-2-17 リバース Proxy を Web アクセラレータとして使用

Apache でキャッシング可能なリバース Proxy を構築する手順を解説します。まず関連モジュールがインストールされているか、図 7-2-18 の手順で確認します。使用するプロトコルによってはすべてのモジュールがインストールされている必要はありません。mod_proxy と mod_proxy_http が最低限インストールされていることを確認します。

リバース Proxy に必要なモジュールがインストールされていない場合、Apache のソースファイルを使って図 7-2-19 の手順でインストールします。なおキャッシングを併用するため、mod_cache や mod_mem_cache（または mod_disk_cache）もインストールされている必要があります。インストール手順は図 7-2-10 を参考にします。

図 7-2-18 Proxy 関連モジュールがインストールされているか確認する

```
# httpd -M | grep proxy
 proxy_module (shared)
 proxy_balancer_module (shared)
 proxy_ftp_module (shared)
 proxy_http_module (shared)
 proxy_ajp_module (shared)
 proxy_connect_module (shared)
Syntax OK
```

※すべてのモジュールがインストールされている必要はありません
※実行例は Red Hat 系 Linux ディストリビューションの場合。openSUSE では「httpd2」、Debian ／ Ubuntu では「apache2」コマンドを使用します

図 7-2-19 キャッシュ機能付きリバース Proxy 関連モジュールのインストール（DSO でインストールする場合）

```
# cd /..Apache のソース ../modules/proxy/

(mod_proxy のインストール)
# apxs -i -a -c mod_proxy.c
または
# apxs -i -a -c mod_proxy.c proxy_util.c ajp_header.c ajp_msg.c ajp_link.c ajp_utils.c

(mod_proxy_balancer のインストール)
# apxs -i -a -c mod_proxy_balancer.c

(mod_proxy_http のインストール)
# apxs -i -a -c mod_proxy_http.c
```

※ mod_proxy_ftp ／ mod_proxy_ajp ／ mod_proxy_connect は必要に応じてインストールします
※実行例は Red Hat 系 Linux ディストリビューションの場合。openSUSE ／ Debian ／ Ubuntu では「apxs2」コマンドを使用します

モジュールインストール後、httpd.conf ファイルを図 7-2-20 のように設定します。前半がリバース Proxy のための設定、後半がキャッシングのための設定です。リバース Proxy の使用例として、「7-1-5　負荷分散機能の設定 1（リクエスト URL でバックエンドサーバを割り振る）」で解説したものを使用しています。「**ProxyRequests**」ディレクティブで「**off**」を指定し、フォワード Proxy 機能を無効にする必要があります。続いて「**ProxyPass**」ディレクティブで URL のマッピングを指定します。URL マッピングを使って、バックエンドサーバと URL を対応させます。必要なら

「ProxyPassReverse」ディレクティブで HTTP レスポンスヘッダ中のバックエンドサーバの URL を、Proxy サーバのものに書き換えます。キャッシングの設定内容は図 7-2-16 を参考にします。メモリキャッシュを使用していますが、ディスクキャッシュを利用することもできます。それには図 7-2-12 を参考に設定を修正します。

図 7-2-20 キャッシュ機能付きリバース Proxy の設定

```
# モジュールファイルの指定。通常自動で追加されます。(モジュールファイルのパスはインストール方法によって異なります。)
LoadModule proxy_module modules/mod_proxy.so
LoadModule proxy_balancer_module modules/mod_proxy_balancer.so
LoadModule proxy_ftp_module modules/mod_proxy_ftp.so
LoadModule proxy_http_module modules/mod_proxy_http.so
LoadModule proxy_ajp_module modules/mod_proxy_ajp.so
LoadModule proxy_connect_module modules/mod_proxy_connect.so
LoadModule cache_module       modules/mod_cache.so
LoadModule mem_cache_module   modules/mod_mem_cache.so

# リバース Proxy のための設定 (URL でバックエンドサーバを振り分け)
<IfModule mod_proxy.c>
    ProxyRequests Off    ←フォワードプロキシ機能を無効にすることで、リバース Proxy を有効にする

    # 「http:// サーバ/contents1」でアクセスした場合、バックエンドサーバ「server1.example.jp」にリクエストを転送
    ProxyPass /contents1 http://server1.example.jp
    ProxyPassReverse /contents1 http://server1.example.jp

    # 「http:// サーバ/contents2」でアクセスした場合、バックエンドサーバ「server2.example.jp」にリクエストを転送
    ProxyPass /contents2 http://server2.example.jp
    ProxyPassReverse /contents2 http://server2.example.jp
</IfModule>

# キャッシュ機能のための設定 (例としてメモリキャッシュを使用)
<IfModule mod_cache.c>
    # メモリキャッシュを用いる場合
    <IfModule mod_mem_cache.c>
        CacheEnable mem /
        MCacheSize 65536
        MCacheMaxObjectCount 100
        MCacheMinObjectSize 1
        MCacheMaxObjectSize 2048
    </IfModule>
</IfModule>
```

第8章

Apacheの
WebDAV機能

Apache は HTTP サーバとして使用できるほか、ファイルサーバとしても使用できます。それには「WebDAV」機能を有効にします。バージョン 2.0 以降の Apache には、WebDAV のための拡張モジュールが標準実装されています。

8-1 WebDAVとは

Apacheをファイルサーバとして利用することもできます。それにはWebDAV（Web-based Distributed Authoring and Versioning）を使用します。

8-1-1 WebDAVの特徴

ApacheはWebサーバとしてHTTP（Hypertext Transfer Protocol）をサポートしていますが、分散ファイルシステムのための「**WebDAV（Web-based Distributed Authoring and Versioning）**」もサポートしています。WebDAVはHTTP 1.1の拡張プロトコルで、Webサーバ上のコンテンツを管理できるよう、リモートファイルのアップデートや削除といった操作ができます。WebDAVに対応したWebサーバなら、コンテンツのアップロードや更新に、FTPやscpのような従来のプロトコルを使うことなく、WebDAVで間に合います。たいていのネットワークでは、HTTPやHTTPSで使用される80番や443番といったTCPポートが開放されているため、ファイアウォールやNAT越しの接続が、FTPやscpに比べWebDAVは容易です。

WebDAVの主な特徴は次のとおりです。

・必要とするTCP/IPポートなどネットワーク構成がシンプルである
・SSLを使ったセキュリティの向上が容易
・特定のOSやサーバの実装に依存しないため、多くのクライアントで利用可能
・さまざまな認証プロバイダ（LDAPやRDBMSなど）を利用できる

8-1-2 本章で解説するWebDAVの構成

WebDAVのユーザ認証には、Apacheの**Basic**認証を使うのが簡単です。ただしBasic認証は、パスワードを単純なエンコードでサーバに送るため、ネットワーク経路上で盗聴される危険性があります。より安全な通信には**Digest**認証を使用します。さらに送受信データすべてを暗号化するなら**SSL／TLS**を使用します。本書では、最初にBasic認証やDigest認証を使った基本的なインストール方法を解説します。また後半では、認証プロバイダに**LDAP**を導入し、会社組織のような大規模用途にも対応できるようにします。

8-2 WebDAVの基本インストール

ApacheでWebDAVを利用できるよう、基本的なインストール方法を解説します。認証方式には、Basic認証とDigest認証を使用します。

8-2-1　WebDAVのインストールと基本設定（Basic認証）

バージョン2.0以降のApacheなら、標準でWebDAVに対応し、そのためのモジュールもデフォルトで組み込まれています。図8-2-1の手順で組み込まれているか確認できます。必要なモジュールは「**mod_dav.so／mod_dav_fs.so**」です。もし意図的に外されている場合、Apacheのソースアーカイブを使って追加インストールできます。モジュールを追加インストール方法は、この後「**8-2-5　ソースインストール**」で解説します。モジュールがインストールされていれば、httpd.confを設定するだけで、WebDAVサーバとして稼働できます。

図8-2-1 WebDAVに必要なモジュールがインストールされているか確認する

```
# httpd -M | grep dav
 dav_module (shared)
 dav_fs_module (shared)
```

※実行例はRed Hat系Linuxディストリビューションの場合。openSUSEでは「httpd2」、Debian／Ubuntuでは「apache2」コマンドを使用します

最初にWebDAVで共有するディレクトリ[注1]を用意します。ここでは「**/var/www/webdav/**」ディレクトリを利用することにします。図8-2-2の手順で作成し、httpdデーモンの権限で書き込みできるよう、オーナやグループを変更します。オーナやグループには、httpd.confの「**Owner／Group**」ディレクティブで指定されているものを使用します（図8-2-3）。

図8-2-2 WebDAVで共有するディレクトリを作成する

```
# mkdir /var/www/webdav
# chown apache.apache /var/www/webdav
 （httpdデーモンのユーザ名、グループ名が「apache」の場合）。
```

[注1] OSによっては、「Web共有フォルダ」と呼ばれます。

図 8-2-3　httpd.conf で httpd デーモンのオーナ、グループを調べる

```
User apache       ←httpd デーモンのユーザ名（オーナ）
Group apache      ←httpd デーモンのグループ名
```

　次にロックファイルのためのディレクトリを作成します。ロックファイルは、WebDAV の排他制御に使用されます。ディレクトリやファイルを多人数で共有するには、書き込みや削除が同時にが行われないよう、あるユーザが操作している間、ほかのユーザが更新できないよう排他制御を行う必要があります。そのためのディレクトリを図 8-2-4 の手順で作成し、共有ディレクトリと同じように、オーナとグループを変更します。なお、バイナリパッケージで Apache をインストールした場合、すでにロックファイルのためのディレクトリが用意されており、作成する必要はありません。

図 8-2-4　ロックファイルのためのディレクトリを作成する

```
# mkdir /var/lib/dav
# chown apache.apache /var/lib/dav
```

　httpd.conf[注2]を図 8-2-5 のように設定します。最初の例として、ユーザ認証に「Basic 認証」を使用します。設定例では「<IfModule mod_dav_fs.c> ～ </IfModule>」ブロックを用いて、mod_dav_fs.so モジュールがインストールされている場合のみ、一部の設定が有効になるようにしています。

図 8-2-5　WebDAV 設定例（Basic 認証）

```
#モジュールファイルの読み込み（自動で追加されています）。
#モジュールファイルのパスは適宜変更します（※注）。
LoadModule dav_module modules/mod_dav.so
LoadModule dav_fs_module modules/mod_dav_fs.so

#ロックファイルのための設定
#設定が重複しないよう注意します。
<IfModule mod_dav_fs.c>
    DAVLockDB /var/lib/dav/lockdb      ←排他制御のためのロックファイルを指定
</IfModule>

#WebDAV のための設定
Alias /webdav    "/var/www/webdav"     ←共有フォルダの指定。URL は「https:// サーバ/webdav」
<Location /webdav>
    DAV on                              ← WebDAV を有効化
    AuthType      Basic                 ←まずは Basic 認証
    AuthName      "WebDAV Server"
    AuthUserFile  /etc/httpd/conf/htpasswd  ←認証ファイルの指定
```

[注2] バイナリパッケージで Apache をインストールした場合、httpd.conf ファイルは、Fedora ／ Red Hat ／ CentOS では「/etc/httpd/conf/」に、openSUSE ／ Debian ／ Ubuntu では「/etc/apache2/」に見つけることができます。また Debian ／ Ubuntu では apache2.conf を利用することもできます。

```
             Require valid-user      ←AuthUserFileで指定されたファイルに登録されている全ユーザ
</Location>
```

※バイナリパッケージで Apache をインストールした場合、モジュールファイルは、Fedora ／ Red Hat ／ CentOS では「/usr/lib/httpd/modules/」に、openSUSE では「/usr/lib/apache2/」に、Debian ／ Ubuntu では「/usr/lib/apache2/modules/」にインストールされます。

「**DAVLockDB**」ディレクティブで排他制御に使用するロックファイルを指定します。「**/var/lib/dav/lockdb**」と指定した場合、「**/var/lib/dav/**」ディレクトリ下に、「**lockdb.dir**」と「**lockdb.pag**」が作成されます。なお、バイナリパッケージで Apache をインストールした場合、「**DAVLockDB**」ディレクティブは設定済みです。設定が重複しないよう注意します。

「**Alias**」ディレクティブで、共有ディレクトリと URL をマッピングし、「**http:// サーバ /webdav**」でアクセスできるようにします。「**<Location /webdav> ～ </Location>**」ブロック内で、URL に対する設定を行います。WebDAV で共有できるよう「**DAV**」ディレクティブで「**on**」を指定します。WebDAV の基本的な設定は以上ですが、アクセス制御のため Basic 認証を設定します。それには、「**AuthType** ／ **AuthName** ／ **AuthUserFile** ／ **Require**」ディレクティブを指定します。Basic 認証の詳細は **11 章**を参考にします。ユーザ／パスワードを htpasswd コマンドを使って設定し、「**/etc/httpd/conf/htpasswd**」ファイルを作成します（**図 8-2-6**）。

図 8-2-6 htpasswd の作成
（ユーザ情報ファイル「/etc/httpd/conf/htpasswd」の新規作成）

```
# htpasswd -c /etc/httpd/conf/htpasswd user01   ←ユーザ名が「user01」の場合
New password:                                    ←パスワードを入力
Re-type new password:                            ←パスワードを再入力
Adding password for user user01
```

設定完了後、httpd.conf の構文に間違いがないか確認し、apachectl（または apache2ctl）を使って Apache を再起動します（**図 8-2-7**）。再起動後、この後「**8-3 WebDAV サーバにアクセスする**」の解説を参考に、各クライアントから共有ディレクトリにアクセスできることを確認します。

図 8-2-7 httpd.conf の構文チェックと Apache の再起動

```
# apachectl -t           (httpd.confの構文チェック)
# apachectl restart      (Apacheの再起動)
```

※実行例は Red Hat 系 Linux ディストリビューションの場合。openSUSE ／ Debian ／ Ubuntu では「apache2ctl」コマンドを使用します

8-2-2　WebDAVのインストールと基本設定（Digest認証）

設定を簡単にするため、ユーザ認証にBasic認証を使用しましたが、Basic認証は認証情報が垂れ流しとなるため、トラフィックの傍受により、パスワードを盗み見られる危険性があります。盗聴を防ぐには、セキュリティを強化した「**Digest**」認証を利用します。またWindows 7やVistaからWebDAVサーバにアクセスする場合、Basic認証にデフォルトで対応していません[注3]。Digest認証を使うか、この後解説するWebDAV over SSL/TLSを使用する必要があります。

Digest認証を使ったWebDAVの設定例は図8-2-8のとおりです。「**AuthType**」ディレクティブで「**Digest**」を指定し、「**AuthUserFile**」ディレクティブで、ユーザ情報を記録したファイル名を指定します。Digest認証では、ユーザ名、パスワードを垂れ流す替わりにハッシュ値を利用します。それにはhtdigestコマンドでユーザ名とパスワードを設定します（図8-2-9）。設定完了後、Apacheを再起動し各クライアントから共有ディレクトリにアクセスします。Digest認証の詳細は11章を参考にします。

図8-2-8　WebDAV設定例（Digest認証）

```
# モジュールファイルの読み込み（自動で追加されています）
# モジュールファイルのパスは適宜変更します（※注）。
LoadModule dav_module modules/mod_dav.so
LoadModule dav_fs_module modules/mod_dav_fs.so

# ロックファイルのための設定
# 設定が重複しないよう注意します。
<IfModule mod_dav_fs.c>
    # Location of the WebDAV lock database.
    DAVLockDB /var/lib/dav/lockdb
</IfModule>

#WebDAVのための設定
Alias    /webdav    "/var/www/webdav"     ←共有フォルダの指定。URLは「https:// サーバ /webdav」
<Location /webdav>
        DAV on                             ← WebDAVを有効化
        AuthType       Digest              ← Digest認証を指定
        AuthName       "WebDAV Server"
                                ↑ htdigestコマンド実行時の引数である「realm」にも使用
        AuthUserFile   /etc/httpd/conf/htdigest      ←認証ファイルの指定
        Require valid-user    ← AuthUserFileで指定されたファイルに登録されている全ユーザ
</Location>
```

※バイナリパッケージでApacheをインストールした場合、モジュールファイルは、Fedora／Red Hat／CentOSでは「/usr/lib/httpd/modules/」に、openSUSEでは「/usr/lib/apache2/」に、Debian／Ubuntuでは「/usr/lib/apache2/modules/」にインストールされます。

[注3] Windows 7でBasic認証を使用するには、レジストリの変更が必要です。

図 8-2-9 htdigest ファイルの作成
（ユーザ情報ファイル「/etc/httpd/conf/htdigest」の新規作成）

```
# htdigest -c /etc/httpd/conf/htdigest "WebDAV Server" user02
                                       ↑ realmが「WebDAV Server」、ユーザ名が「user02」の場合
Adding password for user02 in realm WebDAV Server.
New password:          ←パスワードを入力
Re-type new password:  ←パスワードを再入力
```

■ 8-2-3 匿名アクセスとホスト認証

　共有ディレクトリに匿名でアクセスするには、ユーザ認証を設定しないようにします（図 8-2-10）。匿名アクセスを許可することで、ユーザ名やパスワードの入力が不要になります。不正アクセスを防ぐよう、最低限ホスト認証を設定します。それにはクライアントの IP アドレスやホスト名でアクセスを制限します。詳細は **11 章**を参考にします。

図 8-2-10 匿名アクセスとホスト認証の設定例

```
Alias    /webdav    "/var/www/webdav"    ←共有フォルダの指定。URLは「https:// サーバ /webdav」
<Location /webdav>
    DAV on                               ← WebDAV を有効化
    Order Deny,Allow
    Deny from all
    Allow from 192.168.0.1 10.0.0.0/16   ←アクセスを許可するクライアントのIP、ネットワークアドレス
    Allow from example.jp                ←ドメイン名でアクセスを許可
</Location>
```

■ 8-2-4 WebDAV over SSL/TLS の利用

　WebDAV サーバとクライアントで交信されるデータそのものを暗号化するには、「**WebDAV over SSL**」を導入します。WebDAV over SSL は、HTTPS（HTTP over SSL）と同じ方式で、セキュアな通信を可能とします。

　6 章を参考に、Apache で HTTPS を使えるようにしたあと、「**SSLRequireSSL**」の 1 行を**図 8-2-11** のように追加します。設定完了後、Apache を再起動し、各クライアントから共有ディレクトリにアクセスできることを確認します。WebDAV over SSL では、サーバ URL に「https://...」を指定するか、プロトコル選択で「**セキュア WebDAV**」を選択するなどします。詳細は、この後「**8-3　WebDAV サーバにアクセスする**」で解説します。TCP ポートには、HTTPS 同様 443 番をデフォルトで使用します。

図8-2-11 WebDAV over SSL/TLS を利用する

```
<Location /webdav>
        DAV on
        SSLRequireSSL        ←追加
        ...省略...
</Location>
```

8-2-5 ソースインストール

　Apache 2.0 以降、WebDAV は標準で組み込まれています。ビルド時にデフォルトオプションを変更しなければ、WebDAV に必要なモジュールはインストールされます。もし何かの事情でモジュールがインストールされていない場合、Apache のソースアーカイブを使って、手動で組み込むことができます。

　2章を参考に、ソースから Apache をインストールする準備を整え、configure 実行時に図 8-2-12 のようなオプションを指定します。図 8-2-12 では、WebDAV のほか、SSL や LDAP のためのオプションも指定しています。必要に応じて使用します。

図8-2-12 Apache をインストールする際の各オプション指定方法

・静的モジュールでインストールする場合

```
#./configure --enable-ssl --enable-dav --enable-ldap --enable-auth-ldap

          --enable-ssl:SSL 通信を有効にする
          --enable-dav:WebDAV 機能を有効にする
          --enable-ldap --enable-auth-ldap：LDAP 認証を有効にする
          (その他のオプションも任意で指定します)
```

※ DSO でインストールする場合は「--enable-ssl=shared --enable-dav=shared --enable-ldap=shared --enable-auth-ldap=shared」を指定します
※ mod_ldap をインストールするには、APR-util も LDAP に対応させておく必要があります

```
# make
# make install
```

　インストール後、Apache に組み込まれているモジュールの一覧を表示し、各モジュールが組み込まれているか確認します（図 8-2-13）。

図8-2-13 インストールされたモジュールの確認

```
# /usr/local/apache2/bin/httpd -M
Loaded Modules:
...
 ldap_module (static)
...
 ssl_module (static)
...
 dav_module (static)
```

```
...
dav_fs_module (static)
...
```

8-2-6 文字化け対策（mod_encoding の利用）

WevDAV では、サーバ／クライアントともに UTF-8 をエンコードに使用することが前提となっています。Windows 7 ／ Windows Vista ／ Mac OS X ／ Linux と、標準エンコードに「**UTF-8**」を採用した OS が多くなっており、同じ文字コードを使う限り、文字化けは発生しません。ただし Windows XP のように、古い OS ではエンコードの不一致で文字化けが発生する場合があります。ただし Internet Explorer の更新やサービスパックの適用で、こうした問題の発生も少なくなっています。以下「**mod_encoding**」モジュールを使って、文字化けを解消する方法を解説しますが、すでに文字化け問題が解消されてる場合、導入の必要はありません。

「**mod_encoding**」を DSO で Apache に組み込みます。「http://sourceforge.jp/projects/webdav/」にアクセスし、「mod_encoding-20060316.tar.gz」をダウンロードします。ダウンロード後アーカイブを展開し、図 8-2-14 の手順でインストールします。なお、mod_encoding には「**iconv**」ライブラリが必須です。もしモジュールのビルドでエラーが発生するようなら、ライブラリがインストールされているか確認します。なお拡張モジュールの詳細なインストール方法は **3・4 章**で解説しています。

図 8-2-14 mod_encoding のインストール

```
# tar xvfz mod_encoding-20060316.tar.gz
# cd mod_encoding
# apxs -i -a -c mod_encoding.c    ←インストールされたモジュールの確認（ファイルパスは CentOS の場合）
# ls /usr/lib/httpd/modules/mod_encoding.so
```

※ 実行例は Red Hat 系 Linux ディストリビューションの場合。を使用します。apxs コマンド（（openSUSE ／ Debian ／ Ubuntu では apxs2 コマンド）にパスが通っている必要があります）

モジュールインストール後、httpd.conf[注4]を図 8-2-15 のように設定します。設定例では「**<IfModule...> 〜 </IfModule>**」ブロックを用いて、各モジュールがインストールされている場合のみ、設定が有効になるようにしています。

図 8-2-15 mod_encoding のための設定

```
# モジュールの読み込み（自動で追加されています）
```

[注4] バイナリパッケージで Apache をインストールした場合、httpd.conf ファイルは、Fedora ／ Red Hat ／ CentOS では「/etc/httpd/conf/」に、openSUSE ／ Debian ／ Ubuntu では「/etc/apache2/」に見つけることができます。また Debian ／ Ubuntu では apache2.conf を利用することもできます。

```
# モジュールファイルのパスは適宜変更します（※注）。
LoadModule headers_module    modules/mod_headers.so
LoadModule encoding_module   modules/mod_encoding.so

<IfModule mod_headers.c>
    Header add MS-Author-Via "DAV"
</IfModule>

<IfModule mod_encoding.c>
    EncodingEngine         on                        ←エンコーディング変換を有効に
    NormalizeUsername      on                        ← Windows XP からアクセスした際のユーザ名を変換
    SetServerEncoding      UTF-8                     ←サーバ側のエンコードを指定
    DefaultClientEncoding  JA-AUTO-SJIS-MS SJIS      ←デフォルトエンコードを指定

    # 以下クライアントタイプに応じて、エンコードを指定
    AddClientEncoding "Microsoft .* DAV 1.1" ASCII MSJIS UTF-8
    AddClientEncoding "Microsoft .* DAV" UTF-8 CP932
    AddClientEncoding "(Microsoft .* DAV $)" UTF-8 CP932
    AddClientEncoding "(Microsoft .* DAV 1.1)" CP932 UTF-8
    AddClientEncoding "Microsoft-WebDAV*" UTF-8 CP932
    AddClientEncoding "cadaver/" EUC-JP
</IfModule>
```

※バイナリパッケージで Apache をインストールした場合、モジュールファイルは、Fedora ／ Red Hat ／ CentOS では「/usr/lib/httpd/modules/」に、openSUSE では「/usr/lib/apache2/」に、Debian ／ Ubuntu では「/usr/lib/apache2/modules/」にインストールされます。

「**EncodingEngine**」ディレクティブで「**on**」を指定し、エンコーディングの変換を有効にします。「**NormalizeUsername**」では、Windows XP からアクセスした際のユーザ名を変換するかどうか設定します。「**on**」を指定した場合、ユーザ名として送られてきた「**ホスト名￥ユーザ名**」からホスト部分を削除します。「**SetServerEncoding**」でサーバ側のエンコードとして「**UTF-8**」を指定します。WevDAV サーバでは UTF-8 以外は扱えないため、それ以外の文字コードを指定しないようにします。「**DefaultClientEncoding**」ディレクティブでクライアント側のデフォルトエンコードを指定します。「**JA-AUTO-SJIS-MS**」で UTF-8 ／ JIS ／ MSSJIS ／ SJIS ／ EUC-JP を処理できます。なお「**MSSJIS**」は Microsoft 社の採用している SJIS[注5]に対応したもので、外字や特殊文字を扱った際の文字化けに有効です。「**AddClientEncoding**」ディレクティブで、クライアント（ブラウザ）タイプに応じてエンコード方式を指定します。クライアントタイプは HTTP ヘッダの「**User-Agent**」で確認できます。アクセスログなどを参照し、クライアントタイプを特定します。

mod_encoding の詳細については、ソースアーカイブに付属している「README.JP」を参照してください。

[注5] Shift_JIS には、ベンダによる独自拡張により、さまざまな亜種があります。たとえば Microsoft の「Microsoft コードページ 932」、旧 Mac OS の「MacJapanese」などがあります。

8-3 WebDAVサーバにアクセスする

　WebDAVサーバにアクセスし、Web共有ディレクトリ（またはフォルダ）を使用するには、WebDAVに対応したクライアントソフトが必要になりますが、Windowsをはじめ、Mac OS XやLinuxには、WebDAVクライアントの機能がOSレベルで備わっています。

8-3-1　Linux（GNOMEデスクトップ環境）からアクセスする

　Linuxはディストリビューションによって、デスクトップ環境が異なるため、WebDAV共有ディレクトリの設定方法が多少異なります。CentOSやFedoraといったRed Hat系ディストリビューションはデスクトップ環境に「**GNOME**」を採用していますが、Ubuntuは独自の「**Unity**」を採用しています。またopenSUSEのように「**KDE**」を採用しているものもあります。設定方法は異なりますが、どのLinuxディストリビューションでも、WebDAVクライアントへのアクセスはできます。

　ここからはGNOMEデスクトップからWebDAVサーバの共有ディレクトリにアクセスする方法を解説します。画面上部にあるデスクトップメニューから「場所」-「サーバへ接続」とクリックし、**図8-3-1**のような設定画面を表示します。「**サーバの種類**」で「**WebDAV（HTTP）**」（WebDAV over SSLの場合は「**セキュアなWebDAV（HTTP）**」）を選択した後、サーバ名（またはアドレス）、共有ディレクトリ名、ユーザ名を入力し、「接続する」ボタンをクリックします。ポート番号はデフォルト[注6]から変更がなければ入力は不要です。次の画面でパスワードを入力すれば、Web共有ディレクトリがマウントされ、アクセスできるようになります。デスクトップにもアイコンが作られ、ローカルフォルダと同じようなファイル操作ができます。

　UbuntuやopenSUSEのGUIにも、WebDAVクライアント機能が統合されているため、同じようにWeb共有ディレクトリをマウントし、通常ディレクトリと同様にファイル操作ができます。

[注6] デフォルトではTCP 80番（WebDAV over SSLではTCP 443番）を使用します。

第 8 章　Apache の WebDAV 機能

図 8-3-1 GNOME デスクトップから WebDAV にアクセスする

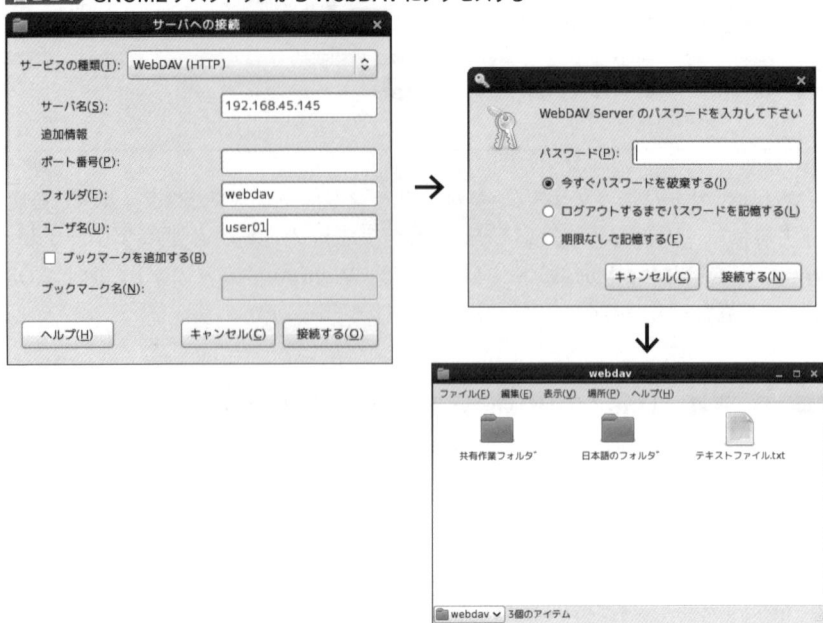

※画像は、CentOS 6.0（GNOME 3）のもの

8-3-2　Windows 7 からアクセスする

　Windows 7 や Vista には標準で WebDAV クライアント機能を備えています。ただしデフォルトのセキュリティレベルでは、Basic 認証の WebDAV サーバにアクセスできません。レジストリを修正し、セキュリティレベルを変更する必要があります。レジストリエディタで「**HKEY_LOCAL_MACHINE ¥SYSTEM ¥CurrentControlSet ¥services ¥WebClient ¥Parameters**」キーにアクセスし、「**BasicAuthLevel**」の値を「**2**」に変更します。それでも、WebDAV over SSL で非正規のサーバ証明書を使用した際エラーになったり、一度接続に成功した共有フォルダでも再アクセスに失敗したりと、動作が安定しない場合があります。安定して利用するには、OS 標準の機能を使用せず、別途クライアントソフトをインストールします。

　OS 標準機能を利用するには、「マイコンピュータ」を開き、空白の個所で右クリックし、図 8-3-2 のようなウィザードを起動します。アドレスには「**http:// サーバ名（またはアドレス）/ 共有ディレクトリ名**」を入力します。WebDAV over SSL の場合は「**https:// サーバ名（またはアドレス）/ 共有ディレクトリ名**」を入力します。

8-3 WebDAV サーバにアクセスする

図 8-3-2 Windows 7 の OS 標準機能で WebDAV にアクセスする

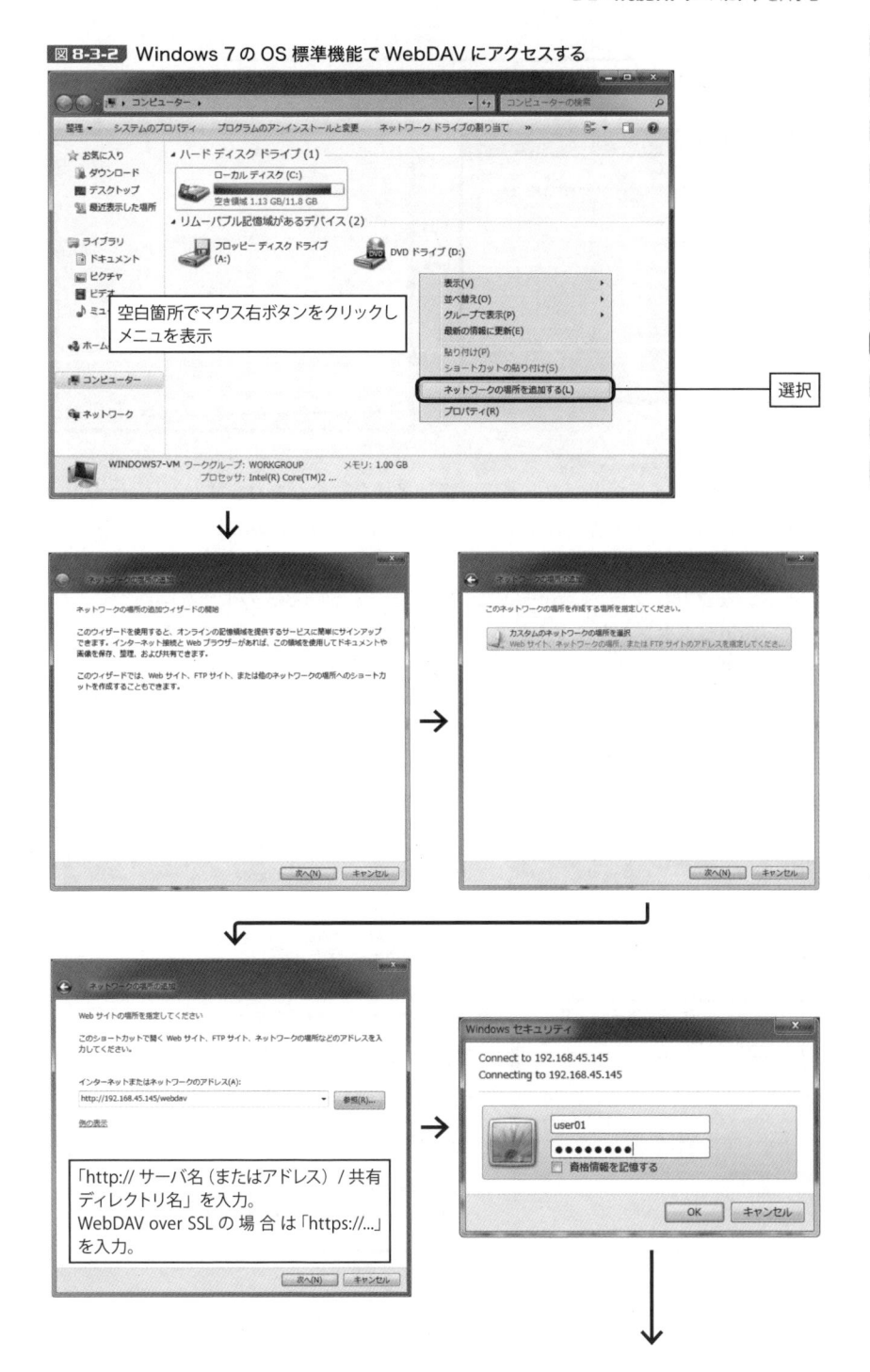

空白箇所でマウス右ボタンをクリックしメニューを表示

選択：ネットワークの場所を追加する(L)

↓

ネットワークの場所の追加ウィザードの開始

このウィザードを使用すると、オンラインの記憶領域を提供するサービスに簡単にサインアップできます。インターネット接続と Web ブラウザーがあれば、この領域を使用してドキュメントや画像を保存、整理、および共有できます。

このウィザードでは、Web サイト、FTP サイト、または他のネットワークの場所へのショートカットを作成することもできます。

→ このネットワークの場所を作成する場所を指定してください。

カスタムのネットワークの場所を選択
Web サイト、ネットワークの場所、または FTP サイトのアドレスを指定してください。

↓

Web サイトの場所を指定してください

このショートカットで開く Web サイト、FTP サイト、ネットワークの場所などのアドレスを入力してください。

インターネットまたはネットワークのアドレス(A):
http://192.168.45.145/webdav

「http:// サーバ名（またはアドレス）/ 共有ディレクトリ名」を入力。
WebDAV over SSL の場合は「https://...」を入力。

→ Windows セキュリティ

Connect to 192.168.45.145
Connecting to 192.168.45.145

user01
●●●●●●●●
□ 資格情報を記憶する

OK　キャンセル

↓

231

WebDAVクライアントソフトには、多種多様なものがありますが、「**CarotDAV**」を取り上げ設定方法を解説します。「**http://rei.to/carotdav.html**」からダウンロードしたファイルを使ってインストールを済ませます。スタートメニューに登録されたアイコンをクリックし、CarotDAV を実行します。図 8-3-3 のような画面では、最初に「**Add**」ボタンをクリックし、サーバ設定を追加します。最初にサーバタイプを選択するメニューが表示されるため、「**WebDAV**」を選択し設定を進めます。設定完了後、リストに追加されたサーバ名を選択し、「**Connect**」をクリックすれば、Web 共有フォルダにアクセスできます。

図 8-3-3 CarotDAV で WebDAV にアクセスする

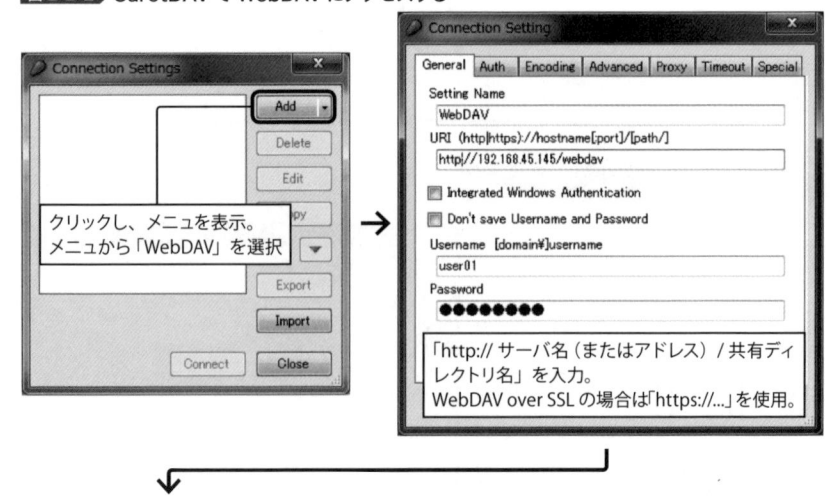

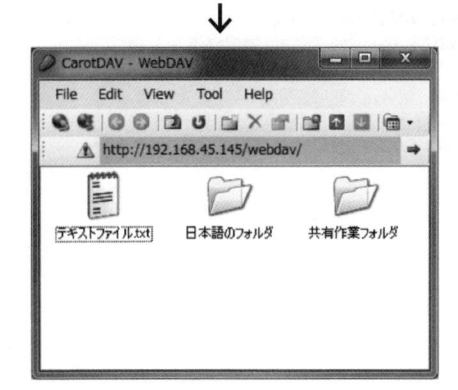

8-3-3 Windows XP からアクセスする

Windows XP は発売から 10 年以上経過した現在でも、最も使用されている OS として、現役で活用されています。Windows XP から WebDAV にアクセス機会も少なくありません。Windows XP から WebDAV の共有フォルダにアクセスするには、OS 標準機能を使うか、別途クライアントソフトをインストールします。

OS 標準機能を使用するには、デスクトップの「**マイネットワーク**」アイコンをダブルクリックし、さらに「**ネットワーク プレースの追加**」アイコンをダブルクリックします。図 8-3-4 のようなウィザードを起動した後、アドレスに「**http:// サーバ名(またはアドレス) / 共有ディレクトリ名 /?**」を入力します。WebDAV over SSL の場合は「**https:// サーバ名(またはアドレス) / 共有ディレクトリ名 /?**」を入力します。末尾に「**/?**」を入力することで、ユーザ認証のエラーを回避します。Windows XP では、デフォルトで「**WebClient**」サービスが有効なため、WebDAV サーバアクセス時のユーザ名として「**ホスト名¥ユーザ名**」が使われ認証エラーが発生します。それを回避するには、サーバ URL の末尾に「**/?**」を加えるか、コントロールパネルから「**管理ツール**」-「**サービス**」を選択し、WebClient サービスを停止します(図 8-3-5)。WebClient サービスを停止すると、ユーザ名やパスワードを入力する画面が、図 8-3-6 のものに変わります。

第8章 Apache の WebDAV 機能

図 8-3-4 Windows XP の OS 標準機能で WebDAV にアクセスする

「http:// サーバ名（またはアドレス）/ 共有ディレクトリ名 /?」を入力。
WebDAV over SSL の場合は「https://...」を入力。

Web 共有フォルダ名として好きな名称を入力

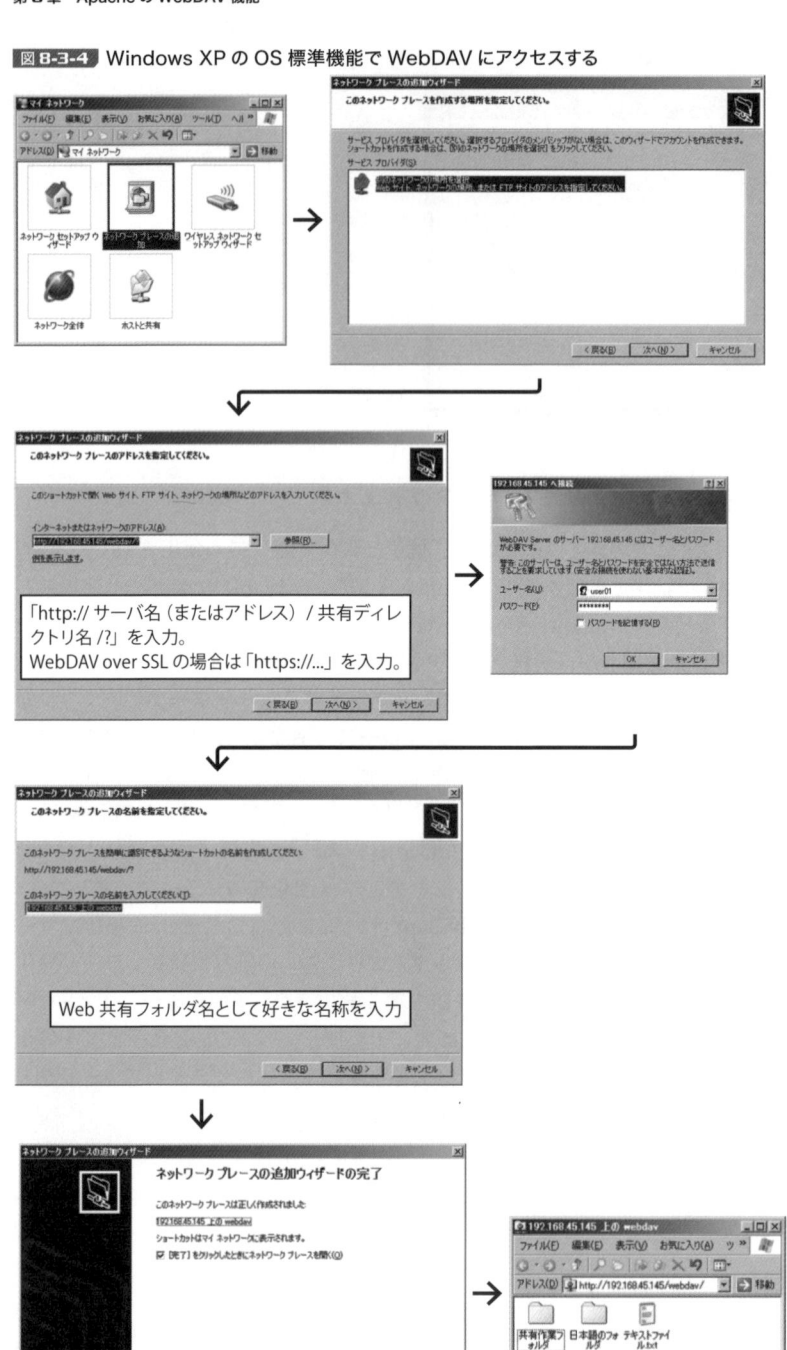

図 8-3-5 WebClient サービスを停止する

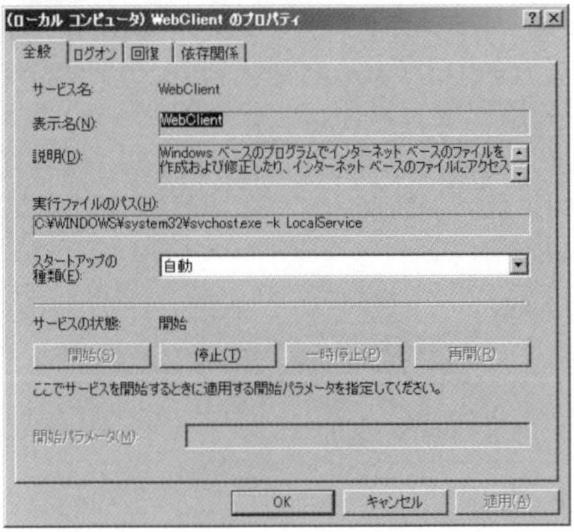

図 8-3-6 WebClient サービスを停止した場合の、ユーザ名・パスワードを入力する画面

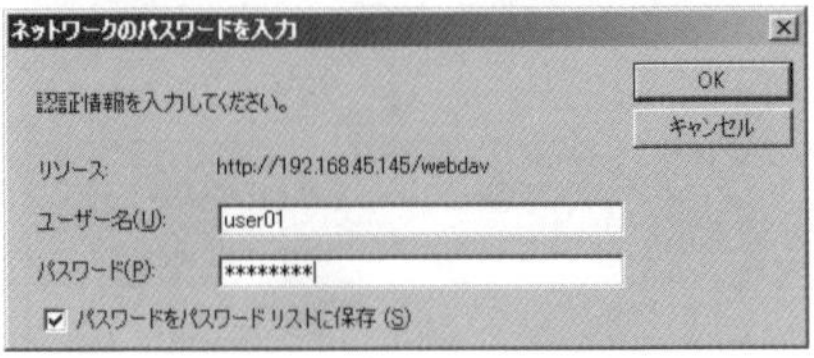

　Windows XP の標準機能で Web 共有フォルダを使用する場合、日本語の扱いに注意します。Linux ／ Mac OS X ／ Windows 7 ／ Windows Vista のような、Unicode ベースの文字コードを採用した OS なら、多種 OS が混在した環境でも、ファイル名が化けるような症状は発生しません[注7]。しかし、Windows XP は SJIS を採用しているため、ほかの OS で作成された日本語名のファイルにアクセスするとエラーが発生する場合があります。文字化けを防ぐには、前述「**8-2-6　文字化け対策（mod_encoding の利用）**」のように、Apache 側の設定変更が必要になります。

　WebDAV クライアントソフトを別途インストールする場合、Windows 7 同様、CarotDAV などのソフトウェアを使用します。

8-3-4　Mac OS X からアクセスする

　Mac OS X ではファイル操作に Finder（ファインダ）を使用しますが、Finder には WebDAV クライアント機能が標準で備わっています。Finder メニューから「**移動**」-「**サーバへ接続**」とクリックし、図 8-3-7 のような画面を表示します。サーバアドレスとして、「**http:// サーバ名（またはアドレス）/ 共有ディレクトリ名**」を入

[注7] 外字や機種依存文字を使用した場合は、文字化けが発生します。

力します。WebDAV over SSL の場合は「**https:// サーバ名（またはアドレス）/ 共有ディレクトリ名**」を入力した後、「**接続**」ボタンをクリックします。次に表示される画面で、ユーザ名とパスワードを入力すれば、Web 共有フォルダがマウントされ、アクセス可能となります。一度マウントされた Web 共有フォルダは、サイドバーに登録されるため、システムを終了するかマウントを解除するまで、いつでも簡単に再アクセスできます。

図 8-3-7 Mac OS X から WebDAV にアクセスする

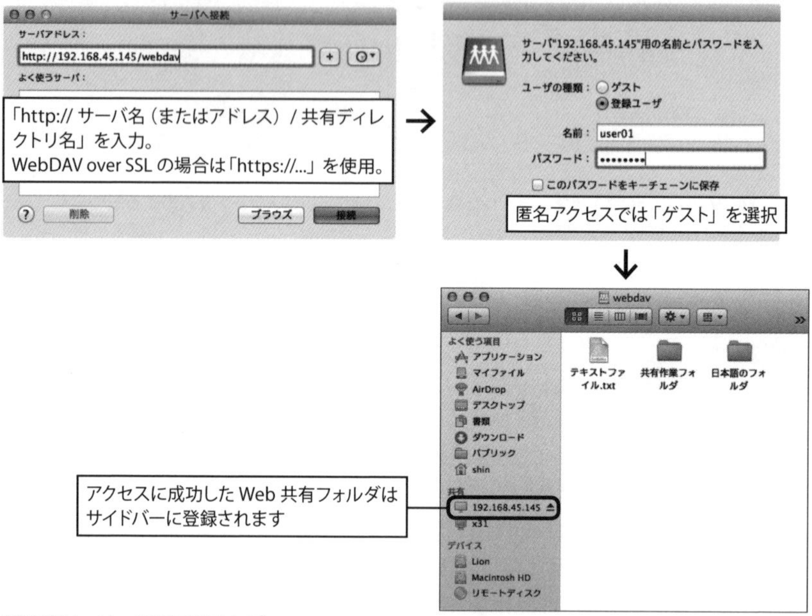

（※画像は、Mac OS X 10.7 のもの）

8-4 WebDAVのユーザ認証にLDAPを利用する

大規模なシステムでは、ユーザ管理にかかるコストが問題になります。個々のシステムで独立したユーザ情報を持つより、1つのユーザ情報を全システムで共有したほうがコストを抑えることができます。こうしたユーザ管理の一元化には、LDAP（Lightweight Directory Access Protocol）を利用します。

8-4-1 LDAP サーバの準備

LDAPサーバのインストール方法と設定例を簡単に解説します。すでにLDAPを導入している場合、エントリされているツリー構造や属性情報に合わせ、ここで解説しているものを適宜変更します。

すでにLDAP関連パッケージが導入済みかどうか、図8-4-1の方法で確認します。LDAPクライアントはたいていインストールされていますが、サーバに必要なパッケージは別途インストールが必要になります。図8-4-2の手順でオンラインインストールを実行します。

図 8-4-1 LDAP関連パッケージがインストールされているか確認する
・Red Hat ／ CentOS ／ Fedora ／ openSUSE の場合

```
# rpm -qa | grep openldap
openldap-clients-2.4.19-15.el6_0.2.i686
openldap-2.4.19-15.el6_0.2.i686
openldap-devel-2.4.19-15.el6_0.2.i686
openldap-servers-2.4.19-15.el6_0.2.i686
```

※ 実行例は CentOS 6.0 のもの

・Debian ／ Ubuntu の場合

```
$ dpkg -l | grep slapd
ii  slapd                        2.4.25-1.1ubuntu4
OpenLDAP server (slapd)
```

※ 実行例は Ubuntu 11.10 のもの

図 8-4-2 「LDAP のインストール」
・Red Hat ／ CentOS ／ Fedora ／ openSUSE の場合

```
# yum install openldap-servers openldap-clients
```

※実行例は CentOS 6.0 のもの

・Debian／Ubuntu の場合

```
$ sudo apt-get install slapd ldap-utils
```

※インストールの際、管理者エントリのパスワードを入力します
※実行例は Ubuntu 11.10 のもの

「o=example,c=jp」をベース DN[注8]に持つ図 8-4-3 のようなエントリデータを LDAP サーバに登録することにします。技術部門（technical）と営業部門（sales）にそれぞれ 1 人ずつユーザを追加します。エントリデータは、実態に合わせ変更するようにします。

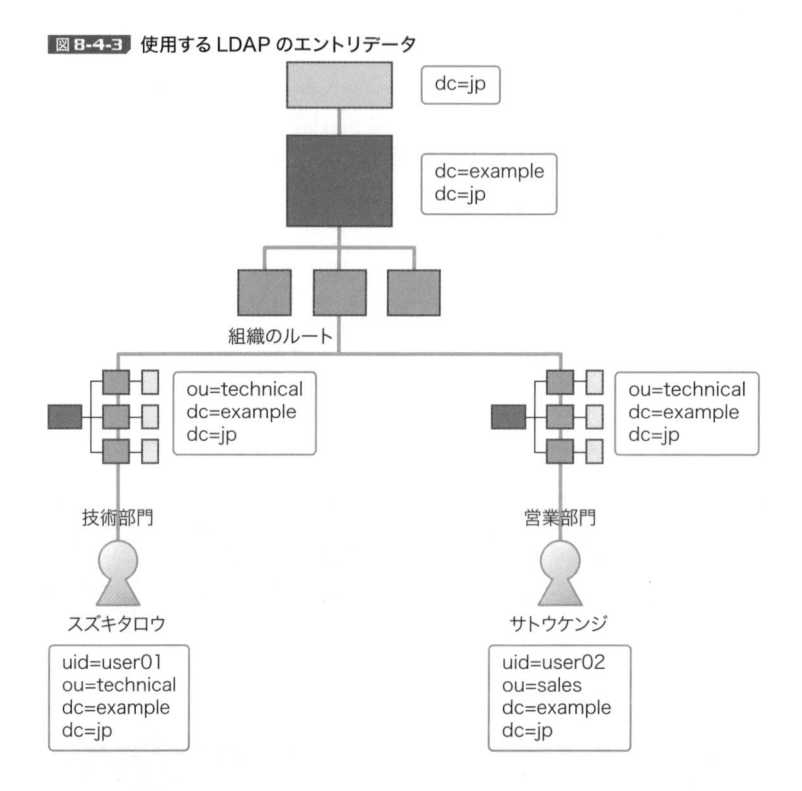

図 8-4-3 使用する LDAP のエントリデータ

```
                        dc=jp

                    dc=example
                    dc=jp

                    組織のルート

    ou=technical                    ou=technical
    dc=example                      dc=example
    dc=jp                           dc=jp

    技術部門                         営業部門

    スズキタロウ                     サトウケンジ

    uid=user01                      uid=user02
    ou=technical                    ou=sales
    dc=example                      dc=example
    dc=jp                           dc=jp
```

次に、LDAP サーバにエントリデータを登録します。ここからは Red Hat／CentOS／Fedora／openSUSE と、Ubuntu／Debian に分けて登録方法を解説します。

[注8] Distinguished Name の略。LDAP ではそれらのデータを「エントリ」と呼び、各エントリは「DN」によって識別されます。本書では LDAP の詳細については割愛しています。必要なら他書を参考にしてください。

● Red Hat ／ CentOS ／ Fedora ／ openSUSE の場合

　LDAP のエントリデータを初期化します。それには既存データベースを削除します（図 8-4-4）。LDAP サーバが起動期中ならいったん停止し、「/var/lib/ldap/」や、「/etc/openldap/slapd.d/」ディレクトリのデータファイルを削除します。

図 8-4-4 LDAP サーバの初期化 (1)

```
# service slapd stop        ←インストール直後ならサービスは起動していませんが、念のため停止します。
# rm -rf /etc/openldap/slapd.d/*    ←設定ディレクトリの削除
# rm -rf /var/lib/ldap/*            ←エントリデータベースの削除
```

　次に、新たな設定データ投入し、データベースを初期化します。「/etc/openldap/」ディレクトリに移動し、図 8-4-5 のように各コマンドを実行します。初期設定データには、「**slapd.conf.bak**」をコピーした「**slapd.conf**」を利用します。図 8-4-3 のサイト情報にあわせて図 8-4-6 のように修正し、slapcat コマンドで設定ディレクトリに書き出します。その際、slapd.conf ファイルのオーナを LDAP サービスのオーナに変更しておきます。続いて初期データベースを準備し、各ファイルやディレクトリのオーナグループを変更すれば、LDAP サービスを開始できます。

図 8-4-5 LDAP サーバの初期化 (2)

```
# cd /etc/openldap/                              ←作業ディレクトリを移動
# cp slapd.conf.bak slapd.conf                   ←ひな形を基に slapd.conf をコピー
# vi slapd.conf                                  ← slapd.conf を図 8-4-6 のように修正
# chown ldap.ldap slapd.conf                     ← slapd.conf のオーナグループを変更
# slaptest -f ./slapd.conf -F ./slapd.d          ←設定ディレクトリに書き込み
(※ここでエラーが大量に表示されますが、そのまま作業を続行します)
# chown -R ldap.ldap *                           ←ファイルオーナグループを変更
# cp /usr/share/doc/openldap-servers-2.4.19/DB_CONFIG.example /var/lib/ldap/DB_CONFIG
                                                 ↑初期データベースの準備
# chown -R ldap.ldap /var/lib/ldap               ←データベースファイルオーナグループを変更
# service slapd start                            ←サービス開始
```

※バージョンは 2011 年 11 月現在のもの

図 8-4-6 /etc/openldap/slapd.conf の修正

```
...
suffix            "dc=example,dc=jp"        ←ベース DN を設定
...
rootdn            "cn=admin,dc=example,dc=jp"
...
rootpw            secret      ←説明の便宜上暗号化していないため注意します
...
access to *
        by dn.exact="cn=admin,dc=example,dc=jp" read
```

　エントリデータを登録するには、図 8-4-3 の情報をもとに、図 8-4-7 のような「**example.ldif**」ファイルを作成し、図 8-4-8 の手順で ldapadd コマンドを実行し

ます。パスワードの入力が必要になるため、図 8-4-6 の rootpw 項目に設定したもの（例では「secret」）を入力します。その後、登録できているか、「**ldapsearch**」コマンドでエントリ検索するか（図 8-4-9）、「**slapcat**」で全エントリを表示します（図 8-4-10）。

図 8-4-7 エントリを example.ldif に記述

```
# ルートツリー用
dn: dc=example,dc=jp
objectClass: top
objectClass: dcObject
objectclass: organization
o: Example Organization
dc: Example
description: LDAP Example

# 部署ツリー用 技術部門
dn: ou=technical,dc=example,dc=jp
objectClass: organizationalUnit
ou: technical

# 部署ツリー用 営業部門
dn: ou=sales,dc=example,dc=jp
objectClass: organizationalUnit
ou: sales

# ススキ タロウ
dn: uid=user01,ou=technical,dc=example,dc=jp
objectClass:inetOrgPerson
cn: taro
sn: suzuki
uid: user01
userPassword: password

# サトウ ケンジ
dn: uid=user02,ou=sales,dc=example,dc=jp
objectClass:inetOrgPerson
cn: kenji
sn: sato
uid: user02
userPassword: password
```

※必ず各エントリの間に空行を挿入します

図 8-4-8 エントリデータの登録

```
# ldapadd -D cn=admin,dc=example,dc=jp -W -f example.ldif
Enter LDAP Password:    ←図 8-4-6 で設定した rootpw の値（例では secret）をパスワードとして入力。
adding new entry "dc=example,dc=jp"

adding new entry "ou=technical,dc=example,dc=jp"
```

```
adding new entry "ou=sales,dc=example,dc=jp"

adding new entry "uid=user01,ou=technical,dc=example,dc=jp"

adding new entry "uid=user02,ou=sales,dc=example,dc=jp"
```

図 8-4-9 エントリデータの確認 (ldapsearch の例)

```
# ldapsearch -x -h localhost -b "dc=example,dc=jp" -s sub "(uid=*01)"
（uid の末尾が「01」のユーザを表示）
... 省略 ...
# user01, technical, example.jp
dn: uid=user01,ou=technical,dc=example,dc=jp
objectClass: inetOrgPerson
cn: taro
sn: suzuki
uid: user01
userPassword:: cGFzc3dvcmQ=
... 省略 ...
```

図 8-4-10 エントリデータの確認 (slapcat の例)

```
# slapcat -b "dc=example,dc=jp"
dn: dc=example,dc=jp
objectClass: top
objectClass: dcObject
objectClass: organization
o: Example Organization
dc: Example

... 省略 ...
dn: uid=user01,ou=technical,dc=example,dc=jp
objectClass: inetOrgPerson
cn: taro
sn: suzuki
uid: user01
userPassword:: cGFzc3dvcmQ=
structuralObjectClass: inetOrgPerson
entryUUID: 4d76f10c-a32e-1030-9e56-233fb6de9dfb
creatorsName: cn=admin,dc=example,dc=jp
createTimestamp: 20111114170322Z
entryCSN: 20111114170322.057509Z#000000#000#000000
modifiersName: cn=admin,dc=example,dc=jp
modifyTimestamp: 20111114170322Z
... 省略 ...
```

● Ubuntu ／ Debian の場合

　Ubuntu ／ Debian では、オンラインで設定データを登録します。そのため LDAP サービスが開始されている必要がありますが、パッケージをインストールすると自動でサービスが起動します。サイト情報を図 8-4-11 のようなファイルに記述し、

「ldapadd」コマンドで設定データベースに登録します（**図 8-4-12**）。

図 8-4-11 設定情報を base.ldif に記述

```
# Load dynamic backend modules
dn: cn=module,cn=config
objectClass: olcModuleList
cn: module
olcModulepath: /usr/lib/ldap
olcModuleload: back_hdb.la

# Database settings
dn: olcDatabase=hdb,cn=config
objectClass: olcDatabaseConfig
objectClass: olcHdbConfig
olcDatabase: {1}hdb
olcSuffix: dc=example,dc=jp          ←ベース DN に合わせて修正
olcDbDirectory: /var/lib/ldap
olcRootDN: cn=admin,dc=example,dc=jp ←ベース DN に合わせて修正
olcRootPW: secret                    ←管理者パスワードの設定
olcDbConfig: set_cachesize 0 2097152 0
olcDbConfig: set_lk_max_objects 1500
olcDbConfig: set_lk_max_locks 1500
olcDbConfig: set_lk_max_lockers 1500
olcDbIndex: objectClass eq
olcLastMod: TRUE
olcDbCheckpoint: 512 30
olcAccess: to attrs=userPassword by dn="cn=admin,dc=example,dc=jp" write by anon
↑ベース DN に合わせて修正
ymous auth by self write by * none
olcAccess: to attrs=shadowLastChange by self write by * read
olcAccess: to dn.base="" by * read
olcAccess: to * by dn="cn=admin,dc=example,dc=jp" write by * read
↑ベース DN に合わせて修正
```

図 8-4-12 設定データベースの更新

```
$ sudo ldapadd -Y EXTERNAL -H ldapi:/// -f base.ldif
```

エントリを追加するには、Red Hat／CentOS／Fedora／openSUSE と同じように、「**example.ldif**」ファイル（**図 8-4-7**）を作成し、**図 8-4-13** の手順で ldapadd コマンドを実行します。パスワードの入力が必要になるため、**図 8-4-11** の rootpw 項目に設定したもの（例では「secret」）を入力します。その後、登録できているか、「**ldapsearch**」コマンドでエントリ検索を実行します（**図 8-4-9**）。

図 8-4-13 エントリデータの登録

```
$ sudo ldapadd -x -D cn=admin,dc=example,dc=jp -W -f example.ldif
Enter LDAP Password:   ←図 8-4-11 で設定した rootpw の値（例では secret）をパスワードとして入力。
```

8-4-2 WebDAV + LDAP 認証

WevDAVのユーザ認証にLDAPを利用するには、「**mod_ldap／mod_authnz_ldap**」モジュールが必要になります。インストールされているかhttpdコマンド[注9]で確認します（図8-4-14）。UbuntuやDebianのように、モジュールファイルはインストールされているものの、設定で無効化されている場合があります。その場合、設定を追加すれば利用できます。Fedora／Red Hat／CentOSのバイナリパッケージでApacheをインストールした場合、モジュールファイルは「**/usr/lib/httpd/modules/**」に、openSUSEでは「**/usr/lib/apache2/**」に、Debian／Ubuntuでは「**/usr/lib/apache2/modules/**」にインストールされています（図8-4-15）。

図8-4-14 LDAP認証に必要なモジュールがインストールされているか確認する

```
# httpd -M | grep ldap
 ldap_module (shared)
 authnz_ldap_module (shared)
Syntax OK
```

※実行例はRed Hat系Linuxディストリビューションの場合。openSUSEでは「httpd2」、Debian／Ubuntuでは「apache2」コマンドを使用します

図8-4-15 LDAP認証に必要なモジュールファイルの確認

```
$ ls /usr/lib/apache2/modules/*dap*
/usr/lib/apache2/modules/mod_authnz_ldap.so
/usr/lib/apache2/modules/mod_ldap.so
```

※実行例はDebian／Ubuntuの場合。Red Hat系Linuxディストリビューションでは、/usr/lib/httpd/modules/」に、openSUSEでは「/usr/lib/apache2/」にモジュールファイルを見つけることができます

WebDAVサーバのユーザ認証に、LDAPのエントリデータを利用するには、認証プロバイダにLDAPを指定します。それには、「**AuthBasicProvider**」ディレクトリに「**ldap**」を指定し、「**AuthLDAPURL**」ディレクティブで検索URLを指定します。図8-4-16の「**ldap://LDAPサーバのアドレス/dc=example,dc=jp?uid**」では、サーバのアドレスに続けて、ベースDNの「**dc=example,dc=jp**」、検索属性に「**uid**」を指定しています。設定完了後Apacheを再起動し、クライアントから、エントリデータのユーザ名（uid属性）、パスワード（userPassword属性）でアクセスできるか確認します。

図8-4-16 ユーザ認証にLDAP使ったWebDAVサーバの設定例

```
#WebDAVのためのモジュールの読み込み
# モジュールファイルのパスは適宜変更します（※注）
LoadModule dav_module modules/mod_dav.so
LoadModule dav_fs_module modules/mod_dav_fs.so
```

[注9] openSUSEでは「httpd2」、Debian／Ubuntuでは「apache2」コマンドを使用します。

```
#LDAP認証のためのモジュールの読み込み
# モジュールファイルのパスは適宜変更します（※注）
LoadModule ldap_module modules/mod_ldap.so
LoadModule authnz_ldap_module /usr/lib/apache2/modules/mod_authnz_ldap.so

# ロックファイルのための設定
# 設定が重複しないよう注意します。
<IfModule mod_dav_fs.c>
    DAVLockDB /var/lib/dav/lockdb          ←排他制御のためのロックファイルを指定
</IfModule>

#WebDAVのための設定
Alias    /webdav     "/var/www/webdav"     ←共有フォルダの指定。URLは「https://サーバ/webdav」

<Location /webdav>
    DAV on
    #SSLRequireSSL    ←必要ならover SSLを有効に

    # 以下、LDAP認証のための設定
    AuthType          Basic                ←認証方式はBasic認証
    AuthName          "WebDAV Server"
    AuthBasicProvider ldap                 ←認証プロバイダにLDAPを指定
    AuthLDAPURL       ldap://LDAPサーバのアドレス /dc=example,dc=jp?uid
                                           ↑ AuthLDAPURLを使用
    Require valid-user
</Location>
```

※バイナリパッケージでApacheをインストールした場合、モジュールファイルは、Fedora／Red Hat／CentOSでは「/usr/lib/httpd/modules/」に、openSUSEでは「/usr/lib/apache2/」に、Debian／Ubuntuでは「/usr/lib/apache2/modules/」にインストールされます。

8-4-3　LDAPの属性情報でアクセス制御

「Require valid-user」とした場合、LDAPに登録されている全ユーザが対象になります。ユーザ単位でアクセスするには、エントリの属性情報でフィルタを実施するか、「Require user」でユーザを個別に指定します（図8-4-17）。

図8-4-17　ユーザ単位のアクセス制御
```
<Location URL...>
    ... 省略 ...

    AuthLDAPURL    ldap://LDAPサーバのアドレス /dc=example,dc=jp?uid
    # 許可するユーザを「Require user」に続けてスペース区切りで指定する。
    Require user ユーザ名 ...
</Location>
```

エントリの「部門」属性をもとにアクセスを制御するには、LDAP検索URLを修正します。図8-4-18では、URLに「ou=sales」を追加し、sales部門のユーザ

だけアクセスできるようにしています。

図 8-4-18 部門単位のアクセス制御

```
<Location URL...>
    ... 省略 ...

    # 検索 URL に部門（ou=sales）を追加
    AuthLDAPURL     ldap://LDAP サーバのアドレス /ou=sales,dc=example,dc=jp?uid
                                                ↑検索 URL に部門（sales）を追加

    Require valid-user
</Location>
```

　部門名やユーザ名のほか、エントリの属性情報で細かくアクセス制御することもできます。それには「**Require ldap-attribute...**」を使って、属性条件を設定します。たとえば名前が「**tarou**」のユーザのみアクセスできるようにするには、**図 8-4-19**のように設定します。氏名や住所など、任意の属性情報でアクセスを制御できます。

図 8-4-19 エントリの属性情報でアクセス制御

```
<Location URL...>
    ... 省略 ...

    AuthLDAPURL     ldap://LDAP サーバのアドレス /dc=example,dc=jp?uid
    Require ldap-attribute cn=taro    ←「Require ldap-attribute」に続けて、属性条件を指定
</Location>
```

　アクセスに失敗した場合、**図 8-4-20**のようなエラーログ[注10]が出力されます。ユーザのサポートなど、原因を特定するのに利用します。

図 8-4-20 アクセスエラー時のエラーログ

・エントリデータのないユーザ（または検索条件に一致しないユーザ）がアクセスした場合のエラー
```
[Tue Nov 15 19:31:48 2011] [error] [client 192.168.○.○] user user01 not found: /webdav
```

・パスワードエラー
```
[Tue Nov 15 19:24:34 2011] [error] [client 192.168.○.○] user user02: authentication
failure for "/webdav": Password Mismatch
```

・アクセス制限エラー
```
[Tue Nov 15 19:36:11 2011] [error] [client 192.168.○.○] access to /webdav failed,
reason: user 'user02' does not meet 'require'ments for user/valid-user to be allowed
access
```

[注10] ログの出力先は、Apache のインストール方法によって異なります。ソースアーカイブを使ってインストールした場合は「/usr/local/apache2/logs/」ディレクトリに、Fedora ／ Red Hat ／ CentOS でパッケージインストールした場合は「/var/log/httpd/logs/」ディレクトリに、openSUSE ／ Debian ／ Ubuntuでパッケージインストールした場合は「/var/log/apache2/」ディレクトリになります。

8-4-4　LDAPキャッシュのステータスを表示

認証プロバイダにLDAPを使用すると、クライアントがアクセスするたびに、LDAPサーバへの問い合わせが発生します。Apacheへの接続が増えれば、LDAPサーバへの問い合わせも増大し、LDAPサーバに負担がかかります。またLDAPのパフォーマンス不足が原因で、Apacheのパフォーマンスが低下する可能性もあります。LDAPサーバへの問い合わせ頻度を抑えるよう、ApacheはLDAPクエリの結果をキャッシュします。キャッシュの利用状況はステータス画面で見るとができます。それには、図8-4-21のように設定します。

図8-4-21　LDPキャッシュのステータス画面を有効に

```
<Location /ldap-status>
    SetHandler ldap-status
    Order deny,allow
    Deny from all
    Allow from 127.0.0.1 192.168.0.0/24    ←アクセス制限の設定（例としてホスト認証を設定）
</Location>
```

設定後、Apacheを再起動しアクセスを許可されたクライアントから、「**http://サーバのアドレス/ldap-status**」にアクセスします。図8-4-22や図8-4-23のような画面で、LDAPキャッシュのステータスを確認できます。

なおLDAPキャッシュの容量や生存期間などを設定するには、LDAPSharedCacheSize／LDAPCacheEntries／LDAPCacheTTL／LDAPOpCacheEntries／LDAPOpCacheTTLといったディレクティブを使って設定します。詳細はApache HTTPDのドキュメント（以下を参照）を参考にします。

● Apache 2.4の場合
http://httpd.apache.org/docs/2.4/mod/mod_ldap.html

● Apache 2.2の場合
http://httpd.apache.org/docs/2.2/mod/mod_ldap.html

● Apache 2.0の場合
http://httpd.apache.org/docs/2.0/mod/mod_ldap.html

図 8-4-22 LDP キャッシュのステータス画面 (1)

LDAP Cache Information

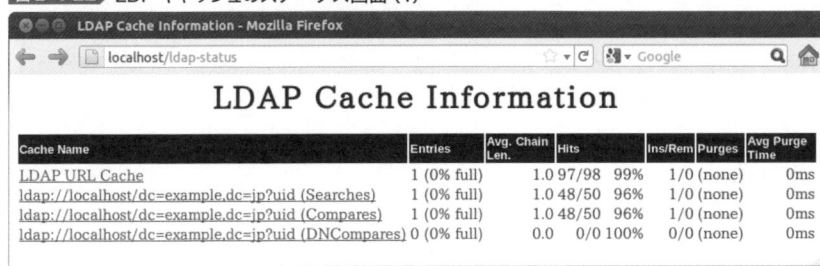

Cache Name	Entries	Avg. Chain Len.	Hits		Ins/Rem	Purges	Avg Purge Time
LDAP URL Cache	1 (0% full)	1.0	97/98 99%		1/0	(none)	0ms
ldap://localhost/dc=example,dc=jp?uid (Searches)	1 (0% full)	1.0	48/50 96%		1/0	(none)	0ms
ldap://localhost/dc=example,dc=jp?uid (Compares)	1 (0% full)	1.0	48/50 96%		1/0	(none)	0ms
ldap://localhost/dc=example,dc=jp?uid (DNCompares)	0 (0% full)	0.0	0/0 100%		0/0	(none)	0ms

図 8-4-23 LDP キャッシュのステータス画面 (2)

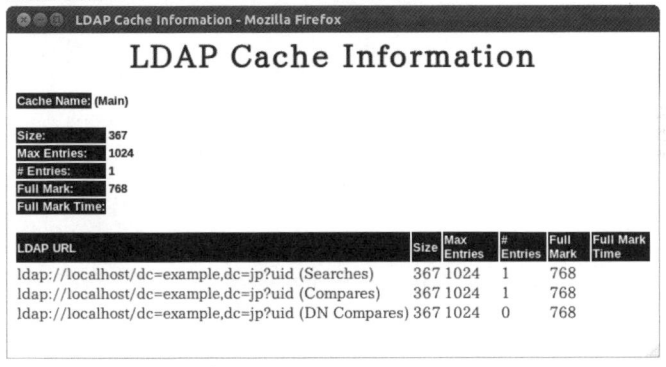

LDAP Cache Information

Cache Name: (Main)

Size: 367
Max Entries: 1024
 # Entries: 1
Full Mark: 768
Full Mark Time:

LDAP URL	Size	Max Entries	# Entries	Full Mark	Full Mark Time
ldap://localhost/dc=example,dc=jp?uid (Searches)	367	1024	1	768	
ldap://localhost/dc=example,dc=jp?uid (Compares)	367	1024	1	768	
ldap://localhost/dc=example,dc=jp?uid (DN Compares)	367	1024	0	768	

第9章

Apacheでコンテンツフィルタリング

Apacheはクライアントにデータを送受信する際、コンテンツに手を加えたり、データを圧縮したりといったコンテンツフィルタリングができます。本章ではコンテンツフィルタリングを可能にする、シンプルフィルタやスマートフィルタの導入方法を解説します。

9-1 Apache のコンテンツフィルタリング

Apache には、送受信データを加工するための各種フィルタリングモジュールが用意されています。フィルタリングモジュールの利用方法には 2 通りあります。Apache 2.0 から使用可能になった「**シンプルフィルタ**」と、Apache2.2 で新たに採用された「**スマートフィルタ**」です。それぞれの方式について解説します。

なお本章を読み進めるにあたり、**3・4 章**で解説している **DSO ／ apxs コマンド／ディレクティブ／コンテキストの理解**が不可欠です。事前に一読し理解を深めておきます。以降の作業は root ユーザにて作業を行っています。CentOS 6.0 での実行例を掲載しているため、ほかの Linux ディストリビューションと、コマンドパスやモジュールのインストール先が異なる場合があります。なおモジュールのインストールには、DSO による動的組み込みを利用します。

9-1-1 シンプルフィルタ

Apache は、リクエストを処理する過程／入力（受信）データを加工する過程／出力（送信）データを加工する過程といった内部プロセスを持ち、どのプロセスでモジュールを動作させるか指定できます。出力データを加工する過程でコンテンツに手を加える「**シンプルフィルタ**」が Apache 2.0 で実装され、多くのフィルタリングモジュールが採用されています（図 9-1-1）。

図 9-1-1 Apache のシンプルフィルタ

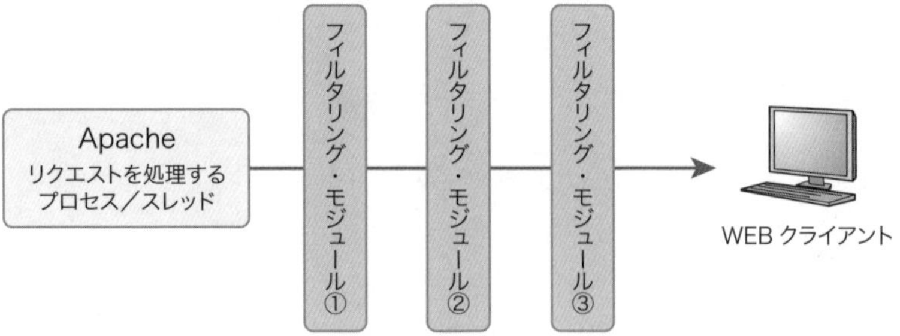

フィルタリングモジュールとしては、SSI（Server Side Include）を可能にする「**mod_include**」や、HTTPS のための「**mod_ssl**」などが有名です。それ以外にも外部プログラムをフィルタとして利用可能にするモジュールも Apache には用意さ

れています。

Apache2.0では次のフィルタリングモジュールがソースアーカイブに含まれています。

- **mod_include**
  SSI（ServerSide Include）のためのフィルタ
- **mod_ssl**
  SSL暗号化通信（HTTPS）を可能にします
- **mod_deflate**
  クライアントに送信する前にコンテンツを圧縮する
- **mod_ext_filter**
  外部プログラムをフィルタとして指定することが可能

9-1-2 スマートフィルタ

Apache 2.2以降、さらにフィルタ機能が強化され、条件の組み合わせが可能な「**スマートフィルタ**」が採用されました。シンプルフィルタでは、フィルタリングを実施するかどうか、各モジュールが判断します。そのため処理が不要なコンテンツに対しても、いったんモジュールにデータを引き渡す必要があります。他方スマートフィルタでは、モジュールにデータを引き渡すかどうか、条件を設定できます（図9-1-2）。条件にあったデータだけモジュールに引き渡すことで、複数のフィルタモジュールを組み合わせて利用するなど、高度なフィルタリングが可能になっています。データを引き渡すかどうかは、「**mod_filter**」モジュールが制御します。条件には、HTTPリクエストの各ヘッダ／HTTPレスポンスの各ヘッダ／環境変数などを指定できます。

図 9-1-2 Apacheのスマートフィルタ

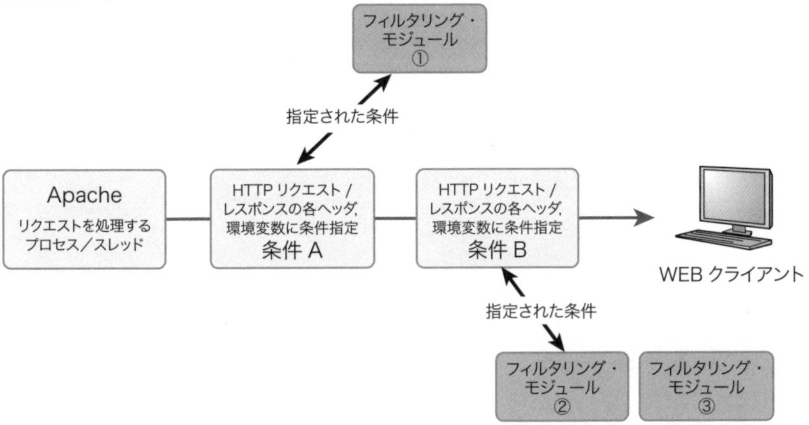

なお、フィルタリングモジュールの組み合わせによって相性問題が発生する可能性があり、不具合が発生したり、期待通りに動作しない場合があります。また旧来のフィルタリング方式と互換性がなく、一部のディレクティブが非推奨になるなど、バージョンアップに際し注意が必要になっています。

スマートフィルタは Apache2.2 から採用されたこともあり、まだまだ事例が少なく、参考になるドキュメントを見つけるのにも苦労します。まずは Apache Software Foundation のドキュメントを参考にしましょう。

- **Apache 2.2 のスマートフィルタリングの解説**
  http://httpd.apache.org/docs/2.2/ja/mod/mod_filter.html

- **Apache 2.4 のスマートフィルタリングの解説**
  http://httpd.apache.org/docs/2.4/ja/mod/mod_filter.html

9-2 コンテンツの圧縮転送を可能にする「mod_deflate」の導入（シンプルフィルタ方式）

シンプルフィルタの利用例として、「mod_deflate」を取り上げ、インストール方法を解説します。

9-2-1 mod_deflate の概要

「mod_deflate」はコンテンツの圧縮転送を可能にする拡張モジュールです。Webクライアントへ要求されたコンテンツを送信する際、データを圧縮し転送します。データを圧縮するのに CPU リソースを消費しますが、転送速度を向上できます。mod_deflate はシンプルフィルタにもスマートフィルタにも対応していますが、まずシンプルフィルタで導入する方法を解説し、スマートフィルタを使った導入方法はこの後解説します。

9-2-2 mod_deflate のインストール

Linux ディストリビューションによってはすでにインストール済みの場合があります。その場合は、設定を行うだけで動作させることができます。図 9-2-1 のように mod_deflate が組み込み済みか確認します。

図 9-2-1 mod_deflate が組み込み済みか確認する

```
# httpd -M
... 省略 ...
 deflate_module (shared)
... 省略 ...
```

※実行例は Red Hat 系 Linux ディストリビューションの場合。openSUSE では「httpd2」、Debian ／ Ubuntu では「apache2」コマンドを使用します

組み込まれていないだけで、モジュールファイルそのものはインストールされている場合があります。mod_deflate.so が所定のディレクトリ[注1]に見つけられた場合、設定を行うだけで動作させることができます。

[注1] バイナリパッケージで Apache をインストールした場合、モジュールファイルは、Fedora ／ Red Hat ／ CentOS では「/usr/lib/httpd/modules/」に、openSUSE では「/usr/lib/apache2/」に、Debian ／ Ubuntu では「/usr/lib/apache2/modules/」にインストールされます。

インストールされていない場合、ソースファイルを使ってモジュールを組み込みます。mod_deflate のソースは、Apache のソースアーカイブの「**modules/filters/**」ディレクトリに格納されています。図 9-2-2 のように作業ディレクトリを移動し、mod_deflate を組み込みます。apxs コマンドでは「**-c**」オプションに続いてモジュールのソースファイルを指定します。「**-i**」「**-a**」オプションを指定することで、ビルド完了後、モジュールは所定のディレクトリにコピーされ、httpd.conf にモジュールを組み込む 1 行（LoadModule ...）が自動で追加されます。

図 9-2-2 mod_deflate のビルドとインストール

```
# cd Apache のソース /modules/filters/
# apxs -i -a -c mod_deflate.c
```

※ DSO で動的に組み込んでいます
※ 実行例は Red Hat 系 Linux ディストリビューションの場合。openSUSE／Debian／Ubuntu では「apxs2」コマンドを使用します
※ zlib ライブラリのエラーを出力するようなら「-lz」を付けて実行します

インストール後 httpd.conf ファイル[注2]に図 9-2-3 のような設定を追加します。最初に「**DeflateCompressionLevel**」ディレクティブでは圧縮レベルを設定します。サーバのパフォーマンスを考慮し、適度なレベルを設定します。続いて圧縮転送の対象となるコンテンツを、「**<Location ○○>～</Location>**」ブロックで指定します。図 9-2-3 では「**/**」以下の全コンテンツを対象にしています。ブロック内では「**SetOutputFilter DEFLATE**」と指定し、出力フィルタに mod_deflate の圧縮処理を加えます。設定完了後、図 9-2-4 の手順で httpd.conf の構文に間違いがないか確認し、Apache を再起動します。

図 9-2-3 mod_deflate のための設定

```
# モジュールの読み込み（自動で追加されています。）
# モジュールファイルのパスは適宜変更します（※注）。
LoadModule deflate_module modules/mod_deflate.so

#deflate_module の設定
<IfModule mod_deflate.c>
    # 圧縮率の設定
    #1～9の値で、値が大きくなるほど圧縮率は大きくなり、その分 CPU の負荷が高くなります。
    DeflateCompressionLevel 5

    # 無条件に圧縮加工を有効にする場合
    <Location />
        # サーバ→クライアントへの送信で圧縮を有効にします。
        SetOutputFilter DEFLATE
```

[注2] バイナリパッケージで Apache をインストールした場合、httpd.conf ファイルは、Fedora／Red Hat／CentOS では「/etc/httpd/conf/」に、openSUSE／Debian／Ubuntu では「/etc/apache2/」に見つけることができます。また Debian／Ubuntu では apache2.conf を利用することもできます。

```
    </Location>
</IfModule>
```

※バイナリパッケージで Apache をインストールした場合、モジュールファイルは、Fedora ／ Red Hat ／ CentOS では「/usr/lib/httpd/modules/」に、openSUSE では「/usr/lib/apache2/」に、Debian ／ Ubuntu では「/usr/lib/apache2/modules/」にインストールされます。

図 9-2-4 httpd.conf の構文チェックと Apache の再起動

```
# apachectl -t          (httpd.conf の構文チェック)
# apachectl restart     (Apache の再起動)
```

※実行例は Red Hat 系 Linux ディストリビューションの場合。openSUSE ／ Debian ／ Ubuntu では「apache2ctl」コマンドを使用します

9-2-3　mod_deflate の動作確認

　mod_deflate の動作確認には、telnet コマンドを使用します。telnet の対話モードを使って、HTTP レスポンスヘッダを確認します（図 9-2-5）。

図 9-2-5 telnet の対話モードで mod_deflate の動作を確認する

```
$ telnet Apache のアドレス 80
... 省略 ...
GET / HTTP/1.1                   ← GET コマンドを入力
Host: サーバのアドレス              ←サーバのアドレスを入力
Accept-Encoding: deflate,gzip    ←圧縮転送を指定
<リターン>                        ←改行入力

... 省略 ...

HTTP/1.1 200 OK
Date: Fri, 14 Oct 2011 15:40:25 GMT
Server: Apache/2.2.15 (CentOS)
Last-Modified: Fri, 30 Sep 2011 19:43:59 GMT
ETag: "41f09-6-4ae2dd8b79c4e"
Accept-Ranges: bytes
Vary: Accept-Encoding
Content-Encoding: gzip           ←圧縮転送されているのを確認
Content-Length: 26
Connection: close
Content-Type: text/html; charset=UTF-8

Connection closed by foreign host.
```

　また次のようなサイトを利用し、圧縮転送の有無や効果を調べることもできます（図 9-2-6）。

第9章 Apacheでコンテンツフィルタリング

● Port80 Software
http://www.port80software.com/support/p80tools

図 9-2-6 Port80 Software の Web アプリケーションで動作を確認

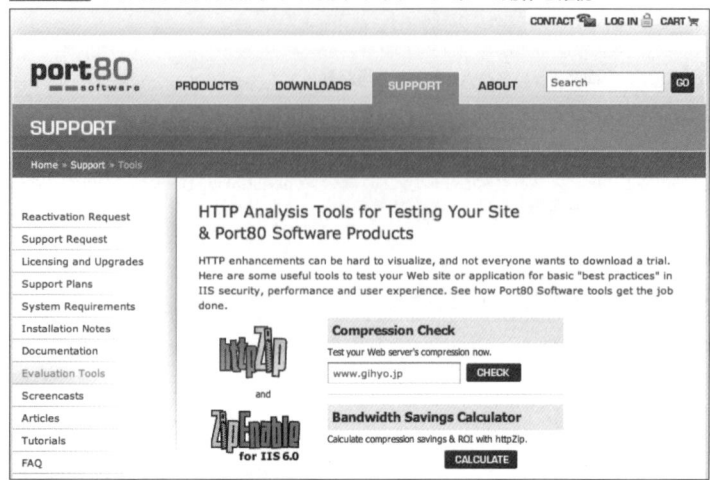

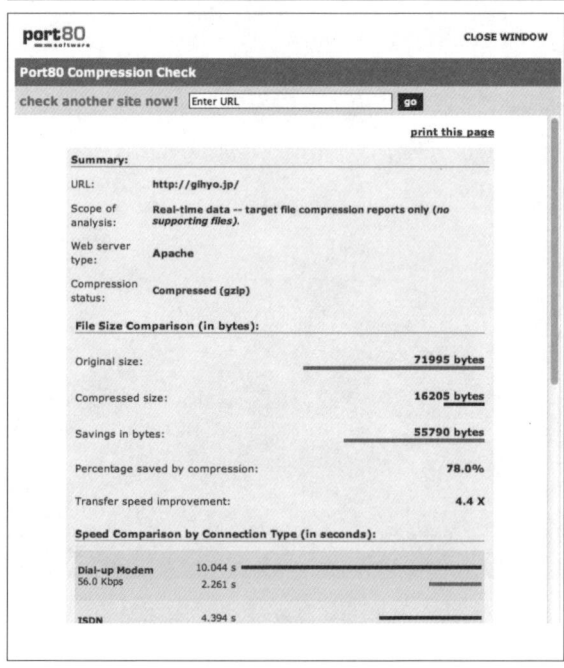

9-2-4　mod_deflate の応用

　mod_deflate を使えば、ネットワーク帯域を節約できる一方、データを圧縮するのに CPU リソースを必要とします。HTML ファイルのようなテキストベースのデータなら、高い圧縮効果を期待できますが、GIF や JPEG など元から圧縮されたデータでは、効果を期待できません。そうしたデータまで mod_deflate に引き渡すことがないよう、圧縮するコンテンツを限定することが重要になります。また圧縮転送を利用するには、HTTP 1.1 に準拠した Web ブラウザが必要になります。そのため準拠していない Web ブラウザを圧縮転送の対象から除外することも必要になります。そこで「BrowserMatch」「SetEnvIfNoCase」といったディレクティブを使って圧縮転送に条件を付け加えます（図 9-2-7）。また圧縮効果を確認できるよう、ログファイルに記録します。それには「LogFormat」「CustomLog」ディレクティブといったディレクティブを使って設定します。

図 9-2-7　mod_deflate のための httpd.conf の設定

```
# モジュールの読み込み（自動で追加されています。）
# モジュールファイルのパスは適宜変更します（※注）。
LoadModule deflate_module modules/mod_deflate.so

#deflate_module の設定
<IfModule mod_deflate.c>
    # 圧縮率の設定
    #1 ～ 9 の値で、値が大きくなるほど圧縮率は大きくなり、その分 CPU の負荷が高くなります。
    DeflateCompressionLevel 5

    # 圧縮加工を行うコンテンツを指定する場合
    # クライアントのブラウザタイプ、ファイル拡張子で、圧縮加工の有無を切り替えます。
    <Location />
        SetOutputFilter DEFLATE
        #Netscape Navigator 4.0X では圧縮しない
        BrowserMatch ^Mozilla/4¥.0[678] no-gzip
        #Netscape Navigator(4.X 以上)・Firefox・MSIE では圧縮（ただし html テキストだけ）
        BrowserMatch ^Mozilla/4 gzip-only-text/html
        BrowserMatch ^Mozilla/5 gzip-only-text/html
        # 拡張子による制限（gif/jpg/png は圧縮しない）
        SetEnvIfNoCase Request_URI ¥.(?:gif|jpe?g|png)$ no-gzip dont-vary
    </Location>

    # 圧縮結果をログに出力するための設定
    #
    # 圧縮前データのバイト数
    DeflateFilterNote Input instream
    # 圧縮後データのバイト数
    DeflateFilterNote Output outstream
    # 圧縮率
    DeflateFilterNote Ratio ratio
    # ログフォーマットの指定
```

```
    LogFormat '"%r" %{outstream}n/%{instream}n (%{ratio}n%%) %{User-agent}i' deflate
    # ログファイルの指定
    CustomLog logs/deflate_log deflate
</IfModule>
```

※バイナリパッケージで Apache をインストールした場合、モジュールファイルは、Fedora ／ Red Hat ／ CentOS では「/usr/lib/httpd/modules/」に、openSUSE では「/usr/lib/apache2/」に、Debian ／ Ubuntu では「/usr/lib/apache2/modules/」にインストールされます。

　設定では、まず「BrowserMatch」ディレクティブを使って、Web クライアントのブラウザタイプを元に mod_deflate の動作を切り替えています。図 9-2-7 では、ブラウザタイプの指定に正規表現を用いています。「BrowserMatch ^Mozilla/4\.0[678] no-gzip」と指定し、ブラウザタイプが Netscape Navigator 4.0X の場合、圧縮転送を無効にするよう環境変数「no-gzip」を設定します。「BrowserMatch ^Mozilla/5 gzip-only-text/html」ではブラウザタイプが Firefox ／ Microsoft Internet Explorer の場合、HTML テキストだけ圧縮転送を有効にするよう、環境変数「gzip-only-text/html」を設定します。なおブラウザタイプを知りたい場合、アクセスログに記録されたものを参考にします（図 9-2-8）。なお環境変数の詳細は 3 章を参考にします。

　「SetEnvIfNoCase Request_URI \.(?:gif|jpe?g|png) $ no-gzip dont-vary」では、URL の中に、gif ／ jpeg ／ jpg ／ png といった拡張子を持ったファイルが含まれる場合、圧縮転送を無効にするよう、環境変数「no-gzip」を設定します。「SetEnvIfNoCase」でも、正規表現を使って URL の文字列パターン指定しています。「SetEnvIfNoCase」では大文字／小文字を区別しませんが、大文字／小文字を区別するには「SetEnvIf」を使用します。最後に「DeflateFilterNote ／ ogFormat ／ CustomLog」ディレクティブで、圧縮転送の結果をログに出力できるよう設定します。

図 9-2-8 アクセスログの User-Agent 情報でブラウザタイプを確認する

```
192.168.○.○ - - [17/Oct/2011:20:48:50 +0900] "GET /○.html HTTP/1.1" 304 - "-"
"Mozilla/4.0 (compatible; MSIE 7.0; Windows NT 5.1; Trident/4.0; .NET CLR 1.1.4322; .NET
CLR 2.0.50727; .NET CLR 3.0.4506.2152; .NET CLR 3.5.30729; .NET4.0C)"
(Windows XP から Microsoft Internet Explorer 7.0 を使ってアクセスした場合のブラウザタイプ
(User-Agent))

192.168.○.○ - - [17/Oct/2011:20:49:18 +0900] "GET /○.html HTTP/1.1" 304 - "-"
"Mozilla/5.0 (X11; U; Linux i686; ja; rv:1.9.2.9) Gecko/20110412 CentOS/3.6.9-2.el6.centos
Firefox/3.6.9"
(CentOS 6.0 から Firefox 3.6 を使ってアクセスした場合のブラウザタイプ（User-Agent))

192.168.○.○ - - [17/Oct/2011:20:58:57 +0900] "GET /○.html HTTP/1.1" 404 288 "-"
"Mozilla/5.0 (Macintosh; Intel Mac OS X 10_7_2) AppleWebKit/534.51.22 (KHTML, like Gecko)
Version/5.1.1 Safari/534.51.22"
(Mac OS X 10.7 から Safari 5 を使ってアクセスした場合のブラウザタイプ（User-Agent))
```

設定終了後、前述（**図 9-2-4**）の手順で httpd.conf の構文をチェックし、Apache を再起動します。その後 Web ブラウザでアクセスし動作を確認します。先ほどの telnet を使った対話モードや、Web サイト「**Port80 Software**」を使った動作確認とともに、ログファイルの「**deflate_log**」で動作を確認します（**図 9-2-9**）。ログの出力先は、Apache のインストール方法によって異なります。ソースアーカイブを使ってインストールした場合は「**/usr/local/apache2/logs/**」ディレクトリに、Fedora／Red Hat／CentOS でパッケージインストールした場合は「**/var/log/httpd/logs/**」ディレクトリに、openSUSE／Debian／Ubuntu でパッケージインストールした場合は「**/var/log/apache2/**」ディレクトリになります。圧縮転送が実施されたコンテンツにはバイト数や圧縮率が表示され、圧縮されていないコンテンツには「-」が表示されます。なおログ出力はサーバに負担がかかるため、mod_deflate の動作が確認できたら、ログの出力を停止するよう、httpd.conf の該当個所をコメントアウトします。

図 9-2-9 mod_deflate の動作を記録したログファイル（deflate_log）

```
"GET /a.html HTTP/1.1" 2614/9323 (28%) Mozilla/5.0 (X11; U; Linux i686; ja; rv:1.9.2.9)
Gecko/20110412 CentOS/3.6.9-2.el6.centos Firefox/3.6.9
(Firefox 3.6 では圧縮されている)

"GET /a.html HTTP/1.1" 2614/9323 (28%) Mozilla/4.0 (compatible; MSIE 7.0; Windows NT 5.1;
Trident/4.0; .NET CLR 1.1.4322; .NET CLR 2.0.50727; .NET CLR 3.0.4506.2152; .NET CLR
3.5.30729; .NET4.0C)
(MSIE7.0 では圧縮されている)

"GET /a.html HTTP/1.1" 2614/9323 (28%) Mozilla/5.0 (Macintosh; Intel Mac OS X 10_7_2)
AppleWebKit/534.51.22 (KHTML, like Gecko) Version/5.1.1 Safari/534.51.22
(Safari では圧縮されている)

"GET /a.html HTTP/1.0" -/- (-%) Wget/1.12 (linux-gnu)
(wget では圧縮されない)

"GET /image.gif HTTP/1.1" -/- (-%) Mozilla/5.0  ..省略..
(GIF 画像は圧縮されない)
```

さらに「**AddOutputFilterByType**」ディレクティブを使うことで、MIME タイプに応じてフィルタリングモジュールにデータを渡すか渡さないかを制御できます（**図 9-2-10**）。MIME タイプとは、コンテンツの形式を表すものです。たとえば HTML コンテンツには「**text/html**」、JPEG コンテンツには「**image/jpeg**」といった MIME タイプが使用されています。Apache では、ファイル拡張子をもとに MIME タイプが対応づけられており「**/etc/mime.type**[注3]」ファイルで設定します

[注3] CentOS／Red Hat／Fedora の場合。その他の Linux ディストリビューションでは、ファイルパスが異なります。

（図 9-2-11）。

図 9-2-10 AddOutputFilterByType を使った mod_deflate の設定

```
<IfModule mod_deflate.c>
    DeflateCompressionLevel 5
    <Location />
        #MIME タイプで圧縮するコンテンツを指定
        AddOutputFilterByType DEFLATE text/html
        AddOutputFilterByType DEFLATE text/plain
    </Location>
</IfModule>
```

図 9-2-11 /etc/mime.type の一例

```
text/css                        css
text/html                       html htm
text/plain                      asc txt
image/gif                       gif
image/jpeg                      jpeg jpg jpe
image/png                       png
video/mpeg                      mpeg mpg mpe
application/pdf                 pdf    ←PDF の MIME タイプ
application/vnd.ms-excel        xls    ←Execel 書類の MIME タイプ
application/vnd.ms-powerpoint   ppt    ←PowerPoint 書類の MIME タイプ
```

しかし AddOutputFilterByType ディレクティブを使って、複数のフィルタリングモジュールを指定した場合、コンテンツの MIME タイプが正しく決定できないといった問題が発生し、動作しない場合があります。そのため Apache 2.2 でから AddOutputFilterByType ディレクティブの使用は非推奨とされました。MIME タイプをフィルタリングの条件に加えるには、このあと解説する「**スマートフィルタ**」を使うようにします。

9-3 スマートフィルタの利用

続いてスマートフィルタの利用例を詳解します。スマートフィルタには、実際のフィルタ処理を担うモジュールとともに、「mod_filter」モジュールが必須です。前節で解説した「mod_deflate」をスマートフィルタで使用する方法を解説します。

9-3-1 スマートフィルタを実現する「mod_filter」

前節ではmod_deflateを、シンプルフィルタ方式で導入しました。本節ではスマートフィルタで使えるよう、「mod_filter」と組み合わせ再設定します。単純なシンプルフィルタ方式では、送信される全データがmod_deflateに引き渡されてしまいます。そのためシンプルフィルタで効率よく圧縮転送を行うより、「BrowserMatch／SetEnvIfNoCase」といったディレクティブを使って、圧縮転送に条件を付け加える必要がありました。スマートフィルタを使用すれば、もっと簡単に設定できます。

9-3-2 mod_filterのインストール

スマートフィルタを利用するには、「mod_filter」モジュールがインストールされている必要があります。図9-3-1の方法でmod_filterが組み込まれているか確認します。

図9-3-1 mod_filterが組み込み済みか確認する

```
# httpd -M
...省略...
 filter_module (shared)
...省略...
```

※実行例はRed Hat系Linuxディストリビューションの場合。openSUSEでは「httpd2」、Debian／Ubuntuでは「apache2」コマンドを使用します

組み込まれていなくても、モジュールファイルそのものはインストールされている場合もあります。「mod_filter.so」が所定のディレクトリ[注4]にあれば、設定を追

[注4] バイナリパッケージでApacheをインストールした場合、モジュールファイルは、Fedora／Red Hat／CentOSでは「/usr/lib/httpd/modules/」に、openSUSEでは「/usr/lib/apache2/」に、Debian／Ubuntuでは「/usr/lib/apache2/modules/」にインストールされます。

加するだけで動作させることができます。

　インストールされていない場合、ソースファイルを使ってモジュールを組み込みます。DSOを使えば、Apacheの再インストールは不要です。Apacheのソースアーカイブやapxsコマンドなど、DSOモジュールのビルドに必要な環境を用意し、作業にあたります。mod_filterのソースは、Apacheのソースアーカイブの「**modules/filters/**」ディレクトリに格納されています。**図9-3-2**のように作業ディレクトリを移動し、mod_filterを組み込みます。**apxsコマンド**では「**-c**」オプションに続いてモジュールのソースファイルを指定します。「**-i**」「**-a**」オプションを指定することで、ビルド完了後、モジュールは所定のディレクトリにコピーされ、httpd.conf[注5]にモジュールを組み込む1行（LoadModule ...）が自動で追加されます。

図9-3-2 mod_filterのビルドとインストール

```
# cd Apacheのソース/modules/filters/
# apxs -i -a -c mod_filter.c
```

※ DSOで動的に組み込んでいます
※ 実行例はRed Hat系Linuxディストリビューションの場合。openSUSE／Debian／Ubuntuでは「apxs2」コマンドを使用します

9-3-3　mod_filterの設定

　mod_filterのインストールに成功すると、httpd.confに**図9-3-3**のような1行を見つけることができます。設定されていない場合、手動で追加します。その際mod_deflate.soのファイルパスを適宜ディストリビューションに合わせて修正するようにします。

図9-3-3 mod_filterのためのhttpd.confの設定

```
LoadModule filter_module moduls/mod_filter.so
```

※ モジュールファイルのパスはApacheのインストール方法によって異なります

　mod_filterインストール完了後、**図9-3-4**の手順でhttpd.confの構文に間違いがないか確認し、Apacheを再起動します。再起動後、先ほどの**図9-3-1**に従い、mod_filterが組み込まれているか確認します。

図9-3-4 httpd.confの構文チェックとApacheの再起動

```
# apachectl -t         (httpd.confの構文チェック)
```

[注5] バイナリパッケージでApacheをインストールした場合、モジュールファイルは、Fedora／Red Hat／CentOSでは「/usr/lib/httpd/modules/」に、openSUSEでは「/usr/lib/apache2/」に、Debian／Ubuntuでは「/usr/lib/apache2/modules/」にインストールされます。

```
# apachectl restart      (Apacheの再起動)
```

※実行例は Red Hat 系 Linux ディストリビューションの場合。openSUSE ／ Debian ／ Ubuntu では
「apache2ctl」コマンドを使用します

9-3-4 mod_deflate の再設定

FilterProvider ディレクティブの指定方法が、Apache 2.4 から変更になっている
ため、以降の解説は Apache2.2 のみに限定しています。

mod_filter を使用できるようになったところで、スマートフィルタを用いて図
9-3-5 のように設定します。

図 9-3-5 スマートフィルタを使った mod_deflate の設定

```
# モジュールの読み込み。自動で追加されています
#mod_filter.so や mod_deflate.so のファイルパスはディストリビューションによって異なります
# 下は Fedora や CentOS の例
LoadModule filter_module /usr/lib/httpd/modules/mod_filter.so
LoadModule deflate_module /usr/lib/httpd/modules/mod_deflate.so
<IfModule mod_deflate.c>
    DeflateCompressionLevel 5
    <Location />
        #1) フィルタ「Comp」を宣言
        FilterDeclare Comp CONTENT_SET

        #2) フィルタの動作条件を指定
        FilterProvider Comp DEFLATE resp=Content-Type $text/html
        FilterProvider Comp DEFLATE resp=Content-Type $text/plain

        #3) フィルタを有効化
        FilterChain Comp
    </Location>
</IfModule>
```

スマートフィルタでは、まず「**FilterDeclare**」ディレクティブで定義するフィル
タ名を宣言し、次に「**FilterProvider**」ディレクティブでフィルタの動作条件を指
定します。最後に「**FilterChain**」ディレクティブで定義したフィルタを有効にしま
す。「**FilterDeclare-->FilterProvider-->FilterChain**」の順で設定を行うようにしま
す（図 9-3-6）。

図 9-3-6 スマートフィルタ設定方法

```
FilterDeclare
定義するフィルタ名を宣言
FilterDeclare filter-name [type]
filter-name：任意のフィルタ名
type：RESOURCE（デフォルト）／ CONTENT_SET ／ PROTOCOL ／ TRANSCODE ／
```

CONNECTION ／ NETWORK から指定
↓

`FilterProvider`
コンテンツを加工する処理（プロバイダ）を指定する
FilterProvider *filter-name provider-name [req/resp/env]=dispatch match*
provider-name：プロバイダ名（例：mod_deflate なら DEFLATE）
[req/resp/env]=dispatch：条件付けの際、HTTP リクエストの各ヘッダ／ HTTP レスポンスの各ヘッダ／環境変数の何を対象とするか指定
（「resp=Content-Type」ならレスポンスヘッダの Content-Type）
match：条件付けで一致させるパターンを指定。正規表現の使用が可能
↓

`FilterChain`
フィルタを有効化
（複数フィルタを追加する場合は「FilterChain filter1 filter2...」）

※ [] は省略可能パラメータ
※ 詳細は「http://httpd.apache.org/docs/2.2/ja/mod/mod_filter.html」を参考

　図 9-3-5 の設定では、これから定義するフィルタ名を FilterDeclare ディレクティブを使って、「**Comp**」と定義しています。フィルタ名には「filter01」でも「zipfilter」でも、任意の文字列を使用できます。次に FilterProvider ディレクティブで、適用するフィルタリングモジュールとその適用条件を設定します。どのフィルタリングモジュールを使用するかは、モジュールごとに一意な「**プロバイダ名**」で指定します。mod_deflate では「**DEFLATE**」を指定します。フィルタの適用条件には「**resp=Content-Type $text/html**」と指定し、HTTP レスポンスの「**Content-Type**」ヘッダで、MIME タイプとして「**text/html**」が設定されているコンテンツを対象にしています。以上の設定により、HTML のようなテキストベースのデータを送信する際に「**Comp**」が適用されるようになります。次の行ではさらにフィルタを追加し、MIME タイプとして「**text/plain**」が設定されているコンテンツを対象にするよう、「**resp=Content-Type $text/plain**」を指定します。条件の数だけ FilterProvider ディレクティブを指定します。最後に FilterChain ディレクティブで、ここまでに定義した「**Comp**」フィルタを、実行可能フィルタとして Apache に組み込みます。FilterDeclare ／ FilterProvider でフィルタを定義しても FilterChain がなければフィルタは無効なままです。

　mod_filter を使ったスマートフィルタでは、どんなフィルタリングモジュールに対しても、FilterProvider ディレクティブで適用条件を設定できます。シンプルフィルタのように、モジュール固有のディレクティブを使用する必要がありません。設定完了後、図 9-3-7 の手順で httpd.conf の構文に間違いがないか確認し、Apache

を再起動します。

図 9-3-7 httpd.conf の構文チェックと Apache の再起動
```
# apachectl -t          (httpd.conf の構文チェック)
# apachectl restart     (Apache の再起動)
```
※ 実行例は Red Hat 系 Linux ディストリビューションの場合。openSUSE ／ Debian ／ Ubuntu では「apache2ctl」コマンドを使用します

9-3-5　mod_deflate の動作確認

動作確認には、前述の図 9-2-5 と同様に telnet コマンドを使用します。telnet の対話モードを使って、HTTP レスポンスヘッダを確認します。また Web サイトの「Port80 Software（URL は http://www.port80software.com/support/p80tools）」を利用し、圧縮転送の有無を調べることもできます（図 9-2-6）。

9-3-6　スマートフィルタの応用

スマートフィルタなら、設定できる条件も豊富です。図 9-3-5 では MIME タイプが「text/html」の場合と、「text/plain」の場合それぞれを個別に設定しましたが、正規表現を用いて 1 行で書き換えることもできます（図 9-3-8）。

図 9-3-8 正規表現を使った指定
変更前
```
FilterProvider Comp DEFLATE resp=Content-Type $text/html
FilterProvider Comp DEFLATE resp=Content-Type $text/plain
```
↓
変更後
```
FilterProvider Comp DEFLATE resp=Content-Type /^text/
```

HTTP リクエストの「Accept-Encoding」ヘッダに「gzip」が指定されているかどうかといった条件を指定することもできます（図 9-3-9）。データを受け取るブラウザが圧縮転送を要求しているかどうかを「Accept-Encoding」ヘッダで判断でき、より的確に mod_deflate の動作を切り替えることができます。

図 9-3-9 HTTP リクエストの「Accept-Encoding」ヘッダに「gzip」が指定されているコンテンツをフィルタリングの条件に加える
```
FilterProvider Comp DEFLATE req=Accept-Encoding $gzip
```

9-4 ヘッダ／フッタを自動で挿入する「mod_layout」の導入

フィルタモジュールはApacheソフトウェア財団で配布されているもの以外に、サードパーティやユーザコミュニティ開発されたものがあります。そうした非標準モジュールの導入例として、「**mod_layout**」モジュールを取り上げます。mod_layoutモジュールは、定型のヘッダ／フッタをコンテンツに自動挿入するモジュールです。スマートフィルタを使って、mod_layoutを導入する方法を解説します。

9-4-1　mod_layoutの概要

「**mod_layout**」モジュールはApacheから送信されるHTMLなどのテキストコンテンツに対し、任意のヘッダとフッタを挿入するフィルタリングモジュールです（図9-4-1）。たとえばコピーライトを全コンテンツに表記したい場合や、定型の書式でコンテンツを表示させたい場合に利用します。具体的にはHTMLコンテンツの「**<body>**」の直後にヘッダを挿入し、「**</body>**」の直前にフッタを挿入します。挿入されるメッセージにHTMLタグを用いることや、SSI／CGI／PHPを利用することもできます。SSI／CGI／PHPを使えば、現在日時やコンテンツの最終更新日など、動的なメッセージを作成し挿入できます。

図9-4-1　コンテンツに挿入されるヘッダ／フッタ

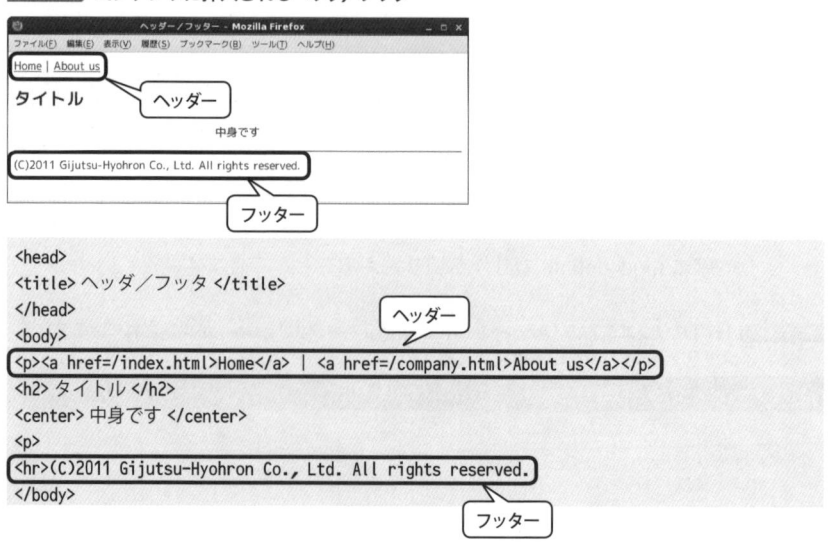

```
<head>
<title> ヘッダ／フッタ </title>
</head>
<body>
<p><a href=/index.html>Home</a> | <a href=/company.html>About us</a></p>   ← ヘッダー
<h2> タイトル </h2>
<center> 中身です </center>
<p>
<hr>(C)2011 Gijutsu-Hyohron Co., Ltd. All rights reserved.   ← フッター
</body>
```

9-4-2　mod_layout のインストール

　mod_layout のソースファイルは、Apache のソースアーカイブに含まれていません。「**http://download.tangent.org/mod_layout-5.1.tar.gz**」をダウンロードしインストールを行います（図 9-4-2）。ダウンロード後ソースアーカイブを展開し **make** コマンドを実行します。今回は **apxs** コマンドを直接使用せず、**Makefile** を使ってビルドします。そのため apxs コマンドや apachectl スクリプトにコマンドパスが通っていなかったり、コマンド名が異なるとビルドに失敗します。ビルドに失敗する場合は Makefile を図 9-4-3 のように修正します。

図 9-4-2　mod_layout のインストール

```
# tar xvfz mod_layout-5.1.tar.gz
# cd mod_layout-5.1
# make
# make install
```

図 9-4-3　mod_layout のソースアーカイブ中の Makefile の修正

```
APXS=/usr/sbin/apxs              ← (openSUSE / Debian / Ubuntu では「apxs2」を使用)
APACHECTL=/usr/sbin/apachectl    ← (openSUSE / Debian / Ubuntu では「apache2ctl」を使用)
```

9-4-3　mod_layout の設定

　インストール後、httpd.conf ファイル[注6]に図 9-4-4 のような設定を追加します。図 9-4-4 では「**<IfModule mod_layout.c> 〜 </IfModule>**」ブロック内で各値を設定し、mod_layout モジュールがインストールされている場合のみ、設定が有効になるようにしています。

図 9-4-4　mod_layout のための httpd.conf の設定

```
# モジュールの読み込み。自動で追加されています。
#mod_filter.so や mod_layout.so のファイルパスは、ディストリビューションによって異なります。
# 下は Fedora や CentOS の例
LoadModule filter_module /usr/lib/httpd/modules/mod_filter.so
LoadModule layout_module /usr/lib/httpd/modules/mod_layout.so

<IfModule mod_layout.c>
  <Location />
    #1. フィルタ「Layout」を宣言
    FilterDeclare Layout CONTENT_SET

    #2. フィルタの動作条件を指定
```

[注6] バイナリパッケージで Apache をインストールした場合、httpd.conf ファイルは、Fedora／Red Hat／CentOS では「/etc/httpd/conf/」に、openSUSE／Debian／Ubuntu では「/etc/apache2/」に見つけることができます。また Debian／Ubuntu では apache2.conf を利用することもできます。

```
    FilterProvider Layout LAYOUT resp=Content-Type $text/html

    #3. フィルタを有効化
    FilterChain Layout

    #ヘッダの指定
    LayoutHeader "<p><a href=/index.html>Home</a> | <a href=/producr.html>Product</a> | <a href=/company.html>About us</a></p>"

    #フッタの指定
    LayoutFooter "<hr>(C)2011 Gijutsu-Hyohron Co., Ltd. All rights reserved."
  </Location>
</IfModule>
```

図 9-4-4 の設定では、これから定義するフィルタ名を FilterDeclare ディレクティブを使って、「**Layout**」と定義しています。FilterProvider ディレクティブでは、mod_filter の適用条件として、MIME タイプが「**text/html**」のコンテンツを指定します。その際プロバイダ名の「**LAYOUT**」も併せて指定します。最後に FilterChain ディレクティブでスマートフィルタ「**Layout**」を有効にします。

続いて、ヘッダやフッタに使用するメッセージを用意します。それには mod_layout 独自のディレクティブ「**LayoutHeader／LayoutFooter**」を使用します。図 9-4-4 のように直接設定ファイルに記述することも、図 9-4-5 のように外部ファイルを参照することもできます。

図 9-4-5 ヘッダ／フッタに外部ファイルを指定する

```
#ヘッダに外部 HTML ファイルを指定
LayoutHeader /header.html

#フッタに外部 HTML ファイルを指定
LayoutFooter /footer.html
```

※各ファイルはドキュメントルートからの相対パスで指定

ヘッダ／フッタに日本語を使用する場合、本体の HTML コンテンツと同じ文字コードでファイルを作成するようにします。HTML コンテンツが UTF-8 なら、ヘッダやフッタも UTF-8 を使用するようにします。設定ファイルに直接ヘッダ／フッタを記述する際は、設定ファイルの文字コードに注意します。

なお直接 httpd.conf にヘッダ／フッタを書き込むと、メッセージを修正するたびに Apache の再起動が必要になります。一方ヘッダ／フッタに外部ファイルを指定している場合、Apache を再起動することなく、それぞれのファイルを更新するだけで新しいものが反映されます。

設定完了後、図 9-4-6 の手順で httpd.conf の構文に間違いがないか確認し、Apache を再起動します。

図 9-4-6 httpd.conf の構文チェックと Apache の再起動

```
# apachectl -t          (httpd.conf の構文チェック)
# apachectl restart     (Apache の再起動)
```

※実行例は Red Hat 系 Linux ディストリビューションの場合。openSUSE／Debian／Ubuntu では「apache2ctl」コマンドを使用します

9-4-4 mod_layout の動作確認

Apache 再起動後、ブラウザでコンテンツを参照し、指定したとおりのヘッダ／フッタが挿入していることを確認します（**図 9-4-7**）。**図 9-4-4** の設定では、HTTP レスポンスの「**Content-Type**」ヘッダで MIME タイプとして「**text/html**」が設定されているコンテンツに対してのみ、フィルタリングを実施するよう、Filter Provider ディレクティブで「**resp=Content-Type $text/html**」と指定しています。そのため、HTML などのテキストデータはもちろん、CGI や PHP の出力結果にもヘッダ／フッタが挿入されます。

図 9-4-7 mod_layout により挿入されたヘッダ／フッタ

mod_layout 導入前

mod_layout 導入後

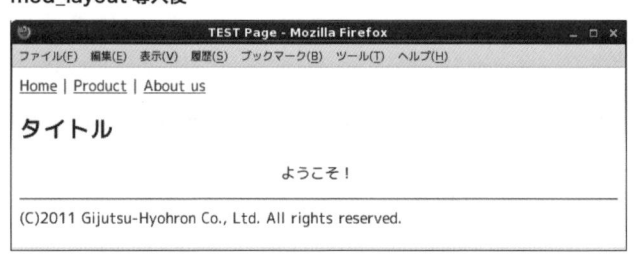

9-4-5 mod_layout の応用

ヘッダ／フッタには、SSI／CGI／PHP のような動的コンテンツを利用できます。そのためコンテンツの最終更新日をフッタに追加することもできます。それには、**図 9-4-8** のように LayoutFooter ディレクティブで CGI の URL 指定し、**図 9-4-9** の

ようなCGIスクリプトを用意します。CGIスクリプトは取得したコンテンツの最終更新日を加工し表示します。mod_layoutを使用した場合、送信するコンテンツのファイル名は「$ENV{'LAYOUT_FILENAME'}」を使ってフルパス付きで参照できます。

図9-4-8　フッタにCGIを指定する

```
LayoutFooter /cgi-bin/footer.cgi
```

図9-4-9　フッタに使用するfooter.cgi

```perl
#!/usr/bin/perl

# ファイル名をフルパス付きで取得
my $file = $ENV{'LAYOUT_FILENAME'};

# ファイルの最終更新日付をUNIXタイムスタンプで取得
my $lastmodified = (stat $file)[9];

#UNIXタイムスタンプを年月日時分秒などの要素に変換
($sec,$min,$hour,$day,$month,$year)=localtime($lastmodified);
$year+=1900;
$month++;

# フッタの出力
print("Content-type: text/html\n\n");
print("<div align=right>最終更新日：$year 年 $month 月 $day 日 </div>");
print("<hr align=right>(C)2011 Gijutsu-Hyohron Co., Ltd. All rights reserved.");
```

　CGIスクリプトの保存先はApacheのインストール方法により異なります。バイナリパッケージでApacheをインストールした場合、Fedora／Red Hat／CentOSなら「**/var/www/cgi-bin/**」、openSUSEなら「**/srv/www/cgi-bin/**」、Debian／Ubuntuなら「**/usr/lib/cgi-bin/**」に保存します。CGIスクリプト作成後、実行権を設定し実行できるようにします（図9-4-10）。

図9-4-10　CGIスクリプトに実行権限を設定する

```
# chmod +x footer.cgi
```

　設定完了後、図9-4-6の手順でhttpd.confの構文に間違いがないか確認し、Apacheを再起動します。なおヘッダ／フッタにCGIスクリプトを指定した場合、期待したとおりに表示がされない場合があります。その場合、CGIスクリプトにエラーがないか、直接CGIを呼び出し確認します[注7]。CGIが実行できるディレクトリは限られており、先ほど紹介したディレクトリ以外でスクリプトを動作させるには追加設定が必要になります。またセキュリティ対策から、CGIが無効になっている場合もあります。

[注7] 「http://サーバのアドレス/cgi-bin/footer.cgi」のようなURLを指定し、直接CGIを起動します。

図9-4-11 フッタにCGIを使った実行例

9-4-6　mod_layoutとmod_deflateを併用する

フィルタリングモジュールの「**mod_layout**」と「**mod_deflate**」を、スマートフィルタで同時に使用できるようにします。スマートフィルタの利点は冒頭の説明のとおり、簡単な設定で複数のフィルタを同時に使用できる点です。フィルタリングモジュールの同時使用によって、スマートフィルタの利点が発揮されます。mod_layoutとmod_deflateを同時に使用するには、**図9-4-12**のように設定します。スマートフィルタでフィルタリングモジュールを複数指定する際は、フィルタを実行する順番に注意しながら設定を行います。ヘッダ／フッタを追加した後コンテンツを圧縮するよう、先にmod_layoutを設定し、次にmod_deflateを設定します。

図9-4-12 mod_layoutとmod_deflateを同時に使用する場合のhttpd.confの設定

```
# モジュールの読み込み。自動で追加されています。
# モジュールのファイルパスはディストリビューションによって異なります。
LoadModule filter_module /usr/lib/httpd/modules/mod_filter.so
LoadModule deflate_module /usr/lib/httpd/modules/mod_deflate.so
LoadModule layout_module  /usr/lib/httpd/modules/mod_layout.so

<IfModule mod_filter.c>
    # 先に mod_layout を設定
    <IfModule mod_layout.c>
        <Location />
            FilterDeclare Layout CONTENT_SET
            FilterProvider Layout LAYOUT resp=Content-Type $text/html
            FilterChain Layout
            LayoutHeader "<p><a href=/index.html>Home</a> | <a href=/company.html>About us</a></p>"
            LayoutFooter "<hr>(C)Gijutsu-Hyohron Co., Ltd. All rights reserved."
        </Location>
    </IfModule>

    # 次に mod_deflate を設定
    <IfModule mod_deflate.c>
        DeflateCompressionLevel 5
        <Location />
```

```
            FilterDeclare Comp CONTENT_SET
            FilterProvider Comp DEFLATE resp=Content-Type $text/html
            FilterProvider Comp DEFLATE resp=Content-Type $text/plain
            FilterChain Comp
        </Location>
    </IfModule>
</IfModule>
```

「**FilterChain ファイルタ 1 ファイルタ 2 ...**」のように、一気に FilterChain を設定することもできます（図 9-4-13）。この場合フィルタ名の並び順のとおり実行されます。これなら FilterDeclare や FilterProvider をどこで設定しようが、FilterChain で確実にフィルタの実行順を指定できます。

図 9-4-13 mod_layout と mod_deflate 同時指定

```
FilterChain Layout Comp
```

設定完了後、Apache を再起動しブラウザでコンテンツを参照します。指定したとおりにヘッダ／フッタが挿入されているのを確認できたら、コンテンツの圧縮転送が有効になっているか確認します。それには前述図 9-2-5 の telnet を使った対話モードや、Web サイト「Port80 Software」を使用します。

9-5 コンテンツの書き換えが可能な「mod_pgheader」の導入

ヘッダ／フッタの自動挿入に、「**mod_pgheader**」を利用することもできます。mod_pgheaderはコンテンツの一部を書き換えることができるApche非標準のフィルタリングモジュールです。

9-5-1　mod_pgheaderの概要

スマートフィルタを使って「**mod_pgheader**」モジュールを導入します。mod_pgheaderは出力されるデータ中の、「**<body>**」タグや「**</body>**」タグを置き換える単純なコンテンツ加工フィルタです。<body>タグを上部ヘッダ、</body>を下部フッタに置き換えるなどの利用ができます。

9-5-2　mod_pgheaderのインストール

ソースを入手しインストールを行います。ソースアーカイブは「http://pgheader.sourceforge.net/」からダウンロードできます。ダウンロード後展開しapxsコマンドを実行します（図9-5-1）。

図9-5-1 mod_pgheaderのインストール

```
# tar xvfz mod_pgheader.tgz
# cd mod_pgheader
# apxs -i -a -c mod_pgheader.c
```

※ DSOで動的に組み込んでいます
※ 実行例はRed Hat系Linuxディストリビューションの場合。openSUSE／Debian／Ubuntuでは「apxs2」コマンドを使用します

9-5-3　mod_pgheaderの設定

続けて、httpd.confに図9-5-2のような設定を追加します。「**<IfModule pgheader_module> ～ </IfModule>**」ブロック内で設定を行い、mod_pgheaderモジュールがインストールされている場合のみ、設定が有効になるようにします。シンプルフィルタを利用する場合、「**AddOutputFilter**」ディレクトリで対象となるコンテンツの拡張子を指定します。スマートフィルでは、「**FilterDeclare->FilterProvider->FilterChain**」の順で各ディレクティブを設定します。FilterDeclareディ

レクティブでフィルタ名を定義し、FilterProvider ディレクティブで対象となるコンテンツとフィルタ処理（プロバイダ）を指定します。対象コンテンツが複数ならFilterProviderディレクティブも複数行指定します。最後に FilterChain ディレクティブでフィルタを有効にします。FilterDeclare ／ FilterProvider でフィルタを定義してもFilterChainがなければフィルタは無効なままです。

図9-5-2　mod_pgheader のための httpd.conf の設定

```
#mod_pgheader モジュールの読み込み。自動で追加されています。
# モジュールファイルのパスは、ディストリビューションによって異なります。※注
LoadModule pgheader_module     modules/mod_pgheader.so

#mod_pgheader の設定
<IfModule pgheader_module>
    <Directory /usr/local/apache2/htdocs>
        #### シンプルフィルタの場合 ####
        #AddOutputFilter PGHEADER .html .htm

        #### スマートフィルタの場合 ####
        FilterDeclare Header_Footer CONTENT_SET
        FilterProvider Header_Footer PGHEADER resp=Content-Type $text/html
        FilterChain Header_Footer

        # ヘッダに使用するファイルを指定
        AddBodyHead /usr/local/apache2/htdocs/_head.mkp          /*
        # フッタに使用するファイルを指定
        AddBodyFoot /usr/local/apache2/htdocs/_foot.mkp          /*
    </Directory>
</IfModule>
```

※各ファイルのパスは、Apache をソースファイルを使ってインストールした場合のものです。
※バイナリパッケージで Apache をインストールした場合、モジュールファイルは、Fedora ／ Red Hat ／ CentOS では「/usr/lib/httpd/modules/」に、openSUSE では「/usr/lib/apache2/」に、Debian ／ Ubuntuでは「/usr/lib/apache2/modules/」にインストールされます。

続いてヘッダ／フッタを作成します（図 9-5-3、図 9-5-4）。設定完了後、図 9-5-5 の手順で httpd.conf の構文に間違いがないか確認し、Apache を再起動します。

図9-5-3　上部ヘッダ「/usr/local/apache2/htdocs/_head.mkp」

```
<body>
<center> ヘッダです </center>
<hr>
```

※ ファイルのパスは Apache をソースファイルを使ってインストールした場合のものです

図 9-5-4 下部フッタ「usr/local/apache2/htdocs/_foot.mkp」

```
<hr>
<center> フッタです </center>
</body>
```

※ ファイルのパスは Apache をソースファイルを使ってインストールした場合のものです

図 9-5-5 httpd.conf の構文チェックと Apache の再起動

```
# apachectl -t         (httpd.conf の構文チェック)
# apachectl restart    (Apache の再起動)
```

※ 実行例は Red Hat 系 Linux ディストリビューションの場合。openSUSE ／ Debian ／ Ubuntu では「apache2ctl」コマンドを使用します

9-5-4 mod_pgheader の動作確認

Apache 再起動後、ブラウザでコンテンツを参照し、指定したとおりにコンテンツが書き換えられているのを確認します（図 9-5-6）。

図 9-5-6 mod_pgheader 導入前

導入前

導入後

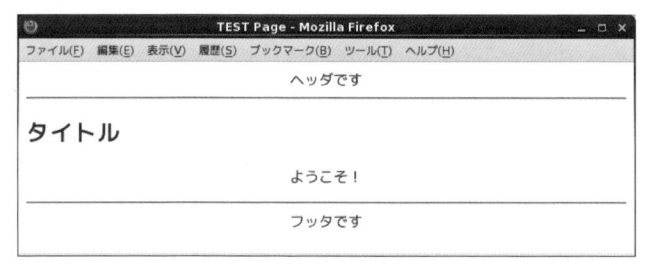

第10章

Apacheでトラフィックやコネクションを制御する

トラフィックやコネクションを制御するのに、Apacheなら高価なネットワーク機器に頼る必要はありません。拡張モジュールを組み込むだけで制御できます。

注意

mod_bwshare ／ mod_limitipconn ／ mod_bw は Apache 2.4 ではビルドエラーになるため、本章での解説は Apache 2.2 に限定しています。

10-1 Apacheでトラフィックやコネクション数を制御する

いくらサーバが高性能になっても、突発的なトラフィック（通信）増大まで対応することはできません。一部の心ない攻撃で、サービスを提供できなくなるのを防ぐには、サーバやネットワークの許容量を超える前に、トラフィックやコネクションを制御する必要があります。

10-1-1 トラフィックやコネクション数を制御するサードパーティ製モジュール

帯域の上限までネットワークを消費されたり、CPUやメモリなどのサーバリソースが枯渇するまで使い切られる前に、トラフィック（通信）やコネクションを最適化する必要があります。それには、「**トラフィックシェーピング（Traffic shaping）**」と呼ばれる手法でトラフィックを制御したり、最大コネクション数を越えたアクセス元を遮断するようにします。

トラフィックシェーピングには、一定時間内の総トラフィックが上限を超えた場合に制限する「**帯域幅調整方式**」や、最大転送レートを制限する「**レート制限方式**」など、さまざまな手法があります。Apacheでトラフィックシェーピングを可能にする拡張モジュールは数多くありますが、こうした手法の違いがあるため、組み込む際は注意が必要です。

Apacheのソースアーカイブに含まれる標準モジュールでは、帯域やコネクション数といった細かな条件でトラフィックを制御できないため、サードパーティ製モジュールを利用します。本章では**表10-1-1**のような拡張モジュールを取り上げます。

表10-1-1 本章で取り上げるトラフィックシェーピングのための拡張モジュール一覧

	mod_bwshare	mod_limitipconn	mod_bw
トラフィックによる制限	○（帯域幅調整方式）	×	○（レート制限方式）
コネクションによる制限	×	○	○
クライアントごとに設定を変える	○	×	○
制限を実施した際のHTTPステータスコード	503	503	503（変更可能）
管理画面（状況表示）の提供	○	×	○
制限実施のログへの出力	○	○	×
バーチャルホスト対応	△（※注）	×	○
.htaccessでの使用	×	○	×

※特定バーチャルホストに対し設定を除外することは可能

　トラフィックやコネクションを制御するモジュールは、クライアントごとの変数をサーバ内に保持し、リクエストが発生するたびに、変数を更新します。そのためサーバに少なからず負担がかかり、パフォーマンスを犠牲にします。またクライアントをIPアドレスで区別するため、Proxyサーバからのリクエストはすべて同一クライアントとみなします。こうした制約を理解したうえで利用します。

　本章を読み進めるにあたり、**3、4章で解説しているDSO／apxsコマンド／ディレクティブ／コンテキストの理解**が不可欠です。事前に一読し、理解を深めておいてください。以降はrootユーザにて作業を行っています。CentOS 6.0での実行例を掲載しているため、ほかのLinuxディストリビューションと、コマンドパスやモジュールのインストール先が異なる場合があります。なおモジュールのインストールには、DSOによる動的組み込みを利用します。本章で解説している内容はApache 2.0以降を対象にしています。

10-2 「mod_bwshare」の利用

「mod_bwshare」は帯域幅調整方式のトラフィック制御モジュールです。トラフィック量が設定した閾値に達すると、それ以上のリクエストをブロックします。

10-2-1 mod_bwshare の特徴

「mod_bwshare」を組み込むと、トラフィック量が設定した閾値に達した際に、それ以上のリクエストをブロックします。トラフィック量は、リクエストファイル数やダウンロード済みバイト数をもとに、単位時間あたりの平均で算出されます。リクエストがブロックされると、図 10-2-1 のような画面で制限が実施されていることをクライアントに通知します。その際、HTTP ステータスコードとして「503」を返します。閾値までは制限をかけず、閾値を越えた時点から制限を実施する方式のため、最低帯域幅を保証しません。

mod_bwshare を使ったトラフィックシェーピングでは、次のようなことができます。

・帯域幅調整方式を採用しています
・1秒あたりの平均リクエスト数やファイル数で閾値を設定できます
・1秒あたりの平均トラフィック量で閾値を設定できます
・専用の管理画面で、制限を受けているクライアントやトラフィックの様子を見ることができます
・トラフィック制御が実行されたかどうか、ログファイルや管理画面で確認できます
・制限が実施されクライアントは、エラー画面で何秒後に解除されるか見ることができます

図 10-2-1 mod_bwshare のトラフィックシェーピングで制限が実施されていることを通知する画面

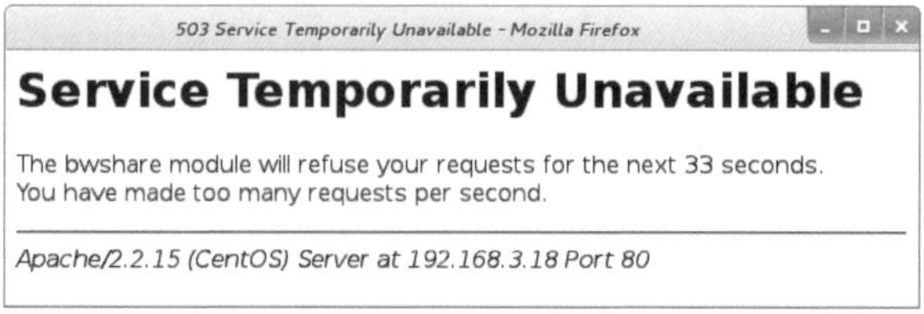

```
503 Service Temporarily Unavailable - Mozilla Firefox

Service Temporarily Unavailable

The bwshare module will refuse your requests for the next 33 seconds.
You have made too many requests per second.

Apache/2.2.15 (CentOS) Server at 192.168.3.18 Port 80
```

なお、mod_bwshare モジュールのトラフィックシェーピングには、次のような制約があります。これらを解消するには、ほかのトラフィック制御モジュールを利用する必要があります。

・制限が実施されたクライアントからのリクエストはいっさいブロックします
・サーバ設定[注1]を用いるため、URL やディレクトリ単位で設定できません

10-2-2　mod_bwshare のインストール

ソースアーカイブをダウンロードしインストールを実行します。以下、2011年10月時点の最新版、「mod_bwshare 0.2.1」を使って解説します。mod_bwshareを導入するには、ソースファイルを次の URL からダウンロードし、図 10-2-2 の手順でインストールします。

● mod_bwshare 0.2.1
http://www.topology.org/src/bwshare

図10-2-2 mod_bwshare のインストール

```
# unzip mod_bwshare-0.2.1.zip
# cd mod_bwshare-0.2.1
# apxs -i -a -c mod_bwshare.c
# ls /usr/lib/httpd/modules/mod_bwshare.so
↑インストールされたモジュールの確認（ファイルパスは CentOS の場合）
/usr/lib/httpd/modules/mod_mod_bwshare.so
```

※ DSO で動的に組み込んでいます
※ 実行例は Red Hat 系 Linux ディストリビューションの場合。を使用します。apxs コマンド（（openSUSE／Debian／Ubuntu では apxs2 コマンド）にパスが通っている必要があります）。

apxs コマンドでは「-c」オプションに続いてモジュールのソースファイルを指定します。「-i」「-a」オプションを追加することで、ビルドされた「mod_bwshare.so」ファイルが所定のディレクトリ[注2]にコピーされ、httpd.conf にモジュールをロードする 1 行が追加されます。

httpd.conf[注3] を図 10-2-3 のように設定します。設定例では「<IfModule mod_

[注1] 3章参照。
[注2] バイナリパッケージで Apache をインストールした場合、モジュールファイルは、Fedora／Red Hat／CentOS では「/usr/lib/httpd/modules/」に、openSUSE では「/usr/lib/apache2/」に、Debian／Ubuntu では「/usr/lib/apache2/modules/」にインストールされます。
[注3] バイナリパッケージで Apache をインストールした場合、httpd.conf ファイルは、Fedora／Red Hat／CentOS では「/etc/httpd/conf/」に、openSUSE／Debian／Ubuntu では「/etc/apache2/」に見つけることができます。また Debian／Ubuntu では apache2.conf を利用することもできます。

bwshare.c> 〜 </IfModule>」ブロックを用いて、mod_bwshare モジュールがインストールされている場合のみ、設定が有効になるようにしています。

図10-2-3 mod_bwshare のための設定

```
#mod_bwshare モジュールの読み込み（自動で追加されています）
# モジュールファイルのパスは適宜変更します（※注）。
LoadModule bwshare_module modules/mod_bwshare.so

#mod_bwshare の設定
<IfModule mod_bwshare.c>

    #mod_bwshare モジュールの情報画面の設定
    <Location /bwshare-info>
        SetHandler bwshare-info
        Order deny,allow
        Deny from all
        # 使用可能クライアント
        Allow from .example.jp 127.0.0.1 クライアントのアドレス
    </Location>

    # 各クライアントの状況画面の設定
    <Location /bwshare-trace>
        SetHandler bwshare-trace
        Order deny,allow
        Deny from all
        # 使用可能クライアント
        Allow from .example.jp 127.0.0.1 クライアントのアドレス
    </Location>

    # 各パラメータの設定
    <Directory />
        # （単位：ファイル数）
        BW_tx1debt_max          25

        # （単位：ファイル数 / 秒）
        BW_tx1cred_rate         0.1

        # （単位：bytes）
        BW_tx2debt_max          3000000

        # （単位：bytes/ 秒）
        BW_tx2cred_rate         2500

        # サブネット単位で制限を設定（設定が長くなるため、「￥」で改行しています。）
        BW_subnet_limit net = 192.168.0.0/24 ￥
        tx1rate =   80.00 files/min  tx1max =      200 files ￥
        tx2rate = 1000000 bits/sec   tx2max = 10000000 bytes

    </Directory>
</IfModule>
```

```
# バーチャルホスト「www.example.jp」では制限をかけない
<Virtualhost ...>
    <IfModule mod_bwshare.c>
        BW_throttle_off        1
    </IfModule>
    Servername www.example.jp
    ... 省略 ...
</Virtualhost>
```

※ バイナリパッケージで Apache をインストールした場合、モジュールファイルは、Fedora ／ Red Hat ／ CentOS では「/usr/lib/httpd/modules/」に、openSUSE では「/usr/lib/apache2/」に、Debian ／ Ubuntu では「/usr/lib/apache2/modules/」にインストールされます。

mod_bwshare モジュールの設定内容や状態をリアルタイムで確認するには、管理画面を利用します。管理画面には「**bwshare-info**」と「**bwshare-trace**」の 2 種類があります。bwshare-info は設定した値や動作状況など、動作全般に関する情報を表示します。bwshare-trace では、クライアント単位で、カウント数や制限実施の有無を見ることができます。なお、セキュリティ上重要な情報が表示されるため、「**Order ／ Deny ／ Allow**」ディレクティブを使って、指定されたホスト以外アクセスできないようにします。

なお mod_bwshare の設定はサーバ設定として適用されるため、ディレクトリや URL 単位で設定を行うことはできません。ただし特定のバーチャルホストを除外することは可能です。「**<Virtualhost> ～ </Virtualhost>**」コンテナ内で、「**BW_throttle_off**」ディレクティブを指定することで、サーバ設定から除外できます。

mod_bwshare モジュールを設定するための主なディレクティブは次の 4 つです。

● BW_tx1debt_max ／ BW_tx1cred_rate

リクエスト数やトラフィック量の上限をファイル数で設定します。BW_tx1debt_max までは無制限に、それ以上の場合は BW_tx1cred_rate を満たすように制限を解除します。たとえば図 10-2-3 の設定では、25 ファイルまでは無制限にダウンロードでき、その後は 1 秒間に 0.1（10 秒ごとに 1）ファイルずつのダウンロードが可能になります（つまり、10 秒過ぎないとファイルがダウンロードできません）。BW_tx1debt_max/BW_tx1cred_rate ディレクティブの指定がない場合、デフォルト（それぞれ 20 ／ 0.133）が適用されます。

● BW_tx2debt_max ／ BW_tx2cred_rate

リクエスト数やトラフィック量の上限をバイト数で設定します。BW_tx2debt_max までは無制限に、それ以上は BW_tx2cred_rate を満たすよに制限を解除します。図 10-2-3 では 3,000,000 バイトまでは無制限に、それ以上は 2,500 バイト／秒の範囲内でダウンロードが可能になります（つまり、3,000,000 バイトのファイルをダウンロードすると 1,200 秒過ぎないと次の 3,000,000 バイトのファイルが

ダウンロードできません）。BW_tx2debt_max ／ BW_tx2cred_rate ディレクティブの指定がない場合、デフォルト（それぞれ 3,000,000 ／ 2,500）が適用されます。

　設定完了後、httpd.conf の構文に間違いがないか確認し、apachectl（またはapache2ctl）を使って Apache を再起動します（図 10-2-4）。再起動後サーバにアクセスし、サイズの大きなファイルのダウンロードを試みたり、リロードを繰り返すなどして制限の効果を確認します。制限が実施された場合、冒頭で詳解した図 10-2-1 のような通知が表示され、何秒後に制限が解除されるか確認できます。同時に bwshare-info ／ bwshare-trace といった管理画面にアクセスし、トラフィックシェーピングの実施内容を確認します（図 10-2-5、図 10-2-6）。

図 10-2-4　httpd.conf の構文チェックと Apache の再起動

```
# apachectl -t          (httpd.conf の構文チェック)
# apachectl restart     (Apache の再起動)
```

※実行例は Red Hat 系 Linux ディストリビューションの場合。openSUSE ／ Debian ／ Ubuntu では「apache2ctl」コマンドを使用します

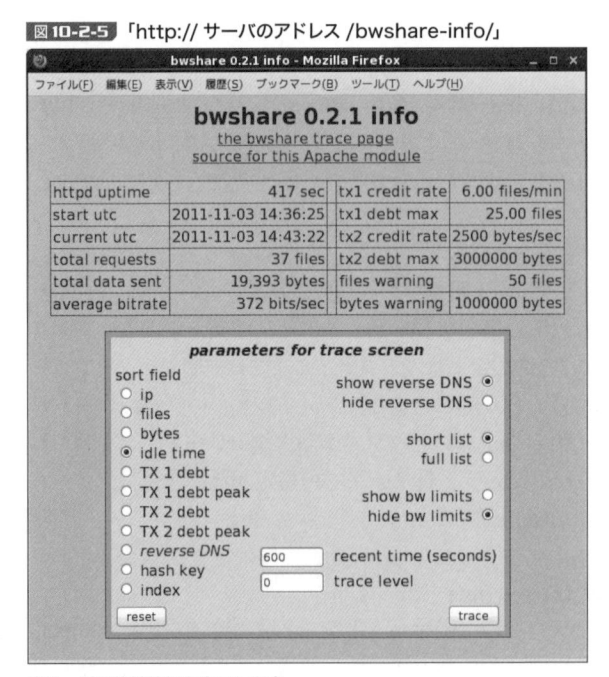

図 10-2-5　「http:// サーバのアドレス /bwshare-info/」

※サーバの稼働状況を表示します

10-2 「mod_bwshare」の利用

図 10-2-6 「http:// サーバのアドレス /bwshare-trace/」

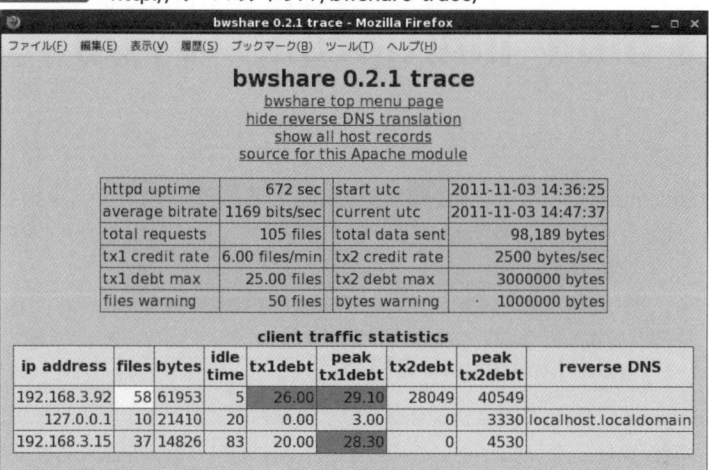

bwshare 0.2.1 trace
bwshare top menu page
hide reverse DNS translation
show all host records
source for this Apache module

httpd uptime	672 sec	start utc	2011-11-03 14:36:25
average bitrate	1169 bits/sec	current utc	2011-11-03 14:47:37
total requests	105 files	total data sent	98,189 bytes
tx1 credit rate	6.00 files/min	tx2 credit rate	2500 bytes/sec
tx1 debt max	25.00 files	tx2 debt max	3000000 bytes
files warning	50 files	bytes warning	1000000 bytes

client traffic statistics

ip address	files	bytes	idle time	tx1debt	peak tx1debt	tx2debt	peak tx2debt	reverse DNS
192.168.3.92	58	61953	5	26.00	29.10	28049	40549	
127.0.0.1	10	21410	20	0.00	3.00	0	3330	localhost.localdomain
192.168.3.15	37	14826	83	20.00	28.30	0	4530	

※クライアントごとのステータスを確認します。制限がかかっているクライアントは黄色や赤でハイライト表示されます

制限が実施されると、サーバの「error.log[注4]」に図 10-2-7 のような 1 行が記録されます。

図 10-2-7 制限が実施された際の error.log 出力例

```
[Thu Nov 03 23:41:16 2011] [error] [client 192.168.○.○] Directory index forbidden by
Options directive: /var/www/html/
```

[注4] ログの出力先は、Apache のインストール方法によって異なります。ソースアーカイブを使ってインストールした場合は「/usr/local/apache2/logs/」ディレクトリに、Fedora ／ Red Hat ／ CentOS でパッケージインストールした場合は「/var/log/httpd/logs/」ディレクトリに、openSUSE ／ Debian ／ Ubuntu でパッケージインストールした場合は「/var/log/apache2/」ディレクトリになります。

10-3 mod_limitipconn の利用

「mod_limitipconn」はコネクションを制御することで、サーバにかかる負担を調整します。同時コネクション数が閾値に達したクライアントからのアクセスを遮断します。

10-3-1 mod_limitipconn の特徴

「mod_limitipconn」は、同時コネクション数でサーバへのアクセスを制限します。コネクション数が閾値に達すると、そのクライアントからのアクセスを遮断します。また、コンテンツ別に最大コネクション数を設定することもできます。たとえば、HTML テキストや JPEG 画像は同時接続数を多めに設定し、WMA や MPEG などの大容量コンテンツは少なめに設定するといったことができます。mod_limitipconn モジュールの主な特徴は次のとおりです。

- 「/cgi-bin」や「/images/」のように、URL 単位で最大コネクション数を設定できます
- コンテンツタイプごとに最大コネクション数を設定できます
- コンテンツタイプの指定には、ファイル拡張子や MIME タイプを使用します
- コネクション数が閾値に達した場合、該当クライアントの IP アドレスを「error.log」に出力します
- 「.htaccess」コンテキストで設定を行うことが可能なため、サーバ管理者だけでなく、一般ユーザの権限でも設定できます

なお、mod_limitipconn モジュールのコネクション制御には、次のような制約があります。これらを解消するには、ほかのトラフィック制御モジュールを利用する必要があります。

- クライアント単位で制限を設定できません。そのためクライアント A には大量ダウンロードを許可し、クライアント B には厳しい制限を設けるといったことができません。

10-3-2 mod_limitipconn のインストール

mod_limitipconn は、下記の URL で配布されています。Red Hat や CentOS 向けのバイナリパッケージも用意されていますが、ここではソースアーカイブをダウン

ロードしインストールします。以下、2011年10月時点の最新版、「**mod_limitipconn 0.23**」を使って解説します。ソースファイルをダウンロードし、図10-3-1の手順でインストールします。

- 「mod_limitipconn.c - Apache 2.X port」
  http://dominia.org/djao/limitipconn2.html

図 10-3-1 mod_limitipconn のインストール

```
# wget http://dominia.org/djao/limit/mod_limitipconn-0.23.tar.bz2
# tar xvf mod_limitipconn-0.23.tar.bz2
# cd mod_limitipconn-0.23
# apxs -i -a -c mod_limitipconn.c
# ls /usr/lib/httpd/modules/mod_limitipconn.so
↑インストールされたモジュールの確認（ファイルパスは CentOS の場合）
/usr/lib/httpd/modules/mod_limitipconn.so
```

※ DSO で動的に組み込んでいます
※ Red Hat 系 Linux ディストリビューションでは「apxs」ですが、openSUSE ／ Debian ／ Ubuntu では「apxs2」コマンドを使用します
※ 実行例は Red Hat 系 Linux ディストリビューションの場合です。apxs コマンド（（openSUSE ／ Debian ／ Ubuntu では apxs2 コマンド）にパスが通っている必要があります

apxs コマンドでは「-c」オプションに続いてモジュールのソースファイルを指定します。「-i」「-a」オプションを追加することで、ビルドされた「**mod_limitipconn.so**」ファイルが所定のディレクトリ[注5]にコピーされ、httpd.conf にモジュールをロードする1行が追加されます。

httpd.conf[注6]を図10-3-2のように設定します。設定例では「**<IfModule mod_bwshare.c> 〜 </IfModule>**」ブロックを用いて、mod_bwshare モジュールがインストールされている場合のみ、設定が有効になるようにしています。

図 10-3-2 mod_limitipconn のための設定

```
#mod_limitipconn.so モジュールの読み込み（自動で追加されています）
# モジュールファイルのパスは適宜変更します（※注）。
LoadModule limitipconn_module modules/mod_limitipconn.so

#mod_limitipconn の設定
<IfModule mod_limitipconn.c>
```

[注5] バイナリパッケージで Apache をインストールした場合、モジュールファイルは、Fedora ／ Red Hat ／ CentOS では「/usr/lib/httpd/modules/」に、openSUSE では「/usr/lib/apache2/」に、Debian ／ Ubuntu では「/usr/lib/apache2/modules/」にインストールされます。

[注6] バイナリパッケージで Apache をインストールした場合、httpd.conf ファイルは、Fedora ／ Red Hat ／ CentOS では「/etc/httpd/conf/」に、openSUSE ／ Debian ／ Ubuntu では「/etc/apache2/」に見つけることができます。また Debian ／ Ubuntu では apache2.conf を利用することもできます。

```
#mod_limitipconn を利用する場合は必ず必要
ExtendedStatus On

# 「/somewhere」は最大同時接続数を 2 に制限する
# ただし、MIME タイプが「text/*」のものは制限を施さない
<Location /somewhere>
    MaxConnPerIP 2
    NoIPLimit text/*
</Location>

# 「/foo」は最大同時接続数を 2 に制限するただし、MIME タイプ
# が「audio/*」または「video/*」のもののみ制限を施す
<Location /foo>
    MaxConnPerIP 2
    OnlyIPLimit audio/* video/*
</Location>

# 拡張子が zip/mpeg/mpg/iso のへの最大同時接続数を 1 に制限
<FilesMatch "¥.(zip|mp?g|iso)$">
    MaxConnPerIP 1
</FilesMatch>
</IfModule>
```

※ バイナリパッケージで Apache をインストールした場合、モジュールファイルは、Fedora ／ Red Hat ／ CentOS では「/usr/lib/httpd/modules/」に、openSUSE では「/usr/lib/apache2/」に、Debian ／ Ubuntuでは「/usr/lib/apache2/modules/」にインストールされます。

　mod_limitipconn を有効にするには、「**ExtendedStatus**」ディレクティブで「**On**」を指定します。あとは「**MaxConnPerIP**」ディレクティブを使って最大コネクション数を指定します。その際、<Location> や <FilesMatch> などのコンテナ指示子を使って、URL やファイル単位で最大数を設定します。MaxConnPerIP ディレクティブは次のように使用します。

● MaxConnPerIP

　最大同時コネクション数を指定します。「**0**」を指定すると制限はなくなります。特定のファイルのみ制限する場合には「**OnlyIPLimit**」ディレクティブを、特定のファイル以外に制限を施す場合は「**NoIPLimit**」ディレクティブを併用します。OnlyIPLimit ／ NoIPLimit ディレクティブの引数には MIME タイプを指定します。MIME タイプをスペース区切りで複数指定したり、ワイルドカードを使って指定します。なおサーバ設定コンテキストやバーチャルホストコンテキストでは設定できません。<Directory> ／ <Location> ／ <Files> といったディレクトリコンテキストか .htaccess コンテキスト内で設定します。

　設定完了後、httpd.conf の構文に間違いがないか確認し、apachectl（または apache2ctl）を使って Apache を再起動します（**図 10-3-3**）。再起動後、サーバに

アクセスし、制限の有無を確認します。制限が実施されると、クライアントに HTTP ステータスコードとして「503」が送信されます（図 10-3-4）。

図 10-3-3 httpd.conf の構文チェックと Apache の再起動

```
# apachectl -t          (httpd.conf の構文チェック)
# apachectl restart     (Apache の再起動)
```

※ 実行例は Red Hat 系 Linux ディストリビューションの場合。openSUSE ／ Debian ／ Ubuntu では「apache2ctl」コマンドを使用します

図 10-3-4 制限が実施されると、クライアントに HTTP ステータスコードとして「503」が送信される

Service Temporarily Unavailable

The server is temporarily unable to service your request due to maintenance downtime or capacity problems. Please try again later.

Apache/2.2.15 (CentOS) Server at 192.168.3.18 Port 80

.htaccess コンテキストに設定することもできます。それには .htaccess が利用できるよう、httpd.conf で「**AllowOverride Limit**」を指定します（図 10-3-5）。.htaccess が使えるようになれば、図 10-3-6 のような設定を、一般ユーザの権限で行うことが可能となります。

図 10-3-5 .htaccess をユーザディレクトリ下で使用できるよう httpd.conf を修正

```
#.htaccess を設置するディレクトリを指定（下はユーザディレクトリ下の public_html に設置する場合）
<Directory /home/*/public_html>
    #「Limit」を上書き許可
    AllowOverride Limit
    # その他の設定は通常の「.htaccess」のとおり
    <Limit GET POST OPTIONS>
        Order allow,deny
        Allow from all
    </Limit>
</Directory>
```

図 10-3-6 .htaccess で mod_limitipconn を設定する

```
<Limit GET>
    <IfModule mod_limitipconn.c>
        MaxConnPerIP 2
        OnlyIPLimit image/png
    </IfModule>
</Limit>
```

mod_limitipconn のデフォルト設定では、コネクション数が閾値に達しても、該

当クライアントの IP アドレスを「**error.log**」に出力しません。記録できるよう Apache のログレベルを「**info**」に変更します。それには、http.conf の該当個所を図 10-3-7 のように修正します。修正後、Apache を再起動すれば、「**error.log**[注7]」に図 10-3-8 のような 1 行が記録されます。

図 10-3-7 ログレベルの変更

● 修正前
```
LogLevel warn
```

● 修正後
```
LogLevel info
```

※ Apache のインストール方法によって、「LogLevel」で指定されているデフォルトログレベルが異なる場合があります

図 10-3-8 制限が実施された際の error.log 出力例
```
[Fri Nov 04 00:33:28 2011] [info] [client 192.168.○.○] Rejected, too many connections
from this host., referer: http://192.168.○.○/test/
```

[注7] ログの出力先は、Apache のインストール方法によって異なります。ソースアーカイブを使ってインストールした場合は「/usr/local/apache2/logs/」ディレクトリに、Fedora ／ Red Hat ／ CentOS でパッケージインストールした場合は「/var/log/httpd/logs/」ディレクトリに、openSUSE ／ Debian ／ Ubuntu でパッケージインストールした場合は「/var/log/apache2/」ディレクトリになります。

10-4 mod_bw の利用

「mod_bw」モジュールなら、トラフィックもコネクションも制御でき、トラフィックシェーピングでは、転送速度をコントロールします。

10-4-1 mod_bw の特徴

「mod_bw」は、トラフィックもコネクションも、どちらも制限可能な、サードパーティ製拡張モジュールです。トラフィックシェーピングでは、最大転送レートを制限する「**レート制限方式**」を採用しています。前述の「**mod_bwshare**」は「**帯域幅調整方式**」を採用しているため、トラフィックが上限に達すると、リクエストをブロックしますが、mod_bw はリクエストを遮断せず、転送速度を落とすことでアクセス負荷を低減します。その他、ファイル拡張子で最大コネクション数を設定したり、ブラウザタイプでクライアントを区別できるなど、設定可能な項目も豊富です。mod_bw モジュールの主な特徴は次のとおりです。

- トラフィック量でアクセスを制限できます
- レート制限方式を採用しています
- 同時コネクション数でアクセスを制限できます
- コンテンツ単位でトラフィックシェーピングやコネクション制御を実施できます
- コンテンツタイプのほか、コンテンツサイズを条件に加えることができます
- バーチャルホストコンテキストに設定できます
- ディレクトリや URL といったディレクトリコンテキストで設定できます
- 制限に達したクライアントに、HTTP ステータスコード「**503**」を送信します。ステータスコードは変更可能です
- 制限が実施されていることを通知する画面が表示されます。通知画面はカスタマイズできます
- 専用の管理画面で、稼働状況を見ることができます

前述の、mod_bwshare ／ mod_limitipconn モジュールと同等機能を併せ持ちながら、サーバ設定コンテキスト以外に、ディレクトリコンテキストやバーチャルホストコンテキストにも用いることができるなど、設定の柔軟性も備えています。なお mod_bw モジュールにも次のような制約があります。

- トラフィック制御が実行されたかどうか、ログファイルに出力できません
- 「.htaccess」コンテキストで設定を行うことができません

10-4-2　mod_bw のインストール

mod_bw は、下記の URL で配布されています。以下、2011 年 10 月時点の最新版、「**mod_bw 0.92**」を使って解説します。ソースアーカイブをダウンロードし、図 10-4-1 の手順でインストールします。ソースアーカイブを展開すると、各ファイルがそのままカレントディレクトリに展開されるため、必要なら作業ディレクトリを事前に用意しておきます。

● Bandwidth Mod
http://sourceforge.net/projects/bwmod/

図 10-4-1　mod_bw のインストール

```
# tar xvfz mod_bw-0.92.tgz          ←カレントディレクトリに各ファイルが展開されます。
# apxs -i -a -c mod_bw.c
# ls /usr/lib/httpd/modules/mod_bw.so
↑インストールされたモジュールの確認（ファイルパスは CentOS の場合）
/usr/lib/httpd/modules/mod_bw.so
```

※ DSO で動的に組み込んでいます
※ 実行例は Red Hat 系 Linux ディストリビューションの場合。を使用します。apxs コマンド（(openSUSE ／ Debian ／ Ubuntu では apxs2 コマンド）にパスが通っている必要があります

apxs コマンドでは「-c」オプションに続いてモジュールのソースファイルを指定します。「-i」「-a」オプションを追加することで、ビルドされた「**mod_bw.so**」ファイルが所定のディレクトリ[注8]にコピーされ、httpd.conf にモジュールをロードする 1 行が追加されます。

Fedora や Ubuntu では、mod_bw のバイナリパッケージが提供されているため、図 10-4-2 のようにオンラインでインストールすることもできます。

図 10-4-2　mod_bw をオンラインインストールする
● Fedora で mod_bw をオンラインインストールする場合

```
# yum install mod_bw
```

※ mod_bw 専用の設定ファイルが「/etc/httpd/conf.d/mod_bw.conf」として用意されます。設定ではそちらを使用します

[注8] バイナリパッケージで Apache をインストールした場合、モジュールファイルは、Fedora ／ Red Hat ／ CentOS では「/usr/lib/httpd/modules/」に、openSUSE では「/usr/lib/apache2/」に、Debian ／ Ubuntu では「/usr/lib/apache2/modules/」にインストールされます。

● Ubuntu で mod_bw をオンラインインストールする場合

```
$ sudo apt-get install libapache2-mod-bw
```

　httpd.conf[注9]を図 10-4-3 のように設定します。設定例では「<IfModule mod_bwshare.c> ～ </IfModule>」ブロックを用いて、mod_bw モジュールがインストールされている場合のみ、設定が有効になるようにしています。

図10-4-3 mod_bw のための設定

```
#mod_bw.so モジュールの読み込み（自動で追加されています）
# モジュールファイルのパスは適宜変更します（※注）。
LoadModule bw_module          modules/mod_bw.so

<IfModule mod_bw.c>
    #mod_bw を利用する場合は必ず必要になります
    BandWidthModule On

    # すべてのリクエストに対し制限のチェックを強制的に実施します
    ForceBandWidthModule On

    # ローカルホストからの接続は無制限（0 を指定）にします
    BandWidth localhost 0

    #192.168.2.5 らの接続は 10240byte/s（10Kbyte/s）に制限します
    BandWidth 192.168.2.5 10240

    #User Agent が Mozilla/5 ではじまるブラウザ（Firefox など）では 10Kbyte/s に制限します
    BandWidth "u:^Mozilla/5(.*)" 10240

    # 拡張子が .avi の場合でファイルサイズが 500Kbyte 以上なら，10Kbytes/s に制限します
    LargeFileLimit .avi 500 10240

        # 稼働状況を表示する管理管理画面
    <location /modbw>
        SetHandler modbw-handler
        Order deny,allow
        Deny from all
        # 使用可能クライアント
        Allow from .example.jp 127.0.0.1  クライアントのアドレス
    </location>

    # ディレクトリ単位で設定します
    <Location /foo>
        # ネットワークアドレス単位で最大同時接続数制限します
        #192.168.0.0/24 からの同時接続数を最大 10 に制限します
        # （条件をかけるクライアントに対し BandWidth で先に何かしらの設定を入れておく必要
があります）
```

[注9] バイナリパッケージで Apache をインストールした場合、httpd.conf ファイルは、Fedora ／ Red Hat ／ CentOS では「/etc/httpd/conf/」に、openSUSE ／ Debian ／ Ubuntu では「/etc/apache2/」に見つけることができます。また Debian ／ Ubuntu では apache2.conf を利用することもできます。

```
        BandWidth 192.168.0.0/24 10000
        MaxConnection 192.168.0.0/24 10
    </Location>

    #1クライアントだけなら100Kbytes/sの帯域が使用できますが，複数クライアントになると
    #それぞれが50Kbytes/sに制限されます
    BandWidth      all 102400
    MinBandWidth all 50000

    #アクセス制限が実施された場合に表示される画面を指定します
    #ErrorDocumentを設定しても、ブラウザ標準のエラー画面が表示される場合があります。
    ErrorDocument 510 /..pathto../error.html
    #アクセス制限が実施された際，クライアントに返信するHTTPステータスコードを510に変更します
    #（デフォルトは503）
    BandWidthError 510
</IfModule>

#バーチャルホスト「www.example.jp」では10Kbyte/sに制限
<Virtualhost ....>
    <IfModule mod_bw.c>
        BandwidthModule On
        ForceBandWidthModule On
        Bandwidth all 1024000
    </IfModule>
    Servername www.example.jp
    ...省略...
</Virtualhost>
```

※バイナリパッケージでApacheをインストールした場合、モジュールファイルは、Fedora／Red Hat／CentOSでは「/usr/lib/httpd/modules/」に、openSUSEでは「/usr/lib/apache2/」に、Debian／Ubuntuでは「/usr/lib/apache2/modules/」にインストールされます。

最初にmod_bwを有効にするため、「**BandWidthModule**」ディレクティブで「**On**」を指定します。続けて「**ForceBandWidthModule**」ディレクティブで「**On**」を指定することで、全コンテンツを制限の対象にしています。これが「**Off**」の場合、制限の対象とするコンテンツを個別に指定する必要があります。あとは「**BandWidth／LargeFileLimit／MaxConnection**」ディレクティブを使って閾値を設定します。URLやバーチャルドメインごとに制限内容を変えることもできます。各ディレクティブの使用方法は**表10-4-1**、**表10-4-2**のとおりです。

表 10-4-1 BandWidth / LargeFileLimit / MaxConnection ディレクティブの使用方法

BandWidth		
説明	クライアントごとに最大トラフィック量を指定します。	
用例	BandWidth [From] [bytes/s]	BandWidth u:[User-Agent] [bytes/s]
MinBandWidth		
説明	クライアントごとに最小トラフィック量を指定します。	同じソース ([From]) に対し、事前に BandWidth を設定しておく必要があります。
用例	MinBandWidth [From] [bytes/s]	
LargeFileLimit		
説明	ファイルタイプやファイルサイズでトラフィック量を設定します。	
用例	LargeFileLimit [Type] [Minimum Size] [bytes/s]	
MaxConnection		
説明	クライアントごとに最大コネクション数を指定します。	同じソースに対しあらかじめ BandWidth を設定しておく必要があります。
用例	MaxConnection [From] [Max]	MaxConnection u:[User-Agent] [Max]

表 10-4-2 引数一覧

[From]	ホスト名／ドメイン名／ IP アドレス／ネットワークアドレス。「all」で全クライアント
u:[User-Agent]	ブラウザの種類などの User Agent タイプ。正規表現の使用が可能
[bytes/s]	最大トラフィック量（単位は bytes/s）。「0」で無制限
[Type]	ファイルの拡張子。「*」ですべてのファイル
[Minimum Size]	帯域制御する際のファイルサイズ（単位：Kbyte）。これ以下なら制限を実施しない

なお図 10-4-3 では説明の便宜上、さまざまな設定例を列挙していますが、実際の設定では条件が重複しないよう注意します。たとえば図 10-4-4 では、127.0.0.1 に対して、1 行目では 1,000 バイト /s に制限し、2 行目で無制限に戻しています。この場合 1 行目のみが有効になります。図 10-4-5 では 1 行目で全クライアントに対し 1,000 バイト /s で制限をかけていますが、2 行目で 127.0.0.1 に対して無制限のトラフィック量に戻しています。しかし 1 行目が有効になり。127.0.0.1 からの接続も 1,000 バイト /s で制限を受けます。

図 10-4-4 BandWidth 指定する順序の注意 (1)

```
BandWidth 127.0.0.1 1000
BandWidth 127.0.0.1 0
```

図 10-4-5 BandWidth 指定する順序の注意 (2)

```
BandWidth all 1000
BandWidth 127.0.0.1 0
```

設定完了後、httpd.conf の構文に間違いがないか確認し、apachectl（または apache2ctl）を使って Apache を再起動します（図 10-4-6）。再起動後サーバにア

クセスし、転送速度が設定どおりに制限されているか確認します。また多重アクセスを行い、コネクション制限が実施されることも確認します。コネクションが制限されると、図 10-4-7 のような画面が表示されます。

図10-4-6 httpd.conf の構文チェックと Apache の再起動

```
# apachectl -t        （httpd.conf の構文チェック）
# apachectl restart   （Apache の再起動）
```

※実行例は Red Hat 系 Linux ディストリビューションの場合。openSUSE ／ Debian ／ Ubuntu では「apache2ctl」コマンドを使用します

図10-4-7 mod_bw でコネクション制限が実施されていることを通知する画面

Not Extended

A mandatory extension policy in the request is not accepted by the server for this resource.

Apache/2.2.15 (CentOS) Server at localhost Port 80

※ HTTP ステータスコードを「510」に設定した場合

mod_bw には、トラフィックやコネクションの制御状況を表示する、図 10-4-8 のような管理画面が用意されています。

図10-4-8 mod_bw の管理画面「http:// サーバのアドレス /modbw/」

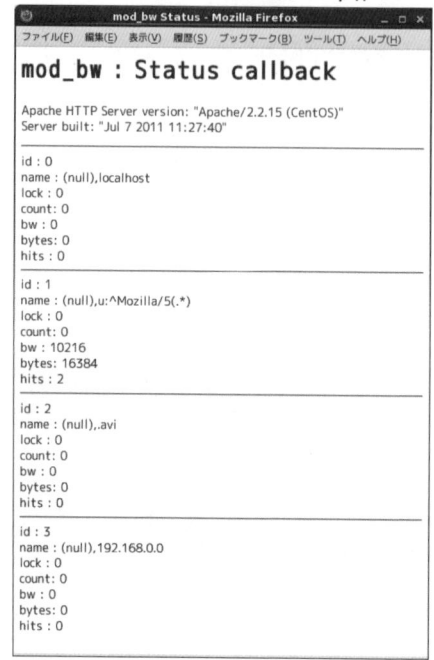

mod_bw : Status callback

Apache HTTP Server version: "Apache/2.2.15 (CentOS)"
Server built: "Jul 7 2011 11:27:40"

---

id : 0
name : (null),localhost
lock : 0
count: 0
bw : 0
bytes: 0
hits : 0

---

id : 1
name : (null),u:^Mozilla/5(.*)
lock : 0
count: 0
bw : 10216
bytes: 16384
hits : 2

---

id : 2
name : (null),.avi
lock : 0
count: 0
bw : 0
bytes: 0
hits : 0

---

id : 3
name : (null),192.168.0.0
lock : 0
count: 0
bw : 0
bytes: 0
hits : 0

第11章

Apacheで
ユーザ ホスト認証

コンテンツを適切に保護し、特定のクライアントやユーザのみアクセスできるようにするのも、Webサーバの重要な役割です。アクセス制御には、クライアントのIPアドレスやホスト名を使った「ホスト認証」や、ユーザ名とパスワードを使った「パスワード認証」などを利用します。

11-1 Apache 認証機構

　特定のクライアントやユーザのみアクセスできるようコンテンツを保護するのも、Web サーバの重要な役割になります。保護されたコンテンツには、「**認証／承認／アクセス制御**」といった段階を経てアクセスできるようになります。

　なお本章を読み進めるにあたり、**3・4 章**で解説している **DSO ／ apxs コマンド／ディレクティブ／コンテキスト**の理解が不可欠です。事前に一読し理解を深めておいてください。以降の作業は root ユーザにて作業を行っています。CentOS 6.0 での実行例を掲載しているため、ほかの Linux ディストリビューションと、コマンドパスやモジュールのインストール先が異なる場合があります。なおモジュールのインストールには、DSO による動的組込を利用します。

　Apache の認証機構はバージョン 2.2 で見直され、2.0 までに使用していたものと互換性がありません。本章で解説している内容は、Apache 2.2 以降を対象にしています。

11-1-1　大幅に改修された Apache の認証機構

　一般的にユーザ認証などの認証機能は「**AAA**」と言われるように **Authentication**（認証）／ **Authorization**（承認）／ **Accounting**（課金）といった機能で構成されていますが、Apache 2.0 までは、1 つのモジュールでこれらの機能を提供していました。そのため任意の認証方式と承認方式を組み合わせて使用するのに、制限がありました。そのため Apache 2.2 では大幅な改修が実施され、より柔軟な認証機構を可能にしています。たとえばユーザ名とパスワードを使った単純な認証方式の「**Basic 認証**」では、認証処理に「**mod_auth_basic**」モジュールを、承認処理に「**mod_authz_user**」モジュールを組み合わせて利用します。

　Apache 2.2 に加えられた改修により、旧来の Apache との互換性が損なわれています。Apache 2.0 で使用していた mod_auth_pgsql や mod_auth_mysql などの認証／承認モジュールが、Apache 2.2 では動作しないため注意が必要です。

11-1-2　認証／承認／アクセス制御

パスワードだけの単純な認証方式でも、ワンタイムパスワードのような複雑な方式でも、Apacheの認証機構は共通です。保護されたコンテンツにアクセスするには、「認証／承認／アクセス制御」といった段階を経る必要があります（図 11-1-1）。

図 11-1-1 認証／承認／アクセス制御

- **認証（Authentication）**
  コンテンツやシステムを利用する者が本人であることを確認する処理。ユーザ名とパスワードを使ったものや、ICカードや指紋認証を使ったものなど、利用者を特定できるシステムを利用し、本人を特定します。

- **承認（Authorization）**
  認証されたユーザに対し、システムリソースへのアクセス権限を与えます。何ができるか承認処理により特定します。「認可」と呼ばれることもあります。

- **アクセス制御（Access Control）**
  承認処理で特定されたアクセス権限をもとに、システムリソースへのアクセスを許可したり、拒否したりします。

11-1-3　Apache の認証系モジュール

「認証／承認／アクセス制御」といったプロセスに沿うよう、Apache 2.2 で認証系拡張モジュールが見直され、それまで1つのモジュールで認証／承認を処理していましたが、役割ごとに分割されています。たとえばユーザ名とパスワードを使った単純な認証方式の「Basic 認証」では、認証処理に「mod_auth_basic」モジュールを、承認処理に「mod_authz_user」モジュールを組み合わせて利用します。さらに、認証プロバイダのための「mod_authn_file」モジュールを合わせた3つのモジュールをインストールすることで、Basic 認証が利用できるようになります（図 11-1-2）。

図 11-1-2 Basic 認証で利用する mod_auth_basic ／ mod_authz_user ／ mod_authn_file モジュール

```
mod_auth_basic      Basic 認証を提供するモジュール
mod_authz_user      ユーザ単位でアクセス制限を実施するためのモジュール
mod_authn_file      ユーザ情報をファイルから読み出すためモジュール
```

　認証プロセスに応じてモジュールを分割することで、モジュールの組み合わせを変えるだけで、さまざまな認証に対応できるようになります。たとえば認証手続きを Basic 認証から Digest 認証に変えるには、図 11-1-2 のモジュールのうち、「**mod_auth_basic**」に替えて「**mod_auth_digest**」モジュールを使用します。また、ユーザ情報を「**DBM**」のような高速検索可能なファイルから読み出すには、「**mod_authn_file**」の代わりに「**mod_authn_dbm**」モジュールを組み込みます。認証プロセスやバックエンドに応じたモジュールを自由に組み合わせることで、さまざまな方式に対応できます。認証系モジュールの役割は図 11-1-3 のように、モジュール名で判断できます。

図 11-1-3 Apache の認証機構で使われる拡張モジュールの種類

mod_auth_ ○○	認証の方法を提供するモジュール
mod_authz_ ○○	承認（アクセス制御）を提供するモジュール
mod_authn_ ○○	認証プロバイダ（ユーザ情報の保存読み出し）をサポートするモジュール

※サードパーティ製モジュールの中には、命名規則に従っていないものもあります

11-1-4　ホスト認証とパスワード認証

　コンテンツを保護するには、アクセス元やユーザを特定するなど、利用者や利用端末を識別する必要があります。そうした識別のために、「**ホスト認証**」の他にも「**パスワード認証**」が Apache に用意されています。

　ホスト認証は、クライアントの IP アドレスやドメイン付きホスト名で利用端末を特定します。「どこから」といった情報でクライアントを識別できるため、職場や組織といった単位で制限する場合に有効です。

　パスワード認証は、ユーザ名とパスワードによりユーザ個々を識別します。「誰が」といった一意な情報でクライアントを識別するため、より厳格に制限できます。

11-2 Apache のパスワード認証

「パスワード認証」について解説します。パスワード認証には、「Basic 認証」方式と「Digest 認証」方式があります。

11-2-1 Basic 認証と Digest 認証

ユーザ各々を区別し、本人であることを特定するには、パスワード認証を利用します。パスワード認証で保護された URL にアクセスすると、サーバは認証が必要なことをクライアントに通知します。通知を受けたクライアントは、ユーザ名とパスワードの入力を促す画面を表示します (図 11-2-1)。入力された情報はサーバに送信され、サーバはあらかじめ発行されている情報と照らし合わせ、合致してるか検証します。一致していればアクセスが許可され、不一致ならアクセスを遮断し、エラーステータスコード「401」を返します。

パスワード認証には、パスワードの送信方法の違いで、「Basic 認証」方式と「Digest 認証」方式に分類されます。HTTP リクエストのヘッダ情報にユーザ名とパスワードを埋め込む「Basic 認証」方式が広く使用されています。ただし、パスワードが平文のまま[注1]ネットワークに流れるため、トラフィックの傍受によるパスワードの漏えいを防ぎたい場合には、セキュリティを強化した「Digest 認証」方式を利用します。

なお、ネットバンキングやオンライントレードのような Web サービスでは、Web サーバの認証機構を使わずに、Web アプリケーション独自の認証機構を利用します。しかし、静的なコンテンツに対してアクセス制限をかけたり、手っ取り早く認証機能を導入したい場合、Apache のユーザ認証なら簡単に利用できます。

図 11-2-1 ユーザ名とパスワードを入力するダイアログ

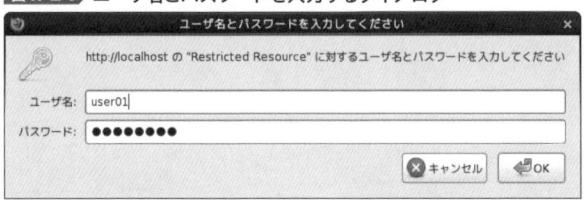

[注1] 実際には Base64 でエンコードされていますが、Base64 は簡単な手続きで復号化できます。

Basic認証の認証プロセスでは「**mod_auth_basic**」モジュールを使用し、Digest認証の認証プロセスでは「**mod_auth_digest**」モジュールを使用します。承認プロセスには「**mod_authz_user**」モジュールを共通して使用します。またユーザ情報をファイルから読み出せるよう「**mod_authn_file**」モジュールを使用します。その他、ユーザ管理にデータベースを使用するなら、データベースに合わせたモジュールを用意します。これらのモジュールが利用できるか、**図11-2-2**の方法で確認します。

図11-2-2 認証系モジュールがインストールされているか確認する

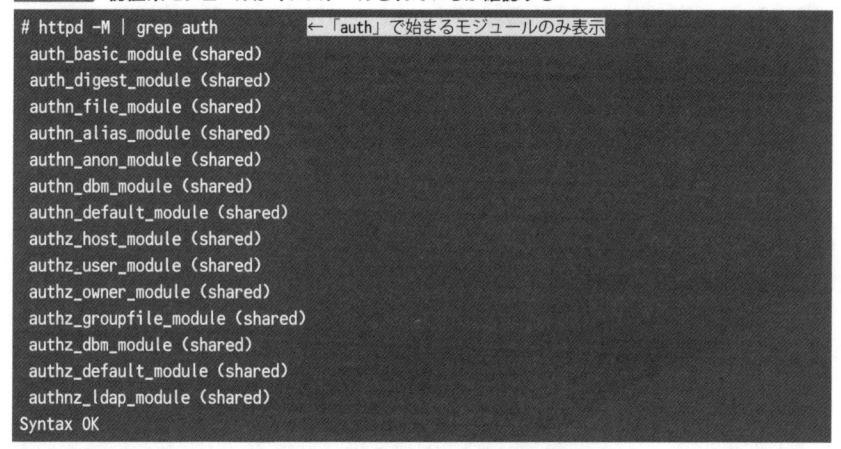

```
# httpd -M | grep auth          ←「auth」で始まるモジュールのみ表示
 auth_basic_module (shared)
 auth_digest_module (shared)
 authn_file_module (shared)
 authn_alias_module (shared)
 authn_anon_module (shared)
 authn_dbm_module (shared)
 authn_default_module (shared)
 authz_host_module (shared)
 authz_user_module (shared)
 authz_owner_module (shared)
 authz_groupfile_module (shared)
 authz_dbm_module (shared)
 authz_default_module (shared)
 authnz_ldap_module (shared)
Syntax OK
```

※実行例はRed Hat系Linuxディストリビューションの場合。openSUSEでは「httpd2」、Debian／Ubuntuでは「apache2」コマンドを使用します

組み込まれていないだけで、モジュールファイルそのものはインストールされている場合があります。モジュールが所定のディレクトリ[注2]に見つけられた場合、設定を行うだけで動作します。

インストールされていない場合、ソースファイルを使ってモジュールを組み込みます。ソースはApacheのソースアーカイブの「**modules/filters/**」ディレクトリに格納されています。**図11-2-3**のように作業ディレクトリを移動し、「**apxs（APache eXtenSion tool）**」でモジュールを組み込みます。apxsコマンド[注3]では「**-c**」オプションに続いてモジュールのソースファイルを指定します。「**-i**」「**-a**」オプションを指

[注2] バイナリパッケージでApacheをインストールした場合、モジュールファイルは、Fedora／Red Hat／CentOSでは「/usr/lib/httpd/modules/」に、openSUSEでは「/usr/lib/apache2/」に、Debian／Ubuntuでは「/usr/lib/apache2/modules/」にインストールされます。

[注3] openSUSE／Debian／Ubuntuでは「apxs2」コマンドを使用します。

定することで、ビルド完了後、モジュールは所定のディレクトリにコピーし、httpd.confにモジュールを組み込む1行（LoadModule ...）を自動で追加します。

図11-2-3 拡張モジュールのビルド方法

```
# cd Apache のソース /modules/aaa/
# apxs -i -a -c mod_auth ○○ .c   ←各モジュールのソースファイルを指定します
```

※ DSO で動的に組み込んでいます
※実行例は Red Hat 系 Linux ディストリビューションの場合。openSUSE ／ Debian ／ Ubuntu では「apxs2」コマンドを使用します

11-2-2　Basic 認証の設定（mod_auth_basic の利用）

Basic 認証を使ったアクセス制限では、httpd.conf[注4]を図 11-2-4 のように設定します。図 11-2-4 では「<Directory> ～ </Directory>」コンテナ指示子を使って、ディレクトリ単位で制限を実施していますが、「<Location> ～ </Location>」ブロックを使って URL 単位でアクセスを制限することもできます。おもに使用するディレクティブは「AuthType ／ AuthName ／ AuthUserFile ／ Require」になります。

図11-2-4 Basic 認証の設定例
図 11-2-4.ppt

```
LoadModule auth_basic_module modules/mod_auth_basic.so
LoadModule authn_file_module modules/mod_authn_file.so
LoadModule authz_user_module modules/mod_authz_user.so
↑モジュールファイルのパスは Apache のインストール方法によって異なります。
通常は、自動で追加されています。

<Directory "/var/www/html/restricted/">     ← Basic 認証の保護対象を指定

    AuthType Basic                          ← Basic 認証方式の指定

    AuthName "Restricted Resource"          ←保護された領域に対するニックネームです（realm）を指定

    AuthUserFile /etc/httpd/conf/htpasswd   ←ユーザ情報ファイルの指定

    Require valid-user                      ←許可するユーザの指定
</Directory>
```

「**AuthType**」ディレクティブでは認証方式を指定します。Basic 認証を使用する場合、「**Basic**」を指定します。

「**AuthName**」ディレクティブでは保護されたディレクトリや URL に対するニックネームを設定します。AuthName ディレクティブに指定した文字列は、ユーザ名

[注4] バイナリパッケージで Apache をインストールした場合、httpd.conf ファイルは、Fedora ／ Red Hat ／ CentOS では「/etc/httpd/conf/」に、openSUSE ／ Debian ／ Ubuntu では「/etc/apache2/」に見つけることができます。また Debian ／ Ubuntu では apache2.conf を利用することもできます。

やパスワードを入力するダイアログのタイトルにも使われますが、「**realm**」としてクライアントに渡され、ユーザ名／パスワードとともに管理されます。ブラウザはrealmをもとにユーザ名とパスワードを記憶し、再度パスワード認証が必要となった場合も、同一realmなら、記憶している情報をサーバに送信し、ユーザ名やパスワードを再入力する手間を省きます。そのため、AuthNameが重複すると、ブラウザは同一保護領域にアクセスしているとみなし、記憶しているユーザ名／パスワードをサーバに送信します。パスワード認証を設定する場合は、realmが重複しないよう注意します。

「**AuthUserFile**」ディレクティブではユーザ情報を記録したファイル名を指定します。Basic認証では「**htpasswd**[注5]」コマンドを使って、**図11-2-5**のようにファイルを作成／更新できます。ファイルは外部からアクセスできないよう、コンテンツディレクトリには置かないようにします。

図11-2-5 htpasswdの使用方法

```
※ユーザ情報ファイル「/etc/httpd/conf/htpasswd」の新規作成
# htpasswd -c /etc/httpd/conf/htpasswd user01    ←ユーザ名が「user01」の場合
New password:                                     ←パスワードを入力
Re-type new password:                             ←パスワードを再入力
Adding password for user user01

※ユーザ情報の更新、追加
# htpasswd /etc/httpd/conf/htpasswd user02        ←ユーザ名が「user02」の場合

※ユーザ情報の削除
# htpasswd -D /etc/httpd/conf/htpasswd user02     ←ユーザ名が「user02」の場合
Deleting password for user user02
```

※実行例はRed Hat系Linuxディストリビューションの場合。openSUSE／Debian／Ubuntuでは「htpasswd2」コマンドを使用します

「**Require**」ディレクティブでアクセスを許可するユーザを指定します。「**valid-user**」を指定した場合、ユーザ情報ファイル中の全ユーザが対象になります。ユーザを個別に指定するには「**Require user**」に続けて、ユーザ名を指定します（**図11-2-6**）。

図11-2-6 個々にユーザを指定する場合

```
<Directory /var/www/html/restricted/>
    AuthType Basic
    AuthName "Restricted Resource"
    AuthUserFile /etc/httpd/conf/htpasswd
    Require user user01 user02           ←ユーザを個別に指定
</Directory>
```

[注5] openSUSE／Debian／Ubuntuでは「htpasswd2」コマンドを使用します。

設定完了後、httpd.conf の構文に間違いがないか確認し、apachectl（または apache2ctl）を使って Apache を再起動します（図 11-2-7）。再起動後、Web ブラウザで保護されたコンテンツにアクセスし、パスワード認証が機能しているか確認します。

図 11-2-7 httpd.conf の構文チェックと Apache の再起動

```
# apachectl -t          （httpd.conf の構文チェック）
# apachectl restart     （Apache の再起動）
```

※実行例は Red Hat 系 Linux ディストリビューションの場合。openSUSE ／ Debian ／ Ubuntu では「apache2ctl」コマンドを使用します

今回、サーバ設定ファイルの httpd.conf を使用しましたが、一般ユーザの権限で設定できる「.htaccess」ファイルを使用することもできます。詳細は 3 章を参照します。

11-2-3 Digest 認証の設定（mod_auth_digest の利用）

Digest 認証を使ったアクセス制限では、図 11-2-8 のように httpd.conf[注6]を設定します。おもに使用するディレクティブは Basic 認証同様、「**AuthType ／ AuthName ／ AuthUserFile ／ Require**」になります。「**AuthType**」ディレクティブで「**Digest**」と指定することで Digest 認証を使用できます。

図 11-2-8 Digest 認証の設定例

```
LoadModule auth_basic_module modules/mod_auth_digest.so
LoadModule authn_file_module modules/mod_authn_file.so
LoadModule authz_user_module modules/mod_authz_user.so
↑モジュールファイルのパスは Apache のインストール方法によって異なります。通常は、自動で追加されています。

<Directory "/var/www/html/restricted/">     ← Digest 認証の保護対象を指定

    AuthType Digest      ← Digest 認証方式の指定

    AuthName "Restricted Resource2"     ←保護された領域に対するニックネームです（realm）を指定

    AuthUserFile /etc/httpd/conf/htdigest     ←ユーザ情報ファイルの指定

    Require valid-user     ←許可するユーザの指定
</Directory>
```

[注6] バイナリパッケージで Apache をインストールした場合、httpd.conf ファイルは、Fedora ／ Red Hat ／ CentOS では「/etc/httpd/conf/」に、openSUSE ／ Debian ／ Ubuntu では「/etc/apache2/」に見つけることができます。また Debian ／ Ubuntu では apache2.conf を利用することもできます。

Digest認証で使用するユーザ情報ファイルを作成／更新するには、「htdigest[注7]」コマンドを使用します（図11-2-9）。ファイルを新規作成する場合は「-c」オプションとともに、「**ファイル名／ realm ／ユーザ名**」を引数に指定します。Digest認証では、realmごとにユーザ情報が必要になります。realmはユーザ名／パスワードとともにクライアントで記憶され、再度パスワード認証が必要となった場合も、同一realmなら、記憶している情報をサーバに送信し、ユーザ名やパスワードを再入力する手間を省きます。そのため、同じユーザ名／パスワードでも、realmが異なると別のユーザとして扱います。

図11-2-9 htdigestの使用方法

※ユーザ情報ファイル「/etc/httpd/conf/htdigest」の新規作成
```
# htdigest -c /etc/httpd/conf/htdigest "Restricted Resource2" user03
↑realmが「Restricted Resource2」、ユーザ名が「user03」の場合
Adding password for user03 in realm Restricted Resource2.
New password:            ←パスワードを入力
Re-type new password:    ←パスワードを再入力
```

※ユーザ情報の更新／追加
```
# htdigest -c /etc/httpd/conf/htdigest "Restricted Resource2" user04
↑ユーザ名が「user04」の場合
```

※実行例はRed Hat系Linuxディストリビューションの場合。openSUSE／Debian／Ubuntuでは「htdigest2」コマンドを使用します

　htdigestコマンドでユーザ情報を削除することはできません。エディタでファイルを直接編集します。ユーザ情報ファイルは外部からアクセスできないよう、コンテンツディレクトリには置かないようにします。

　「**Require**」ディレクティブでアクセスを許可するユーザを指定します。「**valid-user**」を指定した場合、ユーザ情報ファイル中の全ユーザが対象になります。ユーザを個別に指定するには「**Require user01 user02**」のように指定します。
　設定完了後、httpd.confの構文に間違いがないか確認し、apachectl（またはapache2ctl）を使ってApacheを再起動します（図11-2-10）。再起動後、Webブラウザで保護されたコンテンツを参照し、パスワード認証が機能していることを確認します。

図11-2-10 httpd.confの構文チェックとApacheの再起動

```
# apachectl -t          (httpd.confの構文チェック)
# apachectl restart     (Apacheの再起動)
```

※実行例はRed Hat系Linuxディストリビューションの場合。openSUSE／Debian／Ubuntuでは「apache2ctl」コマンドを使用します

[注7] openSUSE／Debian／Ubuntuでは「htdigest2」コマンドを使用します。

今回、サーバ設定ファイルの httpd.conf を使用しましたが、一般ユーザの権限で設定できる「.htaccess」ファイルを使用することもできます。詳細は **3 章**を参照してください。

11-2-4　Basic 認証の問題点、Digest 認証の利点

　Basic 認証で行われる、サーバ／クライアント間の交信を確認できます。それには telnet コマンドを使った対話モードを使用します（図 11-2-11）。

図 11-2-11 Basic 認証で保護されたサーバとクライアントの通信を telnet コマンドでシミュレーションする

一回目のリクエスト

```
# telnet サーバーのアドレス 80
...
GET /restricted/ HTTP/1.1      ←「GET URL HTTP プロトコルバージョン」を入力
Host: www.example.jp           ←サーバのアドレスを入力
                               ←改行入力
HTTP/1.1 401 Authorization Required    ←ステータスコード「401」をサーバから受信
Date: Thu, 27 Oct 2011 03:05:40 GMT
Server: Apache/2.2.15 (CentOS)
WWW-Authenticate: Basic realm="Restricted Resource"
↑「WWW-Authenticate」ヘッダで認証方式と「realm」を受信
...
```

二回目のリクエスト

```
# telnet サーバーのアドレス 80
...
GET /restricted/ HTTP/1.1     ← GET コマンドを入力
Host: www.example.jp          ←サーバのアドレスを入力
Authorization: Basic dXNlcjAxOnBhc3N3b3JkCg==
↑「Authorization」ヘッダに Base64 でエンコードした「ユーザ名:パスワード」を埋め込み送信 (図 11-2-12 参照)
                              ←改行入力

HTTP/1.1 200 OK               ←認証をパスしサーバからステータスコード「200」を受信
Date: Thu, 27 Oct 2011 03:05:40 GMT
Server: Apache/2.2.15 (CentOS)
...
```

　一度目のリクエストに対しサーバは、要求された URL がパスワード認証により制限されていることを、HTTP レスポンスのステータスコード「**401**」を使ってクライアントに通知します。その際「**WWW-Authenticate**」ヘッダで、認証方式と「**realm**」をクライアントに送信します。図 11-2-11 では認証方式に「**Basic**」を、続く realm には「**Restricted Resource**」を指定しています。realm は保護されたURL に対するニックネームです。ブラウザはユーザ名とパスワードを realm とと

もに記憶し、再度パスワード認証が必要となった場合、同一 realm なら、記憶しているユーザ名とパスワードをサーバに送信し、ユーザが再入力する手間を省きます。

次にステータスコード「**401**」と WWW-Authenticate ヘッダを受け取ったクライアントは、ユーザ名とパスワードを入力する図 11-2-1 のようなダイアログを表示します。クライアントは入力された情報を、HTTP リクエストの「**Authorization**」ヘッダに、指定された認証方式名を埋め込み、サーバに引き渡します。Basic 認証では、認証情報を「**ユーザ名：パスワード**」のように、ユーザ名とパスワードをコロン「:」で区切ったものを Base64 を使って符号化します。図 11-2-11 では表面的に暗号化されているように見えますが、HTTP ヘッダでは特殊記号を使用できないため、Base64 を使って変換しているにすぎません。そのため Linux の base64 コマンドなどで、簡単に復号化できます（図 11-2-12）。

図 11-2-12 Basic 認証で使用されるユーザ/パスワードの暗号化/復号化

・符号化
```
$ echo "user01:password" | base64
dXNlcjAxOnBhc3N3b3JkCg==
```

・復号化
```
$ echo "dXNlcjAxOnBhc3N3b3JkCg==" | base64 -d
user01:password
```

ユーザ名とパスワードを受け取ったサーバは、認証情報を照らし合わせ、正しい組み合わせならレスポンスコード「**200**」とともにコンテンツをクライアントに送信します。

以上のように、Basic 認証は認証情報が垂れ流しとなるため、トラフィックの傍受により、パスワードを盗み見ることができます。盗聴を防ぐには、セキュリティを強化した「**Digest**」認証を利用します。Digest 認証では、ユーザ名／パスワードを垂れ流す替わりにハッシュ値を利用します。サーバから送られるランダムな文字列／パスワード／ユーザ名に、クライアントで生成するランダムな文字列などを連結し、MD5 でハッシュ値を計算します。サーバも同じ手順でハッシュ値を計算し、クライアントから送られたハッシュ値とサーバで計算したものが同一かどうか確認します。ハッシュ値は不可逆な一方向関数を使って計算されるため、トラフィックが傍受されたとしても、元のパスワードを知ることはできません。またサーバ／クライアント双方で、毎回異なるランダムな文字列を生成することで、クライアントやサーバの「**なりすまし**」を防ぐこともできます。

Digest 認証で行われる、サーバ／クライアント間の交信を確認できます。それには telnet コマンドを使った対話モードを使用します（図 11-2-13）。

図 11-2-13 Digest 認証で保護されたサーバとクライアントの通信を telnet コマンドでシミュレーションする

一回目のリクエスト

```
# telnet サーバーのアドレス 80
...
GET /restricted/ HTTP/1.1      ←「GET URL HTTP プロトコルバージョン」を入力
Host: www.example.jp           ←サーバのアドレスを入力
                               ←改行入力

HTTP/1.1 401 Authorization Required   ←ステータスコード「401」をサーバから受信
Date: Thu, 27 Oct 2011 04:47:21 GMT
Server: Apache/2.2.15 (CentOS)
WWW-Authenticate: Digest realm="Restricted Resource2", nonce="UdmUYEGwBAA=
d85059bb07c3f6961b2519d0775bbfa8c0044f7c", algorithm=MD5, stale=true, qop="auth"
...
```
「WWW-Authenticate」ヘッダで認証方式と realm / nonce などを受信

二回目のリクエスト

```
# telnet サーバーのアドレス 80
...
GET /restricted/ HTTP/1.1      ← GET コマンドを入力
Host: www.example.jp           ←サーバのアドレスを入力
Authorization: Digest username="user03", realm="Restricted Resource2", nonce="UdmUYEGwBAA
=d85059bb07c3f6961b2519d0775bbfa8c0044f7c", uri="/restricted/", algorithm=MD5, response
="f1c46e71b9a9dceed955a83441703ec7", qop=auth, nc=00000001, cnonce="65ec0aa1dcab7e5c"
                               ←改行入力

HTTP/1.1 200 OK    ←認証をパスしサーバからステータスコード「200」を受信
Date: Thu, 27 Oct 2011 05:53:32 GMT
Server: Apache/2.2.15 (CentOS)
Authentication-Info:...
```
「Authorization」ヘッダに、ユーザ名／パスワード／ nonce / realm、さらにクライアントが生成したランダムな値「cnonce」などを連結し MD5 で計算したハッシュ値を response 値としてサーバに送信（図 11-2-14 を参照）

　一度目のリクエストに対しサーバは、要求された URL がパスワード認証により制限されていることを、HTTP レスポンスのステータスコード「**401**」を使ってクライアントに通知します。その際「**WWW-Authenticate**」ヘッダで認証に必要な情報を通知します。Digest 認証では realm のほかに、サーバが生成したランダムな値を「**nonce**」として通知します。

　ステータスコード「**401**」と WWW-Authenticate ヘッダを受け取ったクライアントは、認証情報を作成し、HTTP リクエストの「**Authorization**」ヘッダに埋め込みサーバに引き渡します。Digest 認証では、ユーザ名／パスワード／ nonce ／ realm、さらにクライアントが生成したランダムな値の「**cnonce**」やリクエスト数の「**nc**」を連結し、MD5 で計算したハッシュ値を認証情報に使用します（図 11-

2-14）。Linux でも md5sum コマンドを使ってハッシュ値を算出できます。

図 11-2-14 response 値の計算方法
1)「ユーザ名 + : + realm の値 + : + パスワード」の MD5 値
2)「Method（GET または POST）+ : + URI」の MD5 値
3)「1) で計算した値 + ":" + nonce の値 + ":" + nc の値 + ":" cnonce の値 + : + qop の値 + : + 2) で計算した値」の MD5 値

1) の計算
```
$ echo -n "user03:Restricted Resource2:password" | md5sum
79020869e169b2a12aed7641a9d1925d  -
```

2) の計算
```
$ echo -n "GET:/restricted/" | md5sum
c935efd09de821e4d1bd3ebc87b68a3e  -
```

3) の計算
※サーバから「WWW-Authenticate: Digest realm="Restricted Resource2", nonce="UdmUYEGwBAA=d85059bb07c3f6961b2519d0775bbfa8c0044f7c", algorithm=MD5, stale=true, qop="auth"」を受け取り、nc を「00000001」、cnonce を「65ec0aa1dcab7e5c」とした場合

```
044f7c:00000001:65ec0aa1dcab7e5c:auth:c935efd09de821e4d1bd3ebc87b68a3e" | md5sum
30563641f58a743e5118cf0ffba97ceb  -
```

　計算したハッシュ値は、算出に利用した nonce ／ nc ／ cnonce ／ qop などの値とともに、response の値として HTTP リクエストヘッダに埋め込まれ、サーバに送信されます。nonce や cnonce のように、毎回異なる値を使ってハッシュ値を計算させることで、サーバやクライアントによる「**なりすまし**」による、不正アクセスを防止できます。なお Digest 認証によりパスワードが盗み見られる危険性は回避できますが、サーバからクライアントへ送信されるコンテンツなどの情報は依然平文のままです。コンテンツの傍受を防ぐには、送受信データを暗号化するなど、ほかの対策が必要になります（**6 章**を参照）。

11-2-5　組み合わせ可能な認証系拡張モジュール

　Apache の認証機構では、「認証／承認／認証プロバイダ」といった役割に応じた 3 種類の拡張モジュールを組み合わせて利用します。Basic 認証なら、「**mod_auth_basic ／ mod_authz_user ／ mod_authn_file**」といった拡張モジュールを使用します。そのうち認証モジュールの「**mod_auth_basic**」を「**mod_auth_digest**」に替えるだけで Digest 認証を使用できます。
　また認証プロバイダを変更すれば、ユーザ情報をデータベースから検索したり、DBM ファイルを利用できます。認証プロバイダに DBM ファイルを使用するには、

「mod_authn_file」の代わりに「mod_authn_dbm」拡張モジュールを組み込みます。「mod_authn_file」では、ユーザ情報をプレーンテキストファイルに保存するため、登録ユーザ数が多くなると検索に時間がかかります。一方「mod_authn_dbm」でDBMファイルを使用できるようになれば、検索が早くなり、ユーザ認証時のパフォーマンスを改善できます。

認証プロバイダにDBMファイルを使用するには、httpd.conf[注8]を図11-2-15のように設定します。「LoadModule」ディレクティブで「mod_authn_dbm.so」ファイルを読み込み、「AuthDBMUserFile」ディレクティブでDBMファイルを指定します。その際、同時に「AuthBasicProvider」ディレクティブで「dbm」と指定します[注9]。

図11-2-15 DBMファイルを使ったBasic認証の設定

```
LoadModule auth_basic_module modules/mod_auth_basic.so
LoadModule authz_user_module modules/mod_authz_user.so
LoadModule authn_dbm_module modules/mod_authn_dbm.so
↑モジュールファイルのパスはApacheのインストール方法によって異なります。通常は、自動で追加されています。

<Directory "/var/www/html/restricted/">
    AuthType Basic
    AuthName "Restricted Resource3"

    AuthBasicProvider dbm          ←Basic認証でDBMファイルを使うには、ここで「dbm」を指定

    AuthDBMUserFile /etc/httpd/conf/htdbm.dat    ←DBMファイルを指定
    Require valid-user
</Directory>
```

DBMファイルを作成/更新するには「htdbm[注10]」コマンドを使用します（図11-2-16）。詳しいコマンドの使用方法はオンラインマニュアル（# man htdbm）などを参考にしてください。

図11-2-16 htdbmの使用方法

※「/etc/httpd/conf/htdbm.dat」ファイルの新規作成

```
# htdbm -c /etc/httpd/conf/htdbm.dat user04    ←ユーザ名が「user04」の場合
Enter password        :                         ←パスワードを入力
Re-type password      :                         ←パスワードを再入力
```

[注8] バイナリパッケージでApacheをインストールした場合、httpd.confファイルは、Fedora / Red Hat / CentOSでは「/etc/httpd/conf/」に、openSUSE / Debian / Ubuntuでは「/etc/apache2/」に見つけることができます。またDebian / Ubuntuではapache2.confを利用することもできます。

[注9] 「mod_authn_file」を使った設定では（図11-2-4）、そのようなディレクティブの指定は不要でしたが、省略されていただけで、デフォルトで「AuthBasicProvider file」と指定されています。「mod_authn_dbm」では、fileに替わってdbmを指定し、DBMファイルを使用できるようにします。

[注10] openSUSE / Debian / Ubuntuでは「htdbm2」コマンドを使用します。

```
Database /etc/httpd/conf/htdbm.dat created.
```

※ユーザ情報の更新／追加
```
# htdbm /etc/httpd/conf/htdbm.dat user05        ←ユーザ名が「user05」の場合
```

※実行例は Red Hat 系 Linux ディストリビューションの場合。openSUSE／Debian／Ubuntu では「htdbm2」コマンドを使用します

　ほかにも「**mod_authn_anon**」モジュールを使用することで、Anonymous FTP サービスのように、匿名で Web コンテンツを公開できます（**図 11-2-17**）。匿名サービスでは、ユーザ名に「**anonymous**」、パスワードに「**メールアドレス**」を入力することで、誰でも利用できます。

図 11-2-17 mod_authn_anon モジュールを使った Anonymous サービスの設定例

```
LoadModule auth_basic_module modules/mod_auth_basic.so
LoadModule authz_user_module modules/mod_authz_user.so
LoadModule authn_dbm_module modules/mod_authn_anon.so
↑モジュールファイルのパスは Apache のインストール方法によって異なります。通常は、自動で追加されています。

<Directory "/var/www/html/restricted/">
    AuthType Basic
    AuthName "Restricted Resource4"
    AuthBasicProvider anon        ←「anon」を指定し Anonymous サービスを有効化。

    Anonymous_NoUserID off
    Anonymous anonymous           ←ユーザ名に「anonymous」を要求する。

    Anonymous_MustGiveEmail on    ←パスワードにメールアドレスを要求する。

    Anonymous_VerifyEmail on
↑メールアドレスの書式を確認する（少なくとも1つの「@」と「.」を含んでいるかどうかを調べます）。

    Require valid-user
</Directory>
```

11-3 ホスト認証

クライアントの IP アドレスやホスト名でアクセスを制限するには、ホスト認証を利用します。

11-3-1 ホスト認証の利用

承認機能を受け持つモジュールに「mod_authz_host」を組み込むことで、クライアントの IP アドレスやドメインつきホスト名で、アクセス制限を実施できます。Apache 2.0 までは「mod_access」モジュールを使用していましたが、Apache 2.2 では認証機構が見直され、新たに用意された mod_authz_host モジュールを使用します。

なお、前半で解説したパスワード認証とホスト認証を併用することもできます。ホスト認証とパスワード認証を同時に使用する方法は、この後解説します。

11-3-2 ホスト認証の設定（mod_authz_host の利用）

ホスト認証では「mod_authz_host」モジュールを使用します。Apache をインストールするとデフォルトで使用可能です。図 11-3-1 の方法で mod_authz_host が組み込まれているか確認します。openSUSE では「httpd2」、Debian／Ubuntu では「apache2」コマンドを使用してください。

図 11-3-1 authz_host_module モジュールがインストールされているか確認する

```
# httpd -M
... 省略 ...
authz_host_module (shared)
... 省略 ...
```

※実行例は Red Hat 系 Linux ディストリビューションの場合。openSUSE では「httpd2」、Debian／Ubuntu では「apache2」コマンドを使用します

組み込まれていないだけで、モジュールファイルそのものはインストールされている場合があります。モジュールを所定のディレクトリ[注11]に見つけられた場合、

[注11] バイナリパッケージで Apache をインストールした場合、モジュールファイルは、Fedora／Red Hat／CentOS では「/usr/lib/httpd/modules/」に、openSUSE では「/usr/lib/apache2/」に、Debian／Ubuntu では「/usr/lib/apache2/modules/」にインストールされます。

設定を行うだけで動作させることができます。

　インストールされていない場合、ソースファイルを使ってモジュールを組み込みます。mod_authz_host のソースは、Apache のソースアーカイブ中の「**modules/aaa/**」ディレクトリに格納されています。図 **11-3-2** のように作業ディレクトリを移動し、「**apxs（APache eXtenSion tool）**」でモジュールを組み込みます。apxs コマンド[注12]では「**-c**」オプションに続いてモジュールのソースファイルを指定します。「**-i**」「**-a**」オプションを指定することで、ビルド完了後、モジュールを所定のディレクトリにコピーし、httpd.conf にモジュールを組み込む 1 行（LoadModule ...）を自動で追加します。

図 11-3-2 mod_authz_host モジュールのインストール

```
# cd modules/aaa/
# apxs -i -a -c mod_authz_host.c
```

※ DSO で動的に組み込んでいます
※実行例は Red Hat 系 Linux ディストリビューションの場合。openSUSE ／ Debian ／ Ubuntu では「apxs2」コマンドを使用します

　ホスト認証でアクセス制限を実施するには、httpd.conf[注13]を図 **11-3-3** のように設定します。図 **11-3-3** では「**<Location> ～ </Location>**」コンテナ指示子を使って「**http:// サーバ名 /server-info**」のような URL でアクセスを制限しています。図 **11-3-4** のように「**<Directory> ～ </Directory>**」ブロックを使って、ディレクトリ単位で制限を行うこともできます。

図 11-3-3 ホスト認証の設定例 (1)

```
LoadModule authz_host_module modules/mod_authz_host.so
↑モジュールファイルのパスは Apache のインストール方法によって異なります。通常は、自動で追加されています。

<IfModule mod_info.c>
  <Location /server-info>
    SetHandler server-info

    Order Deny,Allow       ← Deny/Allow の評価順を指定

    Deny from all          ←デフォルトでアクセス禁止

    Allow from 127.0.0.1 クライアントのアドレス    ←閲覧を許可するクライアントを指定
  </Location>
</IfModule>
```

[注12] openSUSE ／ Debian ／ Ubuntu では「apxs2」コマンドを使用します。
[注13] バイナリパッケージで Apache をインストールした場合、httpd.conf ファイルは、Fedora ／ Red Hat ／ CentOS では「/etc/httpd/conf/」に、openSUSE ／ Debian ／ Ubuntu では「/etc/apache2/」に見つけることができます。また Debian ／ Ubuntu では apache2.conf を利用することもできます。

※「server-info」を使ったサーバステータスの表示方法は、4章を参照

図 11-3-4 ホスト認証の設定例（2）

```
# 「/var/www/html/restricted」ディレクトリに対しホスト認証を設定
<Directory /var/www/html/restricted/>
    Order Deny,Allow
    Deny from all
    Allow from 192.168.0.1 10.0.0.0/16
    Allow from example.jp
</Directory>
```

　ホスト認証では「Order ／ Allow ／ Deny」ディレクティブを使ってアクセス制限を実施します。「Allow」ディレクティブでアクセスを許可するクライアントを指定し、「Deny」ディレクティブでアクセスを禁止するクライアントを指定します。クライアントの指定には**表 11-3-1** のような形式を使用します。

表 11-3-1 Allow ／ Deny ディレクティブのクライアント指定方法

指定方法	内容
all	全クライアント、全ネットワーク
192.168.0.1	特定の IP アドレスを指定
192.168.0 192.168.0.0/24 192.168.0.0/255.255.255.0	ネットワークアドレスを指定。192.168.0.0 〜 192.168.0.255 までが対象になります
client.example.jp	特定のホスト名をドメイン名付きで指定
example.jp .example.jp	ドメイン名を指定。後方一致で「example.jp」を含むホスト名やサブドメインが対象になります。ただし、「fooexample.jp」のように後方一致でもドメインが異なるものは対象外となります。

　「Order」ディレクティブは、Allow ディレクティブで指定された条件と、Deny ディレクティブで指定された条件のうち、どちらを先に評価するか優先順位を指定します。**図 11-3-3** や**図 11-3-4** の例では、「**Order Deny,Allow**」と指定しているため、先に Deny ディレクティブが評価され、次に Allow ディレクティブが評価されます。そのため「**Deny from all**」によりデフォルトでアクセスを禁止し、アクセスを許可するクライアントを「**Allow from**」で指定します。この指定方法は、社内ツールのように Web コンテンツの公開を一部ユーザに限定する場合に役立ちます。「**Order Allow,Deny**」では、先に Allow ディレクティブの条件が評価されます。**図 11-3-5** のような指定では、「**Allow from all**」によりデフォルトで全クライアントからのアクセスを許可し、次にアクセスを禁止するクライアントを「**Deny from**」で指定します。この指定方法は Web コンテンツを公開する一方、DoS 攻撃や DDoS 攻撃を行う特定のクライアントやネットワークからのアクセスを禁止する場合に役立ちます。条件を重複させ、より狭義に**図 11-3-6** のような指定もできます。**図 11-3-6** では、IP アドレスが「**192.168.0.100**」以外の「**192.168.0.0 〜 192.168.0.255**」まで

のクライアントにアクセスを許可しています。

図 11-3-5 デフォルトで全クライアントからのアクセスを許可し、アクセスを禁止するクライアントを指定する

```
#「/var/www/html/restricted/」ディレクトリに対しホスト認証を設定
<Directory /var/www/html/restricted/>
    Order Allow,Deny
    Allow from all
    Deny from 192.168.0.1
</Directory>
```

図 11-3-6 アクセスを許可したネットワークの一部に、例外を設定する

```
#「/var/www/html/restricted/」ディレクトリに対しホスト認証を設定
# 192.168.0.0 ～ 255 のネットワークからのアクセスを許可するが、192.168.0.100 は除外。
<Directory /var/www/html/restricted/>
    Order Allow,Deny
    Allow from 192.168.0
    Deny from 192.168.0.100
</Directory>
```

なおクライアントやネットワークの指定にホスト名やドメイン名を指定すると、ApacheはクライアントのIPアドレスからホスト名を逆引きした結果と、ホスト名からIPアドレスを順引きした結果に矛盾がないか、DNSを使って確認します。アクセス制限の内容にかかわらず、逆引きと順引きの結果が一致しないクライアントのアクセスは禁止されます。たとえばIPアドレス「192.168.0.100」からのアクセスに対し、ApacheはDNSを使って、ホスト名「pc1.example.jp」を逆引きします。次に「pc1.example.jp」に対するIPアドレスを順引きし、「192.168.0.100」が得られれば、矛盾なしと判断します。こうした手順によりホスト名の詐称を防ぎます。ただし、リクエストのたびにDNS問い合わせを2度行うため、パフォーマンスが損なわれます。パフォーマンスを優先する場合は、IPアドレスやネットワークアドレスでアクセス制限を実施します。

設定完了後、httpd.confの構文に間違いがないか確認し、apachectl（またはapache2ctl）を使ってApacheを再起動します（**図 11-3-7**）。再起動後、Webブラウザでコンテンツを参照し、アクセス制限が機能していることを確認します。

図 11-3-7 httpd.conf の構文チェックと Apache の再起動

```
# apachectl -t           （httpd.conf の構文チェック）
# apachectl restart      （Apache の再起動）
```

※実行例はRed Hat系Linuxディストリビューションの場合。openSUSE／Debian／Ubuntuでは「apache2ctl」コマンドを使用します

11-3-3 ホスト認証とパスワード認証を併用する

ホスト認証とパスワード認証を同時に使用できます。たとえば特定のネットワークからアクセスした場合はユーザ確認を行わず、それ以外のネットワークからアクセスした場合には、パスワード認証でユーザを確認するといったことが可能になります。それには「Satisfy」ディレクティブを適切に設定します（図 11-3-8）。

図 11-3-8 ホスト認証とパスワード認証を組み合わせた設定例

```
LoadModule authz_host_module modules/mod_authz_host.so
LoadModule auth_basic_module modules/mod_auth_basic.so
LoadModule authn_file_module modules/mod_authn_file.so
LoadModule authz_user_module modules/mod_authz_user.so
↑モジュールファイルのパスは Apache のインストール方法によって異なります。通常は、自動で追加されています。

<Directory "/var/www/html/restricted/">

    Satisfy Any
↑パスワード認証とホスト認証の一致条件を指定。どちらか一方満たせばいい場合、「Any」を指定。



    AuthType Basic
    AuthName "Restricted Resource5"         パスワード認証
    AuthUserFile /etc/httpd/conf/htpasswd
    Require valid-user



    Order Deny,Allow
    Deny  from all              ホスト認証
    Allow from 192.168.0.0
</Directory>
```

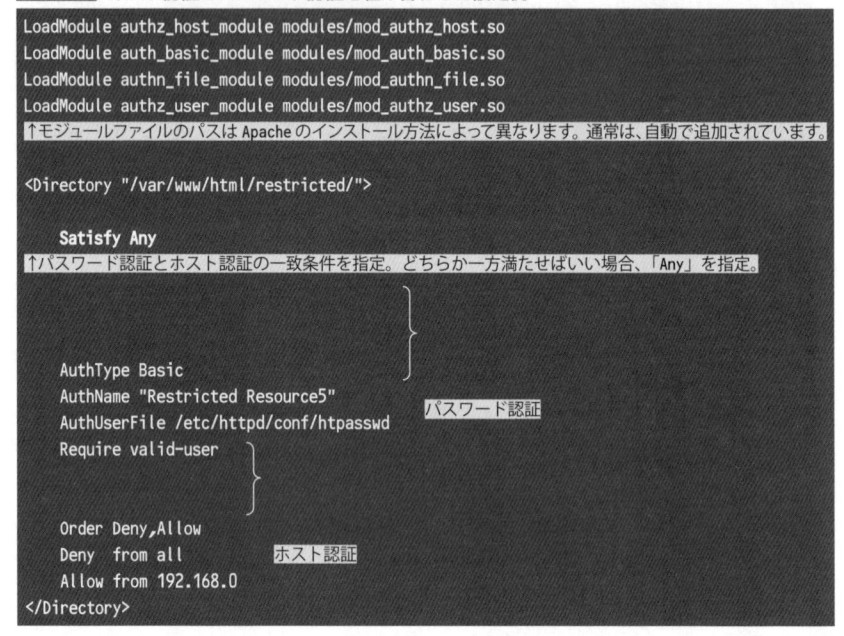

図 11-3-8 では「Satisfy」ディレクティブに「Any」を指定することで、パスワード認証とホスト認証のどちらかの条件を満たしていれば、アクセスを許可します。クライアントが「192.168.0.0/24」のネットワークからアクセスした場合は、パスワード認証は行われません。それ以外のネットワークからアクセスした場合は、ユーザ名とパスワードを入力するダイアログが表示され、パスワード認証をクリアする必要があります。

Satisfy ディレクティブで「All」と指定した場合は、パスワード認証とホスト認証の両条件を満たす必要があります。すなわち指定されたネットワークやドメインからのアクセスで、パスワード認証もクリアすることが条件になります。

11-4 サードパーティ製認証系モジュール

Apache 標準の認証モジュール以外にも、サードパーティやユーザコミュニティで開発された認証系モジュールも利用できます。

11-4-1 豊富なサードパーティ製モジュール

Apache 標準の認証系モジュールでは、選択できる認証方式が限られます。ユーザ情報に OS のアカウントを利用したり、パスワードの有効期限を設定したりといった付加機能を実現するには、サードパーティ製モジュールを利用します。

サードパーティやユーザコミュニティで開発されたモジュールは、ネット上に見つけることができます。たとえば「**Apache Module Registry**（http://modules.apache.org/）」には 530[注14]を超えるサードパーティー製モジュールが登録されており、機能や名前をキーワードにモジュールを探し出すことができます（**図11-4-1**）。上部のメニューから「**Search**」を選択し、「**Search String**」に「**auth**」を入力し、認証系モジュールを表示します。120 以上のモジュール[注15]が表示されますが、リンク切れのものや、メンテナンスが行われてないものも含まれています。また本章冒頭に解説のとおり、Apache 2.2 と 2.0 では認証系モジュールに互換性がないため、バージョンに合ったものを選択する必要があります。

[注14] [注15] 2011 年 10 月現在。

図11-4-1 サードパーティー製モジュールが多数登録されている「Apache Module Registry」

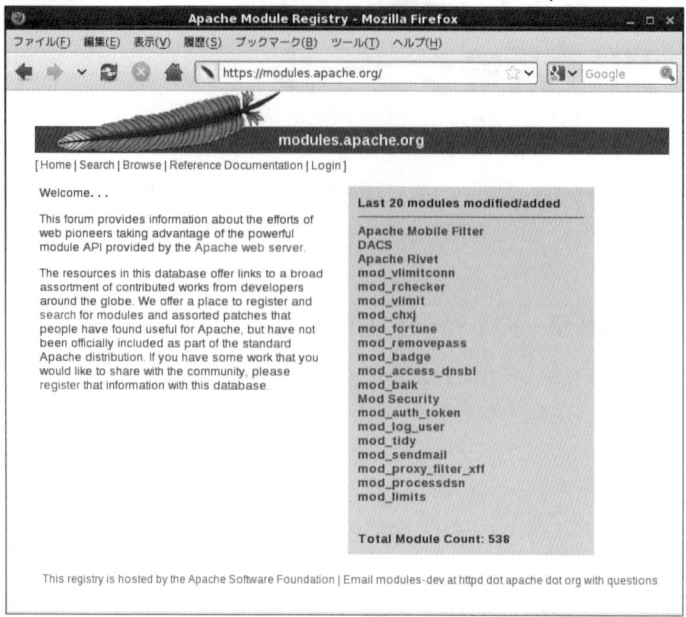

　ほかに SourceForge.net（http://sourceforge.net/）でも多くの Apache 認証系モジュールが登録されています（図11-4-2）。キーワードに「**Apache authentication**」を入力し、モジュールを見つけることができます。

11-4　サードパーティ製認証系モジュール

図 11-4-2　「SourceForge.net」でキーワードに「Apache authentication」を入力し検索した結果

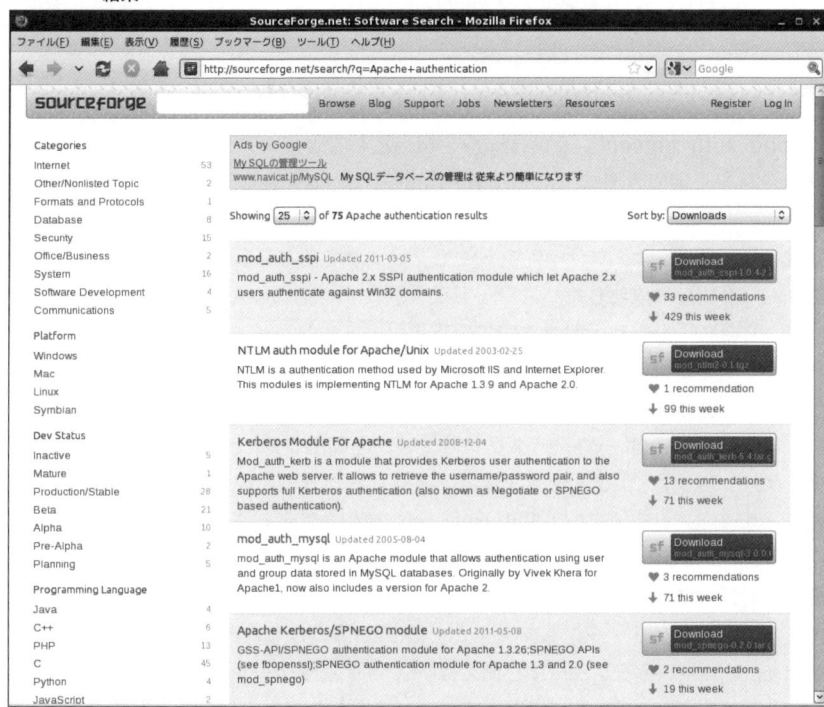

　サードパーティ製モジュールには、魅力的な機能を備えたものが少なくありませんが、テストが十分行われていないものや、指定された環境以外では動作しないものなど、品質の劣るものも少なくあります。使用に際しては、万全な動作が保証されていないことを承知しておきましょう。

　サードパーティー製認証モジュールの導入例として、次のような拡張モジュールを取り上げます。

● mod_auth_timeout
（http://secure.linuxbox.com/tiki/tiki-index.php?page=mod_auth_timeout）
　ユーザ認証後、一定時間アクセスが行われなかった場合に、タイムアウトを発生させ、再アクセス時にユーザ認証を要求します。

● mod_auth_shadow
（http://sourceforge.net/projects/mod-auth-shadow/）

ユーザ情報の管理に /etc/shadow ファイルを利用し、システムに登録されているユーザに対し、Web アクセスを許可します。

11-4-2　ユーザ認証でタイムアウトを発生させる「mod_auth_timeout」

「mod_auth_timeout」モジュールを組み込むことで、ユーザ認証時にタイムアウト時間を設定できます（mod_auth_timeout は Apache 2.4 対応していません）。タイムアウト時間を過ぎると、再びユーザ名とパスワードの入力が必要になります。通常 Basic 認証では、クライアント側でブラウザを閉じるなどの操作が行われない限り、一度認証に成功したパスワードをブラウザが記憶し、アクセスのたびにユーザがいちいち入力する手間を省いています。一方オンラインバンキングなど、高いセキュリティが求められる Web サイトでは、ユーザが一定時間操作を行わなかった場合に、強制的にログアウトし、再ログインを強制するしくみがとられています。こうしたしくみには、Web アプリケーションを利用するのが一般的です。Web アプリケーションは、「**セッション変数**」と呼ばれるサーバ内に蓄えられる特別な変数で、サーバ／クライアント間のセッション情報を管理します。セッション変数なら、コネクションレスプロトコルの HTTP でも、変数を持続させることができます。またセッション変数の有効期限を設定することで、ユーザ認証の有効期間を調整できます。Web アプリケーションを導入するには、大がかりな改修を必要としますが、mod_auth_timeout モジュールを使えば、Web アプリケーションやセッション変数を使わずに、Apache のユーザ認証でタイムアウトを発生させることができます。

mod_auth_timeout は承認処理のためのモジュールです、今回、認証／認証プロバイダには図 11-4-3 のようなモジュールを利用します。ログイン状況は DBM 形式のファイルに保存されます。認証プロバイダには LDAP でも MySQL でも htaccess ファイルでも自由に使用できますが、今回は認証プロバイダに「mod_authn_file.so」を組み込み、プレーンテキストの htpasswd に利用することにします。

図 11-4-3　mod_auth_timeout とともに利用する認証系モジュール

mod_auth_basic.so	Basic 認証を可能にする「認証」モジュール
mod_authn_file.so モジュール	htpasswd ファイルによるユーザ管理を可能にする「認証プロバイダ」
mod_auth_timeout.so	←今回導入するモジュール

以下、2011 年 10 月時点の最新版、「**mod_authn_file 1.2.0**」を使って解説します。mod_auth_timeout を導入するには、ソースファイルを「**http://secure.linuxbox.com/tiki/tiki-index.php?page=mod_auth_timeout**」からダウンロードし図 11-4-4 の手順でインストールします。インストールが完了すると、「**mod_auth_timeout.**

11-4 サードパーティ製認証系モジュール

so」ファイルが所定のディレクトリ[注16]にコピーされます。

図11-4-4 mod_auth_timeout モジュールのインストール

```
# wget http://secure.linuxbox.com/tiki/files/mod_auth_timeout-1.2.0.tar.gz
# tar xvfz mod_auth_timeout-1.2.0.tar.gz
#   cd mod_auth_timeout-1.2.0
# vi configure.sh
```

※ CentOS ／ Red Hat ／ Fedora といった Red Hat 系 Linux ディストリビューションの場合、図 11-4-5 に従い「configure.sh」を修正します

```
# ./configure.sh
# make
# make install
# ls /usr/lib/httpd/modules/mod_auth_timeout.so
↑インストールされたモジュールの確認（ファイルパスは CentOS の場合）
/usr/lib/httpd/modules/mod_auth_timeout.so
```

※ 実行例は Red Hat 系 Linux ディストリビューションの場合。apxs コマンド openSUSE ／ Debian ／ Ubuntu では apxs2 コマンド）にパスが通っている必要があります

図11-4-5 configure.sh の修正します

※ CentOS ／ Red Hat ／ Fedora といった Red Hat 系 Linux ディストリビューションの場合、11 行目を次のように修正します。openSUSE ／ Debian ／ Ubuntu では、修正は不要です

・修正前
```
    APXS=`which apxs2`
```

・修正後
```
    APXS=`which apxs`
```

httpd.conf[注17]を図 11-4-6 のように設定します。「**AuthTimeOut**」ディレクティブでタイムアウト値を、「**AuthTimeOutDBMFile**」ディレクティブでログイン時間を管理する DBM ファイルを指定します。DBM ファイルは「**/tmp/**」ディレクトリ下に、「**authtimeout_db**」で始まるファイル名[注18]で作成されます。

図11-4-6 mod_auth_timeout のための設定

```
LoadModule auth_basic_module modules/mod_auth_basic.so
LoadModule authn_file_module modules/mod_authn_file.so
LoadModule auth_timeout_module modules/mod_auth_timeout.so
↑モジュールファイルのパスは Apache のインストール方法によって異なります。通常、手動で追加する必要はありません。
```

[注16] バイナリパッケージで Apache をインストールした場合、モジュールファイルは、Fedora ／ Red Hat ／ CentOS では「/usr/lib/httpd/modules/」に、openSUSE では「/usr/lib/apache2/」に、Debian ／ Ubuntu では「/usr/lib/apache2/modules/」にインストールされます。

[注17] バイナリパッケージで Apache をインストールした場合、httpd.conf ファイルは、Fedora ／ Red Hat ／ CentOS では「/etc/httpd/conf/」に、openSUSE ／ Debian ／ Ubuntu では「/etc/apache2/」に見つけることができます。また Debian ／ Ubuntu では apache2.conf を利用することもできます。

[注18] authtimeout_db.dir と authtimeout_db.pag ファイルが作られます。

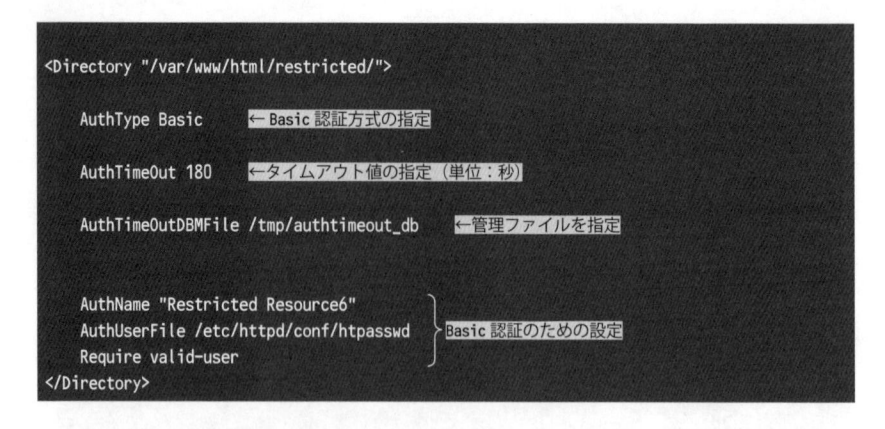

```
<Directory "/var/www/html/restricted/">
    AuthType Basic      ←Basic 認証方式の指定

    AuthTimeOut 180     ←タイムアウト値の指定（単位：秒）

    AuthTimeOutDBMFile /tmp/authtimeout_db     ←管理ファイルを指定

    AuthName "Restricted Resource6"          ⎫
    AuthUserFile /etc/httpd/conf/htpasswd    ⎬ Basic 認証のための設定
    Require valid-user                       ⎭
</Directory>
```

設定完了後、httpd.conf の構文に間違いがないか確認し、apachectl（または apache2ctl）を使って Apache を再起動します（図 11-4-7）。再起動後、クライアントから、対象 URL（図 11-4-8 の例では「http:// サーバのアドレス /restricted/」）に対し一度アクセスし、タイムアウト時間後に再度アクセスします。正常に動作していれば、タイムアウト時間後のアクセスでは、図 11-4-8 のようなエラー画面が表示され、再度ユーザ名とパスワードの入力が必要になります。

図 11-4-7 httpd.conf の構文チェックと Apache の再起動

```
# apachectl -t        （httpd.conf の構文チェック）
# apachectl restart   （Apache の再起動）
```

※実行例は Red Hat 系 Linux ディストリビューションの場合。openSUSE ／ Debian ／ Ubuntu では「apache2ctl」コマンドを使用します

図 11-4-8 タイムアウトが発生した場合に表示されるエラー画面

```
Timed-Out Request - Mozilla Firefox
ファイル(F) 編集(E) 表示(V) 履歴(S) ブックマーク(B) ツール(T) ヘルプ(H)

Timed-Out Request

You have successfully logged in to this page. However, it appears that the last time you
logged in was long enough ago that your session is expired.

Therefore, for your security, you will be prompted for your username and password again,
to ensure that somebody is not simply using a computer that you left unattended.

Click here and you will be prompted for your username and password.
```

エラー画面を変更することもできます。それには「**AuthTimeOutNonAnonMessage ／ AuthTimeOutAnonMessage**」といったディレクティブで、エラー画面に使用する HTML ファイルを指定します（図 11-4-9）。

図11-4-9 エラー画面の変更

```
<Directory /var/www/html/restricted/>
    ...
    AuthTimeOutNonAnonMessage /var/www/html/error.html
    AuthTimeOutAnonMessage /var/www/html/error.html
    ...
</Directory>
```

mod_auth_timeout モジュールで使用できるその他のディレクティブは、ソースアーカイブ付属の「**README.txt**」ファイルを参考にします。

11-4-3　ユーザ認証に OS アカウントを利用する「mod_auth_shadow」

　認証プロバイダを変更することで、ユーザ情報にデータベースや LDAP などのバックエンドを利用できます。OS のシステムアカウントと共有するには「**mod_auth_shadow**」モジュールを組み込みます。

　通常 Basic 認証では、htpasswd コマンドを使って、独自にユーザ情報を管理します。一般的にユーザ情報をほかのサービスと共有する場合には、LDAP や RDBMS などのバックエンドを利用しますが、システムの運用や導入にかかる負担が増大します。メールサービスや FTP サービスのように、OS に登録されているユーザアカウントと共有できれば、運用にかかる手間を軽減できます。

　Linux のような UNIX 系 OS では、ユーザ情報は「**/etc/passwd**」ファイルに、パスワードは「**/etc/shadow**」ファイルに記録されます。mod_auth_shadow はこうしたファイルを参照し、ユーザ認証を実行します。一般プロセスの権限では、/etc/shadow ファイルにアクセスできませんが、mod_auth_shadow モジュールは「**SetUID**[注19]」を設定した「**validate**」コマンドを使用することで、/etc/shadow ファイルにアクセスできます。ただし、悪意を持ったユーザに実行されないよう注意が必要です。validate コマンドは mod_auth_shadow モジュールをインストールすると、同時にインストールされます。なお SELinux が有効だと、validate コマンドでも /etc/shadow にアクセスできない場合があります。その際は、ほかの方法を検討するか SELinux を無効化します。

　以降、2011 年 10 月時点の最新版、「**mod_auth_shadow 2.4**」を使って解説します。mod_auth_shadow をインストールするには、ソースファイルを「**http://sourceforge.net/projects/mod-auth-shadow**」からダウンロードし、図11-4-10 の手順でインストールします。インストールが完了すると、「**mod_auth_shadow.**

[注19] SetUID は、UNIX におけるアクセス権を表すフラグの名称であり、ユーザが実行ファイルを実行する際にその実行ファイルの所有者やグループの権限で実行できるようにする。

so」ファイルが所定のディレクトリ[20]にコピーされます。また同時に validate コマンドも makefile で指定したパス（/usr/sbin や /usr/local/sbin）にインストールされます。

図 11-4-10 mod_auth_shadow モジュールのインストール

```
# wget http://downloads.sourceforge.net/mod-auth-shadow/mod_auth_shadow-2.3.tar.gz
# tar xvfz mod_auth_shadow-2.3.tar.gz
# cd mod_auth_shadow_2.3/
# vi makefile  （※ makefile を図 11-4-11 のように修正）
# make
# make install
# ls /usr/lib/httpd/modules/mod_auth_shadow.so
↑インストールされたモジュールの確認（ファイルパスは CentOS の場合）
/usr/lib/httpd/modules/mod_auth_shadow.so
```

・validate コマンドに SetUID を設定

```
chmod +s /usr/sbin/validate
```

図 11-4-11 makefile の修正

```
 8  APXS = /usr/sbin/apxs      ← apxs（openSUSE/Debian/Ubuntu では apxs2）のパスを指定

 9  CC = gcc

10  INSTBINDIR = /usr/sbin     ← validate コマンドのインストール先
```

httpd.conf[21]を図 11-4-12 のように設定します。「**AuthShadow**」ディレクティブで「**on**」を指定し、ユーザ情報に「**/etc/shadow**」ファイルを使えるようにします。group01 グループに属するユーザだけアクセスできるよう、「**Require group**」ディレクティブで「**group01**」を指定します。ユーザ指定に「**Require valid-user**」などと指定した場合、/etc/shadow に登録された全ユーザに Web アクセスを解放することになり、root ユーザなど、特殊なアカウントでもアクセス可能になります。root ユーザのパスワードを詐取されることがないよう、一般ユーザに限定するようにします。

図 11-4-12 mod_auth_shadow のための設定

```
LoadModule auth_basic_module modules/mod_auth_basic.so
LoadModule auth_shadow_module modules/mod_auth_shadow.so
```

---

[20] バイナリパッケージで Apache をインストールした場合、モジュールファイルは、Fedora／Red Hat／CentOS では「/usr/lib/httpd/modules/」に、openSUSE では「/usr/lib/apache2/」に、Debian／Ubuntu では「/usr/lib/apache2/modules/」にインストールされます。

[21] バイナリパッケージで Apache をインストールした場合、httpd.conf ファイルは、Fedora／Red Hat／CentOS では「/etc/httpd/conf/」に、openSUSE／Debian／Ubuntu では「/etc/apache2/」に見つけることができます。また Debian／Ubuntu では apache2.conf を利用することもできます。

```
<Directory "/var/www/html/restricted/">
    AuthType Basic
    AuthName "Restricted Resource7"

    AuthShadow on      ←/etc/shadow を使ったユーザ認証を有効化

    Require group group01    ← group01 グループに属するユーザだけアクセスを許可
</Directory>
```

　設定完了後、httpd.conf の構文に間違いがないか確認し、apachectl（または apache2ctl）を使って Apache を再起動します（図 11-4-13）。再起動後、クライアントから、対象 URL（図 11-4-12 の例では「**http:// サーバのアドレス /restricted/**」）にアクセスし、OS に登録されたユーザ名でアクセスできることを確認します。

図11-4-13 httpd.conf の構文チェックと Apache の再起動

```
# apachectl -t          (httpd.conf の構文チェック)
# apachectl restart     (Apache の再起動)
```

※実行例は Red Hat 系 Linux ディストリビューションの場合。openSUSE／Debian／Ubuntu では「apache2ctl」コマンドを使用します

11-5 OpenID 認証

OpenIDを利用すれば、Webサービスごとにユーザ名を使い分けなくても、1つのユーザ名で全Webサービスを使用できるようになります。ApacheならWebアプリケーションを使わずに、「**mod_auth_openid**」モジュールを組み込むだけで、OpenID認証に対応できます。

11-5-1 OpenIDとは

オンラインバンキング、ネットオークション、ブログなど、現在では多くのWebサービスを日常的に使用します。Webサイトごとに発行されたユーザ名とパスワードを使って、各Webサービスを利用するのが一般的ですが、ユーザ名を使い分けるのはたいへん面倒です。そこでWebサービス間で認証システムを一元化し、どの事業者のWebサービスでも1つのユーザアカウントで使えるようにしたのが「**OpenID**」です。OpenIDは、国内に限らず世界中のOpenID対応サイトで共通して利用できます。

OpenIDで使用するアカウントは「**OpenIDプロバイダ**」が発行します。国内にも大手会員サイトやSNSサイトなど、多くのプロバイダがあり、すでに登録されているアカウントを使用できます。たとえばmixiやYahoo!で使用しているアカウントを、そのままOpenIDのアカウントとして利用できます。国内では、次のようなサイトがOpenIDに対応したアカウントを発行しています。

● 国内の主なOpenIDプロバイダ

OpenID.ne.jp　　(http://www.openid.ne.jp/)
Yahoo! Japan　　(http://openid.yahoo.co.jp/)
はてなD　　　　(http://www.hatena.ne.jp/info/openid)
livedoor　　　　(http://auth.livedoor.com/openid/)
mixi　　　　　　(http://mixi.jp/openid.pl)
BIGLOBE　　　 (http://openid.biglobe.ne.jp/)
excite　　　　　(http://openid.excite.co.jp/)

11-5-2 OpenID 認証を試す

　OpenID のアカウントにあたる、「**OpenID URL**」を取得し、対応 Web サイトにログインします。試しにアセントネットワーク社が運営している「**Openid.Ne.jp**」でアカウントを取得します。対応サイトには、同じくアセントネットワーク社が運営している、ミニブログサービスの「**Haru.fm（ハル）**」を利用することにします（図11-5-1）。

図11-5-1 Openid.Ne.jp と Haru.fm（ハル）で OpenID 認証を試す

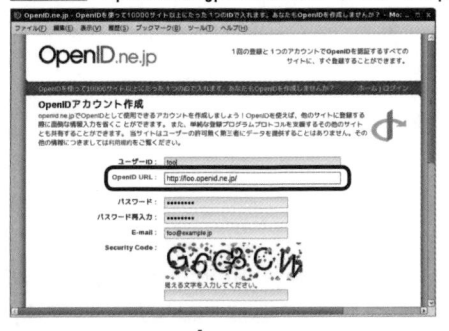

「OpenID.ne.jp」から「OpenID URL」を取得する

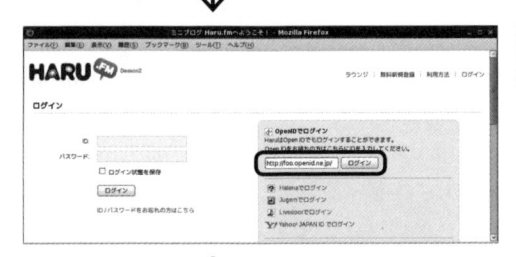

↓

「Haru.fm（ハル）」に OpenID でログインする

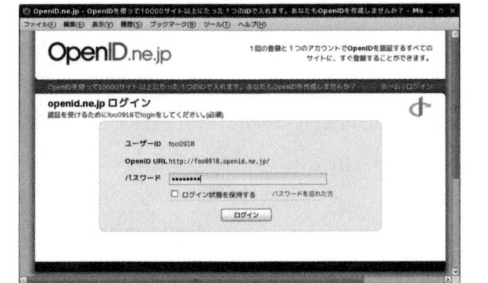

↓

画面が「OpeID.ne.jp」に遷移。パスワードを入力

↓

認証確認が行われる

↓

Haru.fm（ハル）への
ログインが完了

　最初に「OpenID URL」を取得します。「Openid.Ne.jp（http://www.openid.ne.jp/）」にアクセスし、画面中央の「OpenID アカウント作成」をクリックします。表示された登録画面で、ユーザ ID ／パスワード／メールアドレス／ Security Code を入力し、約款の同意にチェックを入れた後「会員登録完了」をクリックします。ここで表示される「OpenID URL」を忘れないよう書き留めておきます。この「OpenID URL」を使って、対応サイトにログインします。

　次に OpenID に対応している Haru.fm のログイン画面（http://haru.fm/login）にアクセスします。左上の「OpenID でログイン」に、先ほど払い出された OpenID URL を入力し、「ログイン」をクリックします。すると画面が Openid.Ne.jp に遷移し、認証要求に応じるかどうか確認画面が表示されます。「一度だけ認証」または「認証状態を保持」をクリックすれば、Haru.fm にログインできます。

　すでに取得している Yahoo ！ ID や mixi のアカウントを使って、OpenID 対応サイトにログインすることもできます。たとえば mixi のアカウントを使って、北海道テレビ放送の Web サイト（http://www.htb.co.jp/）にログインするには、図 11-5-2 のように、アカウント入力欄に「mixi.jp」と入力します[注22]。すると mixi のログイン画面が表示されるため、認証要求に応じればサイトにログインできます。

[注22] Yahoo ！ ID を利用するには、「yahoo.co.jp」と入力します。

11-5 OpenID 認証

図 11-5-2 mixi のアカウントを OpenID 認証に利用する

アカウント入力欄に「mixi.jp」と入力

↓

mixi のログイン画面に遷移
mixi のアカウントを入力

↓

認証情報を確認する

↓

ログインが完了

11-5-3：OpenID のしくみ

OpenID を使ったユーザ認証では、認証サーバである「**Identity Provider**（以降、**IdP** と表記）」と Web サービスを提供する「**Consumer**」、さらにサービスを受ける「**ユーザ**」の三者間で認証情報が交換されます。その手順は図 11-5-3 のとおりです。認証の課程で、メールアドレスや性別といった個人情報を IdP から Consumer に送信することもできます。なお Web サービス側にパスワードを知られることはありません。

以上のように OpenID では、ユーザ認証は認証サーバが行い、サービスへのアクセス承認はサービスサーバが行います。

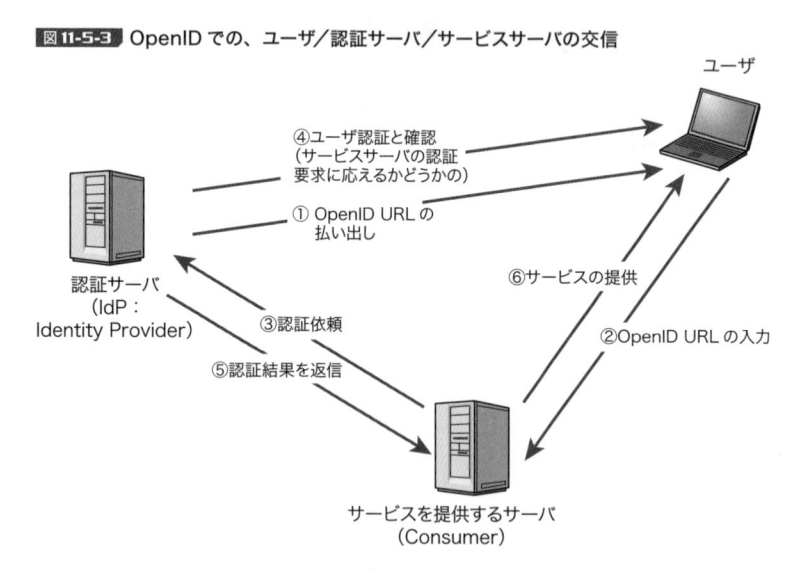

図 11-5-3 OpenID での、ユーザ／認証サーバ／サービスサーバの交信

```
                                                      ユーザ
                    ④ユーザ認証と確認
                    （サービスサーバの認証
                    要求に応えるかどうかの）
                  ① OpenID URL の
                    払い出し              ⑥サービスの提供
   認証サーバ
    （IdP：             ③認証依頼              ②OpenID URL の入力
 Identity Provider）
                  ⑤認証結果を返信

                  サービスを提供するサーバ
                      （Consumer）
```

1. ユーザは、事前に認証サーバでユーザ登録を行い、OpenID URL を取得します。

2. サービスを提供するサーバ（以降、サービスサーバ）にアクセスする際、認証画面で（1）で払い出された OpenID URL を入力します。

3. サービスサーバは、入力された OpenID URL から認証サーバを特定し、ユーザ認証をリクエストします。

4. リクエストを受信した認証サーバは、アカウントの信憑性を確認します。また「○○サービスサーバから認証要求が行われている」ことをユーザに通知します。

5. 認証サーバは認証した結果を、サービスサーバに送信します。

6. 認証に成功した場合、サービスサーバはユーザにサービスを提供します。

11-5-4　ApacheでOpenIDを可能にする「mod_auth_openid」

　ApacheでOpenID認証を利用するには、「**mod_auth_openid**」モジュールを組み込みます。Webアプリケーションを導入したり、専用のシステムを導入することなく、手軽にOpenIDを導入できます。mod_auth_openidの特徴は次のとおりです。

- OpenIDに対応したWebサーバ（Consumer）を構築できる。
- OpenID Authentication 2.0に準拠している。
- デフォルトで認証画面が用意されている。
- 独自に認証画面を作成することもできる。
- OpenID URLに対し、信頼するもの／信頼しないものを設定できる。
- 信頼するもの／信頼しないものを設定する際、条件に正規表現を使うことができる。

　WebアプリケーションレベルでOpenID認証を導入することもできます。たとえばスクリプト言語のPHPなら、「**Zend Framework**」や「**CakePHP**」といったフレームワークでOpenID認証を利用できます。そのほかJava／Perl／Rubyといった開発言語でも、各々用意されたフレームワークやライブラリで、OpenIDを実装できます。そうしたOpenIDのためのライブラリは次のサイトを参考にします。

● WebアプリケーションでOpenIDを実現するためのライブラリ一覧
　http://wiki.openid.net/Libraries

11-5-5　mod_auth_openidのインストール

　Apacheにmod_auth_openidを組み込みます。Ubuntuのようにバイナリパッケージが提供されているLinuxディストリビューションもありますが、ここでは、ソースファイルからインストールする方法を解説します。mod_auth_openidモジュールをビルドするには、Apacheの開発ツールのほか、次のような関連ライブラリが必要になります。

- PCRE（Perl Compatible Regular Expre）開発パッケージ
- HTML TIDY開発パッケージ
- cURL開発パッケージ
- SQLite開発パッケージ
- OpenSSL開発パッケージ
- OpenIDライブラリ（libopkele）

ここからは、CentOS 6.0 に 2011 年 10 月時点の最新ファイルをインストールする手順を解説します。CentOS 6.0 で提供されている標準的な開発ツールのほか、図 11-5-4 のような開発パッケージが別途必要になります。多くがバイナリパッケージで提供されているため、**yum** コマンドを使ってオンラインインストールできます。

図 11-5-4 依存ライブラリのインストール

・各種開発パッケージのインストール

```
# yum install openssl-devel
# yum install libcurl-devel
# yum install pcre-devel
# yum install sqlite-devel
```

・tidy 関連パッケージのインストール

```
# yum install tidy
# yum install libtidy
# yum install libtidy-devel
```

続いて「**libopkele**」をインストールします。CentOS ではバイナリパッケージが提供されていないため、ソースからインストールします。ソースアーカイブをダウンロードし、**tar** コマンドで展開後、作業ディレクトリを移動し configure を実行します。その際インストール先を、デフォルトの「/usr/local」から「/usr」に変更します。それには configure のオプションに「**--prefix=/usr**」を指定します。その後、make コマンドを実行しインストールを完了します。

図 11-5-5 libopkele のダウンロードとインストール

```
# wget http://kin.klever.net/dist/libopkele-2.0.4.tar.gz
# tar xvfz libopkele-2.0.4.tar.gz
# cd libopkele-2.0.4
 ./configure --prefix=/usr
# make
# make install
```

続いて mod_auth_openid モジュールをビルドしインストールします（図 11-5-6）。ソースファイルを **git** コマンドを使ってリポジトリからダウンロードします。次に作業ディレクトリを移動し、autogen.sh スクリプトを実行します。その後、**make** コマンドでモジュールファイルをビルドし、「**make install**」で拡張モジュールを所定のディレクトリ[注23]にコピーします。

[注23] バイナリパッケージで Apache をインストールした場合、モジュールファイルは、Fedora／Red Hat／CentOS では「/usr/lib/httpd/modules/」に、openSUSE では「/usr/lib/apache2/」に、Debian／Ubuntu では「/usr/lib/apache2/modules/」にインストールされます。

図11-5-6　mod_auth_openid のダウンロードとインストール

```
# git clone git://github.com/bmuller/mod_auth_openid.git
# cd mod_auth_openid/
# sh autogen.sh
# make
# make install
# ls /usr/lib/httpd/modules/mod_auth_openid.so
↑インストールされたモジュールの確認（ファイルパスはCentOSの場合）
/usr/lib/httpd/modules/mod_auth_openid.so
```

※ Apache 2.4 では mod_auth_openid のインストールに失敗します。

次に図 11-5-7 のように httpd.conf [注24]を設定します。「**AuthType**」ディレクティブで「**OpenID**」を指定し OpenID 認証を有効にします。

図11-5-7　mod_auth_openid のための設定

```
LoadModule authopenid_module   modules/mod_auth_openid.so
↑モジュールファイルのパスは Apache のインストール方法によって異なります。通常、手動で追加する必要はありません。

<Directory /var/www/html/restricted/>

    AuthType     OpenID         ← OpenID 認証を有効化

    Require      valid-user     ← valid-user を指定
</Directory>
```

設定完了後、httpd.conf の構文に間違いがないか確認し、apachectl（またはapache2ctl）を使って Apache を再起動します（図 11-5-8）。

図11-5-8　httpd.conf の構文チェックと Apache の再起動

```
# apachectl -t            （httpd.conf の構文チェック）
# apachectl restart       （Apache の再起動）
```

※ 実行例は Red Hat 系 Linux ディストリビューションの場合。openSUSE ／ Debian ／ Ubuntu では「apache2ctl」コマンドを使用します

ブラウザで「**http:// サーバ名 /restricted/**」にアクセスし、図 11-5-9 のような認証画面を表示します。「**Identity URL:**」に、先ほど「**11-5-2　OpenID 認証を試す**」で取得した OpenID URL を入力し、認証処理を開始します。この後は、「**11-5-2 OpenID 認証を試す**」で「**Haru.fm（ハル）**」にログインしたのと同じ手順を実行します。認証処理が完了すると、認証データが「**/tmp/mod_auth_openid.db**」ファイルに記録されます。

[注24] バイナリパッケージで Apache をインストールした場合、httpd.conf ファイルは、Fedora ／ Red Hat ／ CentOS では「/etc/httpd/conf/」に、openSUSE ／ Debian ／ Ubuntu では「/etc/apache2/」に見つけることができます。また Debian ／ Ubuntu では apache2.conf を利用することもできます。

第11章 Apache でユーザ ホスト認証

図11-5-9 mod_auth_openid の標準ログイン画面

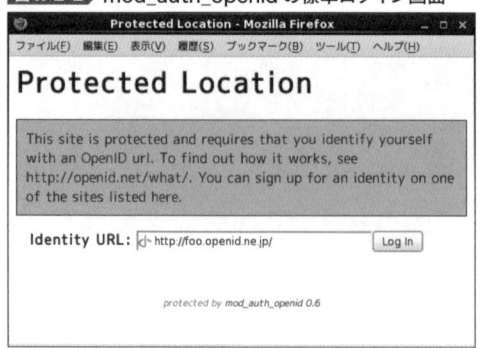

Yahoo！ID を使用するには図 11-5-10 と同様に、「**Identity URL:**」に「**yahoo.co.jp**」を、mixi アカウントなら「**mixi.jp**」を入力し、それぞれの認証手続きに進みます。

図11-5-10 Yahoo！ID や mixi アカウントを利用する

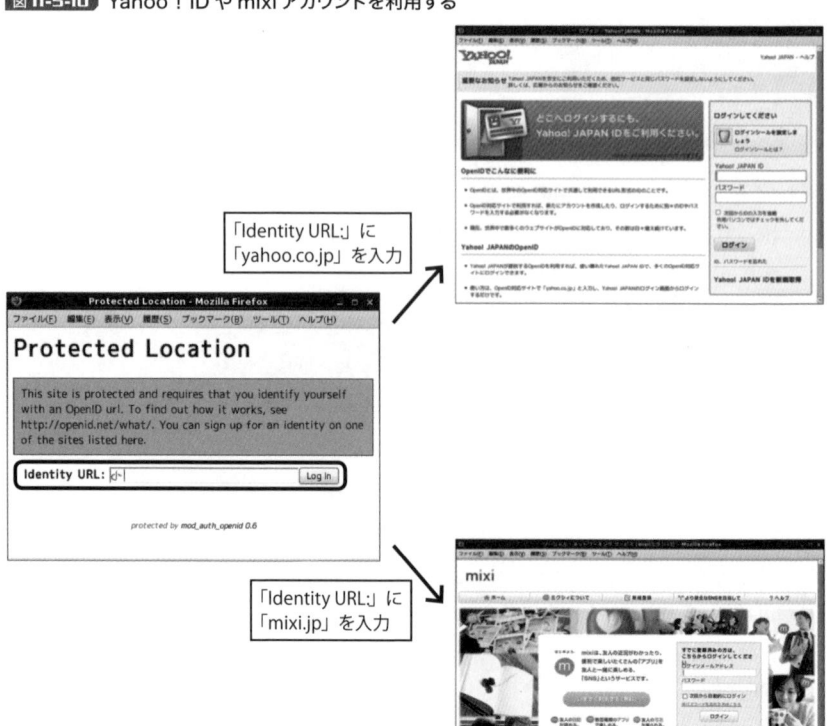

「Identity URL:」に
「yahoo.co.jp」を入力

「Identity URL:」に
「mixi.jp」を入力

利用する OpenID URL を限定できます。Yahoo！ID や mixi アカウントを無効にし、Openid.Ne.jp で発行されたものだけ有効にできます。それには「**AuthOpenIDTrusted**」ディレクティブで、利用可能にする OpenID URL を指定します。指定には Perl 互換の正規表現が使用できます（**図 11-5-11**）。

カスタマイズしたログイン画面を利用するには、「**AuthOpenIDLoginPage**」ディレクティブでログイン画面の URL を指定します。ログイン画面には図 11-5-12 のような HTML フォームを利用します。

その他、特定の OpenID URL を使用不能にする方法など、mod_auth_openid を設定するためのディレクティブは、「**mod_auth_openid のページ**（**http://trac.butterfat.net/public/mod_auth_openid**）」を参照します。

図 11-5-11 デフォルト以外のログイン画面を指定する

```
<Directory /var/www/html/restricted/>
    AuthType            OpenID
    Require             valid-user
    AuthOpenIDTrusted   ^http://(.*).openid.ne.jp    ←信頼する OpenID URL を正規表現で指定
    AuthOpenIDLoginPage /login.html                  ←ログイン画面を指定
</Directory>
```

図 11-5-12 ログイン画面をカスタマイズする

```
<html>
<body>
<h1> ログインページ </h1>
<form action="/restricted/" method="GET">
  <input type="text" name="openid_identifier" />
  <input type="submit" value="Log In" />
</form>
</body>
</html>
```

INDEX

記号／数字
?	85, 94
*	79, 94
#	91
~	85
\	89
.htaccess	72, 76, 88, 92
.htaccess を無効にする	158

200 OK	176
401	302
403 Forbidden	176
500 Internal Server Error	77
503	172, 280

A
AAA	298
AccessFileName	77
Accounting	25
AddClientEncoding ディレクティブ	228
AddOutputFilterByType ディレクティブ	259
AllowEncodeSlashes ディレクティブ	157
AllowOverride ディレクティブ	76, 92, 145
Allow ディレクティブ	316
apache2.conf	48, 72
apache2ctl	49
apache2-prefork パッケージ	152
apache2 コマンド	105
ApacheBench	133
apachectl コマンド	43, 100
Apache Killer	34
Apache のエラーログ	131
Apache のセキュリティ対策	154
Apache の変遷	21
Apache ライセンス	12
APT	46
apt-get	112
apxs	115, 117, 176
apxs2	176, 262, 281
AuthBasicProvider ディレクティブ	312
AuthDBMUserFile ディレクティブ	312

Authentication	25
AuthName ディレクティブ	304
authoritative_site	98, 161
Authorization	25
AuthShadow ディレクティブ	326
AuthTimeOutAnonMessage	324
AuthTimeOutDBMFile ディレクティブ	323
AuthTimeOutNonAnon	324
AuthTimeOut ディレクティブ	323
AuthType ディレクティブ	224, 304, 306
AuthUserFile ディレクティブ	224, 305

B
BandWidth	294
BandWidthModule ディレクティブ	294
Base	82, 110
Basic 認証	220, 221, 298, 302
beos	19, 34
BrowserMatch ディレクティブ	257, 258, 261
brute force 攻撃	175
bytraffic	200

C
CA	164
Cache-Control	207
CacheDirLevels ディレクティブ	213
CacheEnable ディレクティブ	213
CarotDAV	232
CentOS	38
CERN	14
charset.conv	79
chkconfig	44
Common name	165
Core	82
CPU 負荷分散方式	191
CRS	186
CSR ファイル	165
CustomLog ディレクティブ	99, 128, 257

D
DAVLockDB ディレクティブ	223

338

DBM	312
DDoS 攻撃	170
Debian	46
DefaultClientEncoding ディレクティブ	228
DeflateCompressionLevel ディレクティブ	254
Deny ディレクティブ	316
Digest 認証	220, 224, 302
D_LIBRARY_PATH	99
DN	238
DNS 問い合わせ	127
DOSEmailNotify ディレクティブ	178
DOSLogDir ディレクティブ	178
DOSSystemCommand ディレクティブ	178
DOSWhitelist ディレクティブ	179
DoS 攻撃	170
DSO	104, 106
DSO モジュール	105, 106
DSO モジュールのソースインストール	115

E

EncodingEngine ディレクティブ	228
error_log	43
error.log	49, 290
event	19, 151
event MPM	27
evil	185
Experimental	82
ExpiresActive ディレクティブ	210
ExpiresByType ディレクティブ	210
ExpiresDefault ディレクティブ	210
ExtendedStatus ディレクティブ	288
Extension	82, 110

F

Fedora	38
FilterChain ディレクティブ	263
FilterDeclare ディレクティブ	263
FilterProvider ディレクティブ	263
FollowSymLinks	144
ForceBandWidthModule ディレクティブ	294

G

git	334
GNOME	229
GPL	15
graceful	43, 49
graceful-stop	43, 49

H

Header ディレクティブ	209
HostnameLookups ディレクティブ	145
HTTP	12

httpd2 コマンド	105
httpd.conf	42, 72, 73
httpd.conf の構文	80
httpd-devel	115
httpd コマンド	104
HTTPS	16
HTTP_USER_AGENT	96

I

iconv ライブラリ	227
IfModule	91, 108
image-request	99
Include	90
info_module	117
iptables	173

J

JA-AUTO-SJIS-MS	228
JMeter	133, 136

K

KDE	229
Keep Alive	142
KeepAliveTimeout	143

L

lampp コマンド	53
LargeFileLimit	294
LDAP	220
ldapadd	242
ldapsearch	240
LDAP キャッシュ	246
LDAP サーバ	237
libxml2 ライブラリ	181
LoadModule ディレクティブ	107, 143, 312
LogFormat ディレクティブ	129, 257
lstat	144
lua	181

M

Mac OS X	63
magic	78
Major	156
make コマンド	120, 267, 334
MAMP	64, 68
Match	144
MaxClients ディレクティブ	147, 171, 172
MaxConnection ディレクティブ	294
MaxConnPerIP ディレクティブ	288
MaxKeepAliveRequests	143
MaxRequestsPerChild ディレクティブ	148, 171
MaxSpareServers	147

MCacheMaxObjectSize ディレクティブ	215
MCacheSize ディレクティブ	215
md5sum コマンド	311
Message	324
mime.types	78
MIME タイプ	83
Minimal	156
Minor	156
MinSpare	171
MinSpareServers	147
MinSpareThreads ／ MaxSpareThreads ディレクティブ	172
mod_access	314
mod_auth_basic モジュール	298
mod_auth_digest モジュール	300
mod_authn_dbm モジュール	300, 312
mod_authn_file.so	322
mod_authn_file モジュール	299
mod_auth_openid	328
mod_auth_shadow	321
mod_auth_timeout	321, 322
mod_authz_host	314
mod_authz_user モジュール	298
mod_bw	172, 291
mod_bwshare	280
mod_cache	211
mod_deflate	143, 251, 253
mod_disk_cache	211
mod_encoding モジュール	227
mod_evasive	175
mod_expires	209
mod_ext_filter	251
mod_file_cache	212
mod_filter	261
mod_filter.so	261
mod_headers	208
mod_include	250
mod_info	116
mod_layout	266
mod_limitipconn	286
mod_log_config	128
mod_mem_cache	211
mod_pgheader	273
mod_proxy	193
mod_proxy_balancer	193
modsec_audit.log	184
modsec_debug.log	184
mod_security	181
mod_ssl	163, 250
mod_status	125
mod_userdir モジュール	107, 108
MPM	18, 22, 34, 82
mpm_netware	19
mpmt_os2	19
mpm_winnt	19, 34
MPM の選択	150
MSSJIS	228

N

no-gzip	258
NoIPLimit ディレクティブ	288

O

ogrotate	132
OnlyIPLimit ディレクティブ	288
OpenID	328
openssl コマンド	165
Options ディレクティブ	144
Order ディレクティブ	316

P

PassEnv	99
PCRE	27, 42
perchild	19, 150
php5.conf	112
php.conf	111
prefork	19, 150
prefork MPM	171
prefork MPM のチューニング	146
ProductOnly	156
Proxy	191
ProxyPassReverse ディレクティブ	197
ProxyPass ディレクティブ	197, 199, 201, 217
ProxysRequests ディレクティブ	217
ps	123
public_html ディレクトリ	159

R

Red Hat	38
Referer	98, 160
Require group ディレクティブ	326
Require ディレクティブ	305, 307
rotatelogs	132
RPM	39
RPM パッケージインストール	112

S

Satisfy ディレクティブ	318
SecAuditEngine ディレクティブ	184
SecDebugLogLevel	184
SecRuleEngine ディレクティブ	183
SecRule ディレクティブ	184
server.csr	165
ServerLimit	147

ServerRoot	90
ServerRoot ディレクティブ	107, 128
ServerSignature ディレクティブ	156
Servers／MaxSpareServers ディレクティブ	171
ServerTokens ディレクティブ	156
Server ヘッダフィールド	155
SetEnv	97
SetEnvIf	98
SetEnvIfNoCase	257, 258, 261
SetEnvIf ディレクティブ	161
shared	105
slapcat	240
SPI	173
SSI	250
SSL	162, 220
SSLRequireSSL	225
StartServers ディレクティブ	147, 171
static	105
SymLinksIfOwner	144
Synaptic パッケージマネージャ	113
SYN クッキー	170
SYN フラッド攻撃	170
Syslog	132
system-config-services	44

T

tar	334
tar.gz	41
TCP	12
TCP タイムアウト	170
test.pl	176
ThreadsPerChild ディレクティブ	172
Timeout	145
TimeOut ディレクティブ	170
TLS	162, 220
top	123
TransferLog ディレクティブ	128

U

Ubuntu	46
ulimit コマンド	124
Unity	229
Unix Source	41
UnsetEnv	97
URL エンコード	157
UserDir ディレクティブ	107, 159

V

validate	325
VeriSign	164

W

WAF	180
WebDAV	16, 220
Web アクセラレータ	216
Web アプリケーションファイアウォール	180
Web サービスが起動できない	169
Windows プラットフォーム	55
woker MPM	172
woker MPM のチューニング	148
worker	19, 150

X

XAMPP	32, 50
XAMPP Control Panel	60
XAMPP Control Panel.app	66
XAMPP for Linux	51
XAMPP for Mac OS X	65
XAMPP for Windows	60
X-Forwarded-For	205
XSS 攻撃	180

Y

yum	39, 111, 334

あ行

アクセス制御	299
アスタリスク	79
インジェクション攻撃	180
インストールパス	33
エラーログ	245
重み付けラウンドロビン方式	191
オンラインインストール	38

か行

拡張子	83
カスタムログ	127
環境変数	84, 96
機能拡張モジュール	20
共通鍵	162
クライアント	12
クライアントサイドキャッシング	206
クロスサイトスクリプティング攻撃	180
公開鍵	163
公開鍵暗号方式	162
公開鍵つきサーバ証明書	163
構文	83
コネクション	286
コメントアウト	91
コメント文	89
コンテキスト	80, 87, 109
コンテナ	80
コンテナ指示子	84

さ行

- サーバ ... 12
- サーバサイドキャッシング ... 206
- サーバ情報の隠蔽 ... 155
- サーバ証明書 ... 164
- サーバ設定ファイル ... 88
- サーバタイプ ... 155
- サーバのリソースを調べる ... 123
- 最少コネクション方式 ... 190
- 最少トラフィック方式 ... 190
- 最速応答時間方式 ... 190
- 直リンク ... 98
- 常駐サービス ... 44
- 冗長化機能 ... 193
- 承認 ... 299
- シンプルフィルタ ... 250
- スティッキーセッション方式 ... 26, 194
- ステータス ... 110
- ステートフルパケットインスペクション ... 173
- ステートレスプロトコル ... 13
- スマートフィルタ ... 250, 251
- スラッシュ ... 157
- 正規表現 ... 83, 94
- 静的コンテンツ ... 13
- 静的な組み込み ... 34
- 静的モジュール ... 105, 106
- 性能テスト ... 122
- 性能評価 ... 122
- セキュアな WebDAV ... 229
- セキュリティ対策 ... 154
- セキュリティホール ... 155
- セッション維持方式 ... 191
- セッション変数 ... 322
- セッションレプリケーション ... 194
- 絶対パス ... 90
- ソースファイル ... 41
- ソースファイルを使ってインストール ... 72

た行

- ターミナル .app ... 64
- 帯域幅調整方式 ... 278
- 直リンク ... 160
- ディレクティブ ... 80, 81, 107
- ディレクトリ ... 88
- テスト計画 ... 137
- デフォルトコンテンツの置換 ... 157
- 動的共有オブジェクト ... 106
- 動的コンテンツ ... 13
- 動的な組み込み ... 34
- ドキュメントルートの変更 ... 159
- 匿名アクセス ... 225
- トラフィックシェーピング ... 278
- トラフィック制御モジュール ... 280

な行

- なりすまし ... 162, 311
- 認証 ... 299
- 認証機能 ... 298
- 認証局 ... 164

は行

- バージョン情報 ... 155
- バーチャルホスト ... 88
- バイナリパッケージ ... 32
- 破壊テスト ... 122
- パスフレーズ ... 164
- パスワード認証 ... 301
- バックスラッシュ ... 89
- ハッシュ値 ... 311
- パフォーマンスチューニング ... 142
- 秘密鍵 ... 163
- ファイルディスクリプタ ... 215
- フィルタリングモジュール ... 250
- フェーズ ... 103
- フォーマット記述子 ... 130
- フォワード Proxy ... 191
- 負荷テスト ... 122
- 負荷分散 ... 193
- 負荷分散装置 ... 190
- フック関数 ... 103
- プロキシサーバ ... 137
- ベンチマーク ... 122, 133
- ホスト認証 ... 225, 301
- ボトルネック ... 127

ま行

- マルチプロセッシングモジュール ... 15, 18, 34
- メタキャラクタ ... 95
- 文字クラス ... 96
- 文字セット ... 79
- 文字化け ... 227
- モジュール ... 18
- モジュール構造 ... 102
- モジュール識別子 ... 107
- モジュールを一覧表示 ... 104

ら／わ行

- ラウンドロビン方式 ... 190
- リバース Proxy ... 216
- リバース Proxy 機能 ... 192
- レート制限方式 ... 278, 291
- レジストリエディタ ... 230
- ロードバランサ ... 190
- ワイルドカード ... 94

参考文献

雑誌

技術評論社 SoftwareDesign 2011 年 7 月号
　　特集「開発現場で使うべき Mac OS X」Part2
　　著者：鶴長 鎮一

技術評論社 SoftwareDesign 2009 年 10 月号
　　特集「スケールアウト／スケールアップの大法則」
　　著者：鶴長 鎮一

技術評論社 SoftwareDesign 2009 年 8 月号
　　特集「Web サーバ活用術」2 章
　　著者：鶴長 鎮一

技術評論社 SoftwareDesign 2008 年 10 月号
　　特集「大規模 Web システム構築のツボ」
　　著者：鶴長 鎮一

日経 BP 日経 Linux 2008 年 5 月号〜 12 月号
　　連載「実践！ Web サーバー構築 初めての Apache モジュール」
　　著者：鶴長 鎮一

Web コンテンツ

@IT
　　連載「実用 Apache 2.0 運用・管理術」
　　http://www.atmarkit.co.jp/flinux/index/indexfiles/apacheindex.html
　　著者：鶴長 鎮一

@IT
　　「Apache 2.2 で Web サイトをパフォーマンスアップ！」
　　http://www.atmarkit.co.jp/flinux/special/apache22/apache01.html
　　著者：鶴長 鎮一

ThinkIT
　　短期連載「Apache モジュールを使い倒す！」
　　http://thinkit.co.jp/book/2008/07/25/151
　　著者：鶴長 鎮一

Apache ソフトウェア財団
　　Apache HTTP Server に関する各オンラインドキュメント
　　http://httpd.apache.org/

著者略歴

鶴長 鎮一（つるなが しんいち）

愛知県出身、東京都在住。1970年生まれ。岐阜大学大学院工学研究科博士課程前期終了。在学中から地元ISPの立ち上げに係わり、紆余曲折を経て、携帯電話からデータ通信まで手がける大手通信キャリアに勤務。企画策定からコーディングやインフラ構築まで幅広く業務に従事。Software Design（技術評論社）や日経Linuxへの寄稿をはじめ、著書に『rsyslog 実践ログ管理入門』（技術評論社）、『MySQL徹底入門 第3版』（翔泳社／共著）、『PHPによるWebアプリケーションスーパーサンプル〜リッチクライアント編〜』（ソフトバンククリエイティブ／共著）ほか多数。

カバーデザイン●西岡 裕二
DTP・本文レイアウト● SeaGrape
編集担当●金田 冨士男

Software Design plus シリーズ
サーバ構築の実際がわかる
Apache［実践］運用／管理

2012年 4月25日 初版 第1刷発行
2015年 8月25日 初版 第4刷発行

著　者　鶴長 鎮一（つるなが しんいち）
発行者　片岡 巌
発行所　株式会社技術評論社
　　　　東京都新宿区市谷左内町 21-13
　　　　電話　03-3513-6150　販売促進部
　　　　　　　03-3513-6170　雑誌編集部
印刷／製本　港北出版印刷株式会社

定価はカバーに表示してあります。

本書の一部または全部を著作権法の定める範囲を越え、無断で複写、複製、転載、あるいはファイルに落とすことを禁じます。

©2012　鶴長 鎮一

造本には細心の注意を払っておりますが、万一、乱丁（ページの乱れ）や落丁（ページの抜け）がございましたら、小社販売促進部までお送りください。送料小社負担にてお取り替えいたします。

ISBN978-4-7741-5036-9 C3055

Printed in Japan

本書に関するご質問につきましては、記載されている内容に関するものに限定させていただきます。本書の内容と直接関係のないご質問につきましては、一切、お答えできませんので、あらかじめご了承ください。

また、お電話での直接の質問は受け付けておりませんので、FAXあるいは書面にて、下記までお送りいただくか、弊社ホームページの該当書籍のコーナーからお願いいたします。

また、ご質問の際には『書籍名』と『該当ページ番号』、『お客様のマシンなどの動作環境』、『e-mailアドレス』を明記してください。

【宛先】
〒162-0846
東京都新宿区市谷左内町 21-13
株式会社 技術評論社　雑誌編集部
サーバ構築の実際がわかる
Apache［実践］運用／管理　質問係
FAX：03-3513-6173

■技術評論社 Web
http://book.gihyo.jp/

お送りいただきましたご質問には、できる限り迅速にお答えをするように努力しておりますが、場合によってはお答えするまでに、お時間をいただくこともございます。回答の期日をご指定いただいても、ご希望にお応えできかねる場合もございます。あらかじめご了承ください。

なお、ご質問の際に記載いただいた個人情報は、質問の返答以外の目的には使用いたしません。